国家级职业教育规划教材
对接世界技能大赛技术标准创新系列教材
全国技工院校工业机械自动化装调专业教材

零件手工加工

人力资源社会保障部教材办公室　组织编写

中国劳动社会保障出版社

内 容 简 介

本书为全国技工院校工业机械自动化装调专业教材，主要内容包括零件手工加工一般知识，零件手工加工常用量具的使用与保养，零件的划线、锯削、锉削、孔加工、螺纹加工、钣金加工等。

图书在版编目(CIP)数据

零件手工加工 / 人力资源社会保障部教材办公室组织编写 . -- 北京：中国劳动社会保障出版社，2021

对接世界技能大赛技术标准创新系列教材

ISBN 978-7-5167-4854-1

Ⅰ.①零…　Ⅱ.①人…　Ⅲ.①机械元件 – 加工 – 教材　Ⅳ.①TH13

中国版本图书馆 CIP 数据核字（2021）第 044410 号

中国劳动社会保障出版社出版发行

（北京市惠新东街 1 号　邮政编码：100029）

*

北京汇林印务有限公司印刷装订　　新华书店经销

787 毫米 ×1092 毫米　16 开本　13.75 印张　221 千字

2021 年 4 月第 1 版　　2025 年 5 月第 5 次印刷

定价：28.00 元

营销中心电话：400-606-6496

出版社网址：http://www.class.com.cn

http://jg.class.com.cn

对接世界技能大赛技术标准创新系列教材

编审委员会

主　任：刘　康

副主任：张　斌　王晓君　刘新昌　冯　政

委　员：王　飞　翟　涛　杨　奕　张　伟　赵庆鹏
　　　　姜华平　杜庚星　王鸿飞

工业机械自动化装调专业课程改革工作小组

课 改 校：江苏省常州技师学院
　　　　　淄博市技师学院
　　　　　徐州工程机械技师学院
　　　　　成都技师学院
　　　　　广西机电技师学院
　　　　　金华市技师学院
　　　　　新昌技师学院

技术指导：宋军民

编　　辑：姜华平

本书编审人员

主　编：钱锦秀

参　编：李攀攀　陈　晨　王渝涛　马冰清　侯　鑫

主　审：梁伟光

序

世界技能大赛由世界技能组织每两年举办一届，是迄今全球地位最高、规模最大、影响力最广的职业技能竞赛，被誉为“世界技能奥林匹克”。我国于 2010 年加入世界技能组织，先后参加了五届世界技能大赛，累计取得 36 金、29 银、20 铜和 58 个优胜奖的优异成绩。第 46 届世界技能大赛将在我国上海举办。2019 年 9 月，习近平总书记对我国选手在第 45 届世界技能大赛上取得佳绩作出重要指示，并强调，劳动者素质对一个国家、一个民族发展至关重要。技术工人队伍是支撑中国制造、中国创造的重要基础，对推动经济高质量发展具有重要作用。要健全技能人才培养、使用、评价、激励制度，大力发展技工教育，大规模开展职业技能培训，加快培养大批高素质劳动者和技术技能人才。要在全社会弘扬精益求精的工匠精神，激励广大青年走技能成才、技能报国之路。

为充分借鉴世界技能大赛先进理念、技术标准和评价体系，突出“高、精、尖、缺”导向，促进技工教育与世界先进标准接轨，完善我国技能人才培养模式，全面提升技能人才培养质量，人力资源社会保障部于 2019 年 4 月启动了世界技能大赛成果转化工作。根据成果转化工作方案，成立了由世界技能大赛中国集训基地、一体化课改学校，以及竞赛项目中国技术指导专家、企业专家、出版集团资深编辑组成的对接世界技能大赛技术标准深化专业课程改革工作小组，按照创新开发新专业、升级改造传统专业、深化一体化专业课程改革三种对接转化原则，以专业培养目标对接职业描述、专业课程对接世界技能标准、课程考核与评价对接评分方案等多种操作模式和路径，同时融入健康与安全、绿色与环保及可持续发展理念，开发与世界技能大赛项目对接的专业人才培养方案、教材及配套教学资源。首批对接 19 个世界技能大赛项目共 12 个专业的成果将于 2020—2021 年陆续出版，主要用于技工院校日常专业教学工作中，充分发挥世界技能大赛成果转化对技工院校技能人才的引领示范作用。在总结经验及调研的基础上选择新的对接项目，陆续启动第二批等世界技能大赛成果转化工作。

希望全国技工院校将对接世界技能大赛技术标准创新系列教材，作为深化专业课程建设、创新人才培养模式、提高人才培养质量的重要抓手，进一步推动教学改革，坚持高端引领，促进内涵发展，提升办学质量，为加快培养高水平的技能人才作出新的更大贡献！

2020 年 11 月

目 录

模块一 零件手工加工基础知识

模块二 零件手工加工基本操作技能

模块一
零件手工加工基础知识

课题 1
零件手工加工一般知识

一、零件手工加工概述

1. 零件手工加工概述

零件手工加工是指操作者使用手工工具或设备，按设计图样及技术要求对零件进行加工、修整、装配的工作过程。

2. 零件手工加工的特点

手工操作多，灵活性强，工作范围广，技术要求高，且操作者本身的技能水平直接影响加工质量。

二、零件手工加工工作场地及安全文明生产

1. 零件手工加工工作场地

零件手工加工工作场地是指手工加工的固定工作地点。为了工作方便，工作场地布局一定要合理，符合安全文明生产的要求，如图 1–1–1 所示。

图 1–1–1　工作场地

（1）设备的布局要合理。工作台要放在便于工作和光线适宜的地方；钻床和砂轮机一般安装在场地的边沿，以保证安全。

（2）使用的机床（如钻床）、工具（如角向磨光机、砂轮机、手电钻等）要经常检查，发现损坏应及时上报，在修复前不得使用。

（3）使用电动工具时，要有绝缘防护和安全接地措施。使用砂轮机时，要戴好防护眼镜。在钳台上进行錾削时，要有防护网。清除切屑要用刷子，不要直接用手清除或用嘴吹。

（4）毛坯和加工好的零件应放置在规定位置，排列整齐；应便于取放，并避免碰伤已加工表面。

2. 零件手工加工安全文明生产常识

（1）工作时必须穿戴劳动防护用品，否则不准上岗。

（2）不得擅自使用不熟悉的设备和工具。

（3）使用电动工具时，插头、插座必须完好，外壳要接地，并佩戴绝缘手套，穿绝缘鞋，防止触电。如发现防护用具失效，应立即修补或更换。

（4）多人作业时，必须有专人指挥调度，密切配合。

（5）使用起重设备时，应遵守起重工安全操作规程。在吊起的工件下面，禁止走动、停留和进行操作。

（6）高空作业时必须戴安全帽，系安全带，穿防滑鞋，不准投掷工具或零件。

（7）易滚、易翻的工件应放置牢靠。搬动工件时要轻拿轻放。

（8）调试设备前要检查电源连接是否正确，各部分的手柄、行程开关、撞块等是否灵敏可靠，传动系统的安全防护装置是否齐全，确认无误后方可调试。

（9）使用的工具、夹具、量具应分类依次排列整齐，常用的放在工作位置附近，但不要置于钳台的边缘处。精密量具要轻取轻放，工具、夹具、量具在工具箱内应放在固定位置，整齐安放。

（10）工作场地应保持整洁。工作完毕，对所使用的工具、设备都应按要求进行清理、润滑。

3. “6S”管理

（1）“6S”管理的含义

“6S”管理是优化现场管理的主要方法之一，“6S”管理是生产现场整理（Seiri）、整顿（Seiton）、清扫（Seiso）、清洁（Seiketsu）、素养（Shitsuke）、安全（Security）六项活动的统称，由于这六项活动每一个词的第一个字母都是“S”，所以简称“6S”。

“6S”管理的含义之一是指科学生产，其对立面是粗放式生产，不讲科学，单凭经验组织生产；含义之二是指在生产现场的管理中，要使生产现场保持良好的生产环境和生产秩序，其对立面是不文明生产，生产现场“脏、乱、差”等。

（2）“6S”管理的内容

整理——将工作场所的所有物品区分为有必要的和没有必要的，除了有必要的留下来，其他的都清除掉。目的是腾出空间，使空间活用，防止误用，塑造清爽的工作场所。

整顿——把留下来的必须用的物品依规定位置摆放，放置整齐并加以标识。目的是使工作场所一目了然，缩短寻找物品的时间，整理工作环境，清除过多的积压物品。

清扫——将工作场所内看得见与看不见的地方清扫干净，保持工作场所干净的环境，目的是稳定产品品质，减少工业伤害。

清洁——将整理、整顿、清扫进行到底，并且制度化，经常保持环境处在美观的状态。目的是创造明朗现场，维持上面的“3S”成果。

素养——每位操作者养成良好的习惯，并遵守规则，培养积极主动的精神。目的是培养拥有良好习惯、遵守规则的员工，营造团队精神。

安全——重视操作者安全教育，每时每刻都有“安全第一”的观念，防患于未然。目的是建立起安全生产的环境，所有的工作应建立在安全的前提下。

三、零件手工加工常用设备及电动工具

1. 钳工工作台

钳工工作台如图 1-1-2 所示，其主要作用是安装台虎钳，放置工具、量具和零件等。

钳工工作台用木材或钢材制成，钳工工作台高度一般以 800 ~ 900 mm 为宜，台虎钳在钳工工作台上安装完毕后，钳口高度一般以与操作者的手肘平齐为宜（见图 1-1-3），其钳口长度和宽度视工作需要而定。

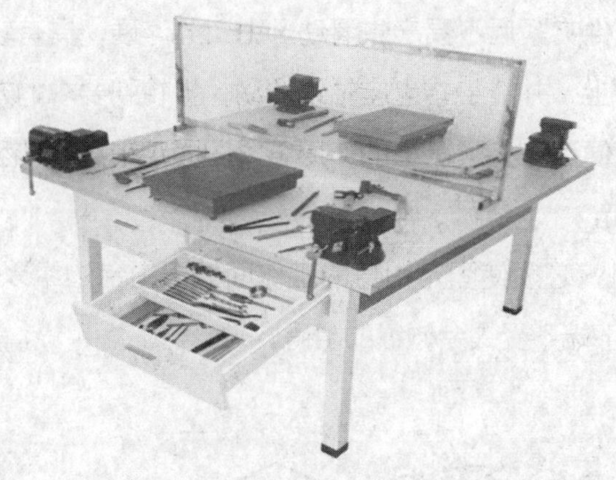

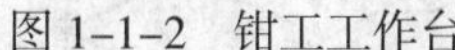

图 1-1-2　钳工工作台

图 1-1-3　台虎钳的高度

2. 台虎钳

台虎钳是用来夹持工件的通用夹具，其规格用钳口的宽度表示，常用规格有 100 mm、125 mm、150 mm 等。

台虎钳有固定式和回转式两种，如图 1-1-4 所示，两者的主要构造和工作原理基本相同。由于回转式台虎钳的钳身可以相对底座回转，能满足各种不同方位的加工需要，因此使用方便，应用广泛。

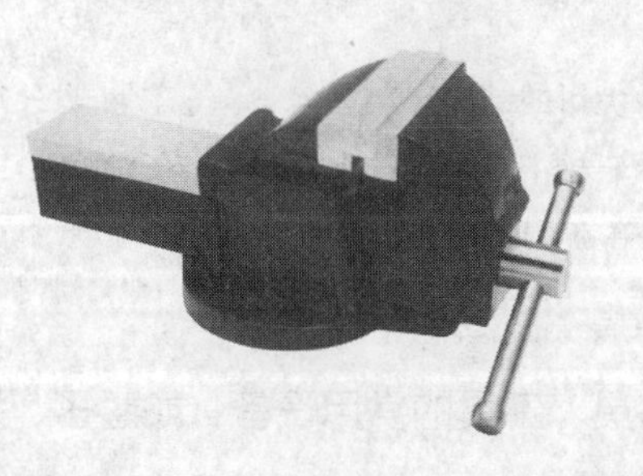

a)

b)

图 1-1-4　台虎钳的种类

a）固定式　b）回转式

回转式台虎钳的结构如图 1-1-5 所示，其工作原理如下：活动钳身 1 通过导轨与固定钳身 4 的导轨孔形成滑动配合。丝杠 13 装在活动钳身上，可以旋转，但不能轴向移动，并与安装在固定钳身内的丝杠螺母 5 配合。当摇动手柄 12 使丝杠旋转时，就可带动活动钳身相对于固定钳身做轴向移动，起夹紧或放松工件的作用。弹簧 11 借助挡圈 10 和销 9 固定在丝杠上，其作用是当放松丝杠时，可使活动钳身及时地退出。在固定钳身和活动钳身上各装有钢质钳口 3，并用螺钉 2 固定。钳口的工作面上制有交叉状网纹，使工件夹紧后不易产生滑动。钳口经淬硬，具有较好的耐磨性。固定钳身装在转盘座 8 上，并能绕转盘座轴线转动，当转到要求的方向时，扳动夹紧手柄 6 使螺钉旋紧，便可在夹紧盘 7 的作用下紧固固定钳身。转盘座上有三个螺栓孔，用以与工作台固定。

台虎钳在钳工工作台上安装时，必须使固定钳身的工作面处于钳台边缘以外，以保证夹持长条形工件时，工件的下端不受钳台边缘的阻碍。

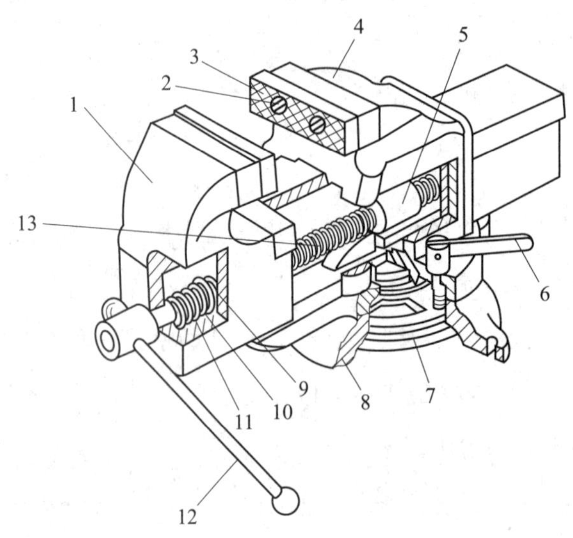

图 1-1-5　回转式台虎钳的结构

1—活动钳身　2—螺钉　3—钳口　4—固定钳身　5—丝杆螺母　6—夹紧手柄　7—夹紧盘
8—转盘座　9—销　10—挡圈　11—弹簧　12—手柄　13—丝杆

3. 砂轮机

砂轮机如图 1-1-6 所示，是刃磨各种刀具、工具的常用设备，如錾子、钻头、样冲、划针等。砂轮机主要由电动机、砂轮机座、托架和防护罩组成。砂轮机应安放在场地边缘，同时建立防护设施，防止刃磨工件时工件意外飞出伤人。

砂轮机在工作时转速较高，砂轮的质地又较脆，使用不当会发生伤人事故。所以在使用时必须严格遵守安全操作规程，具体如下：

（1）操作前应穿紧身工作服且袖口扣紧，衣服下摆不能敞开，严禁戴手套，必须戴好安全帽和防护镜。

（2）砂轮机上砂轮的旋转方向必须使磨屑向下。

（3）磨削时操作者应站在砂轮的侧面或斜侧位置，不要站在砂轮正面。

（4）磨削时不要对砂轮施加过大的压力，避免工作时砂轮发生剧烈撞击，以免砂轮碎裂。

（5）砂轮必须装有托架，且与砂轮间的距离保持 1~3 mm 以内，以防止工件或刀具脱落后卡在工件和砂轮之间，造成砂轮碎裂飞出的事故。

（6）砂轮启动后，应先观察其运转情况，待运转正常后再进行磨削。

（7）不得使用砂轮机磨削笨重物料、薄铁板以及软质（铝、铜等）材料和木制品。

（8）砂轮应保持干燥，以防止砂轮沾水后失去平衡而发生事故。

（9）同一砂轮禁止两人同时使用，严禁围堆操作和磨削时嬉笑打闹。

（10）不准在砂轮机旁堆放物品，使用完毕应及时切断电源，做好清扫工作。

（11）砂轮一旦出现裂纹或破损应及时更换。

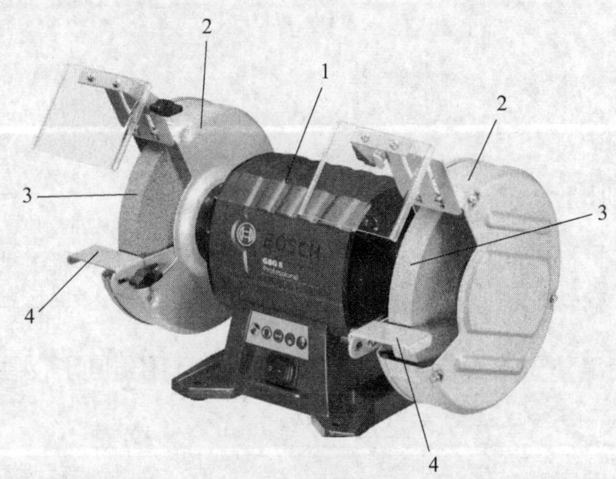

图 1–1–6　砂轮机

1—机体（内有电动机） 2—砂轮护罩　3—砂轮　4—工件托架

4. 钻床

钻床是加工孔的设备。常用的钻床有台式钻床、立式钻床和摇臂钻床等，如图 1–1–7 所示。

（1）台式钻床简称台钻，它结构简单，操作方便，常用于钻、扩小型工件上直径 12 mm 以下的孔。

（2）立式钻床简称立钻，主要用于钻、扩、锪、铰中小型工件上的孔及攻螺纹等。

（3）摇臂钻床主要用于中型或较大工件上的孔加工。其特点是操纵灵活、方便。摇臂不仅能升降，而且还可以绕立柱做 360°的旋转。

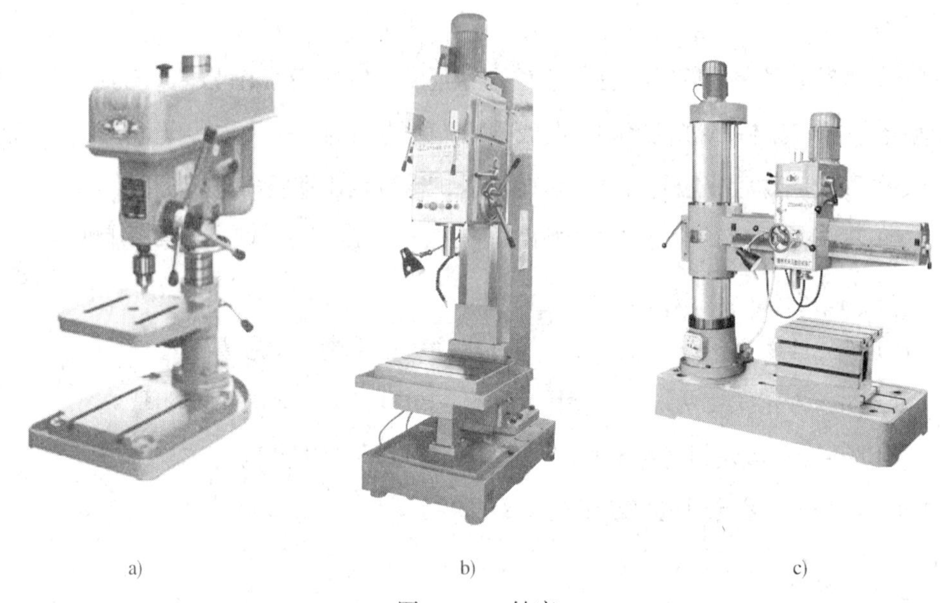

图 1-1-7　钻床

a）台式钻床　b）立式钻床　c）摇臂钻床

5. 型材切割机

型材切割机，又称砂轮锯，一般采用额定电压为 220 V 的普通单相交流电动机为动力，通过传动机构驱动圆形砂轮片切割金属，具有安全可靠、劳动强度低、生产效率高、切断面平整光滑等优点。型材切割机广泛用于圆形钢管、异形钢管、铸铁管、圆钢、槽钢、角钢、扁钢等型材的切割加工。

型材切割机由单向交流电动机、传动机构、护罩机架、底座及可转夹钳等组成，如图 1-1-8 所示。

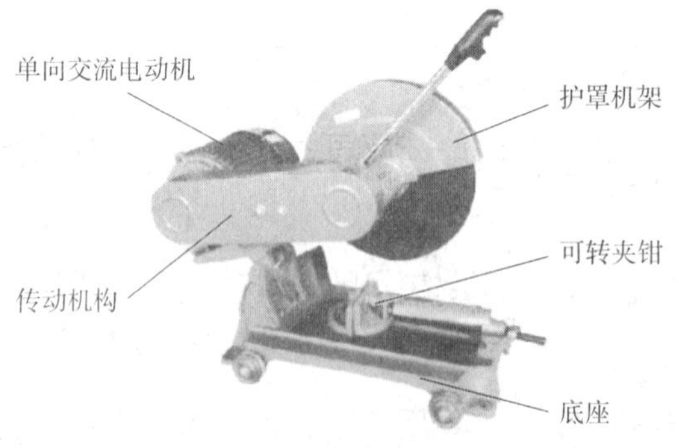

图 1-1-8　型材切割机

型材切割机操作规程如下：

（1）操作前应认真阅读使用说明书，确保操作者熟悉切割机的性能、结构等，方能进行操作。

（2）启动切割机前应对其电源空气开关、砂轮的松紧度、防护罩或安全挡板进行详细检查，操作台必须稳固，作业场所应有足够的照明，开机后需进行空运转，待确认安全后才能进行切割作业。

（3）操作时严禁戴手套。如在操作过程中会引起灰尘，要戴口罩或面罩。机器运行时不得将手放在距锯片 15 cm 以内。

（4）机器运转正常后方可切料。切割时不能突然加力，以免损坏砂轮片或使砂轮片飞出伤人。

（5）切割长料时，需要用夹具夹紧，严禁用手直接送料。并需两人配合操作，要求动作一致，不得任意拖拉，切割时操作者不能正对砂轮片，应在侧边，非操作者不得靠近停留，以防砂轮片碎裂飞出伤人。

（6）操作过程中若有异响，应立即停机检查，必要时通知维修人员。

（7）严禁用切割机代替砂轮机使用。

6. 铆接机

铆接机（又称铆钉机、旋铆机、铆合机、碾铆机等）是依据冷碾原理研制而成的能用铆钉把物品铆接起来的机械装备，如图 1-1-9 所示。铆接机主要靠旋转与压力完成装配，主要应用于需铆钉（中空铆钉、空心铆钉、实心铆钉等）铆合的场合。可铆接铜、铝、低碳钢、中碳钢及不锈钢铆钉。

（1）类型

铆接机按动力方式分为气动、油压和电动铆接机，按头数分为单头和双头铆接机，按铆接方式分为径向铆接机和摆碾铆接机。

（2）铆接方法

一般采用冷碾铆接法铆接，这种铆接方法是利用铆杆对铆钉局部加压，并绕中心连续摆动直到铆钉成形。根据铆接法的冷碾轨迹，可分为摆碾铆接法和径向铆接法。

1）摆碾铆接法是铆头首先对工件进行点接触，通过气缸或液压缸对工件表面加压，同时进行全方位的碾压，使工件表面瞬时变形而产生铆合的效果。这种方法稳定性能好，加工精度高，在圆弧形铆合时，基本上不需用手去接触工件，便能完成铆合工作。

图 1-1-9　铆接机

2）径向铆接法是利用铆杆对铆钉局部加压，并绕铆钉轴线进行持续的、梅花状的运动，直到铆钉成形的铆接方法。这种方法所需摆碾力极小，仅为锤击、冲压等铆接方式的 1/15 ~ 1/10，其使铆钉的变形顺从金属的自然流向，产生的连接强度高于普通铆接的 80% 以上，且不破坏铆钉的表面质量。

7. 手电钻

手电钻是以交流电源或直流电池为动力用于实体材料钻孔的手持式电动工具，如图 1-1-10 所示。当装有正反转开关和电子调速装置后，可用作电动旋具。有的型号配有充电电池，可在一定时间内，在无外接电源的情况下正常工作。

手电钻的电源电压分单相（220 V、36 V）和三相（380 V）两种。手电钻的规格是以其最大钻孔直径来表示的，采用单相电压的手电钻规格有 6 mm、10 mm、13 mm、19 mm、23 mm 五种；采用三相电压的手电钻规格有 13 mm、19 mm、23 mm 三种，在使用时可根据不同情况进行选择。

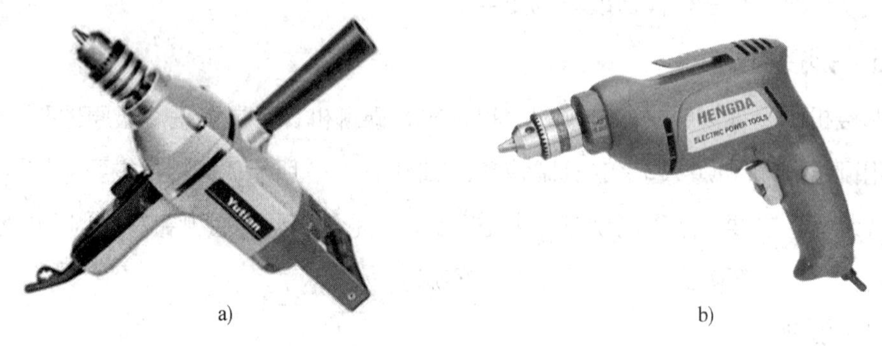

a)　　b)

图 1-1-10　手电钻

a）手提式　b）手枪式

操作手电钻时应注意以下几点：

（1）使用前，应开机空转 1 min，检查传动部分是否正常，若有异常，应排除故障后再使用。

（2）所用钻头必须锋利，钻孔时不宜用力过猛。当孔将钻穿时须相应减轻压力，以防事故发生。

（3）不可以用手电钻钻水泥或砖墙，因为手电钻电动机内缺少冲击机构，承受力小；否则，极易造成电动机过载，烧毁电动机。钻水泥墙或砖墙需用冲击钻。

8. 电磨头

电磨头属于高速磨削工具，如图 1-1-11 所示。它适用于大型工具、夹具、模具的装配及调整中，对各种形状复杂的工件进行修磨或抛光；装上不同形状的小砂轮，还可修磨凹凸模的成形面；当用布轮代替砂轮时，则可进行抛光作业。

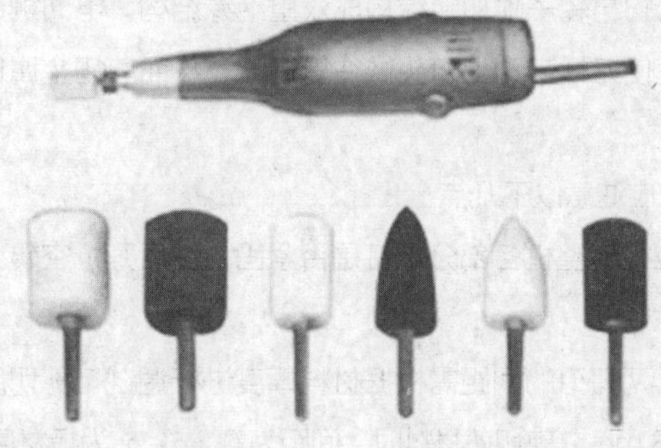

图 1–1–11　电磨头

操作电磨头时应注意以下几点：

（1）使用前应开机空转 2 ~ 3 min，检查旋转声音是否正常，若有异常，则应排除故障后再使用。

（2）新装砂轮应修整后使用；否则所产生的惯性会造成严重振动，影响加工精度。

（3）砂轮外径不得超过磨头铭牌上规定的尺寸。工作时砂轮和工件的接触力不宜过大，更不能用砂轮冲击工件，以防砂轮爆裂，造成事故。

（4）操作电磨头时应佩戴护目镜。

9. 电剪刀

电剪刀的外形如图 1–1–12 所示。它使用灵活，携带方便，安全可靠，能用来剪切各种几何形状的金属板材。用电剪刀剪切后的板材具有板面平整、变形小、质量好的优点。因此，它也是对各种复杂的中小型板材进行落料加工的主要工具之一。

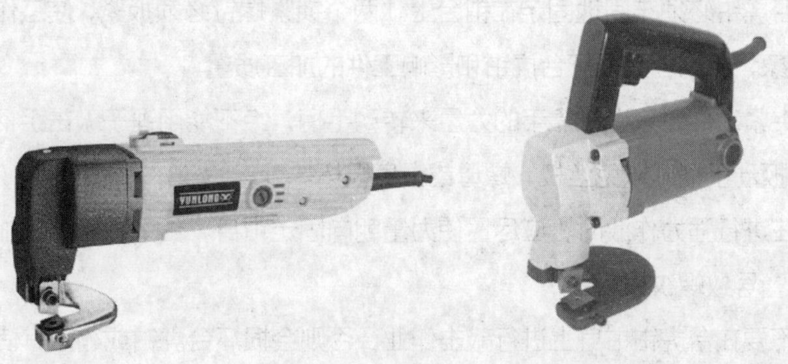

图 1–1–12　电剪刀

电剪刀由电动机、减速箱、偏心轴—连杆机构、开关和刀具等部分组成。电动机采用单相串励电动机，置于塑料机壳内。塑料机壳既是支撑电动机的结构件，又是定子附加绝缘，它与转子附加绝缘构成双重绝缘结构。电动机通过减速箱驱动偏心轴—连杆机构，使刀杆带动上刀头做往复运动，从而剪切金属板材，下刀头固定在刀架上不动。

操作电剪刀时应注意以下几点：

（1）开机前应检查整机各部分螺钉是否紧固，然后开机空转，待运转正常后方可使用。

（2）剪切时，两刀刃的间距需根据材料厚度进行调试。剪切厚材料时，两刀刃的间距为 0.2 ~ 0.3 mm；剪切薄材料时，间距为 0.2δ（δ 为板材厚度）；做小半径剪切时，须将两刃口间距调至 0.3 ~ 0.4 mm。

（3）排除故障或更换刀片时都应及时拔下电源插头，防止发生意外。

四、技能训练

1. 台虎钳操作与保养练习

（1）台虎钳的夹紧和松开

当顺时针转动手柄时，通过丝杠、螺母带动活动钳身将工件夹紧；当逆时针转动手柄时，将工件松开。注意：工件将要夹紧时应给手柄施加一定的预紧力，以便将工件夹牢。

（2）台虎钳的转位与固定

松开回转式台虎钳左右两个锁紧螺钉，台虎钳在底盘上即可转位，以便在不同方向上夹持工件，拧紧左右两个锁紧螺钉，台虎钳即可固定在转盘座上。

1）台虎钳必须牢固地固定在钳台上，两个锁紧螺钉必须扳紧，使工作时钳身没有松动现象，否则容易损坏台虎钳和影响工件的加工质量。

2）夹紧工件时只许依靠手的力量来转动手柄，绝不能用锤子敲击手柄或随意套上杠杆来扳动手柄，以免丝杠、螺母或钳身损坏。

3）在进行强力作业时，应尽量使力量朝向固定钳身，否则将额外增加丝杠和螺母的受力，导致螺纹损坏。

4）不要在台虎钳钳身上进行敲击作业，否则会损坏台虎钳或缩短其使用寿命。

5）丝杠、螺母和其他活动表面上都要经常加油并保持清洁，以利于润滑和防止生锈。

2. 砂轮机操作练习

认真观察砂轮机的结构，调整托架，使其距砂轮的距离不大于 3 mm，然后进行磨削练习，并进行更换砂轮和砂轮机日常保养练习。

3. 台式钻床操作练习

（1）认真观察台钻的结构，熟悉各手柄的作用；进行润滑练习。

（2）主轴由低速到高速逐级进行变速练习。

（3）练习手动进给。

（4）工作台升、降及固定练习。

（5）单项操作熟练后，可进行钻头装夹及空转、进给练习；进行台钻保养练习。

复习思考题

1. “6S” 管理的内容是什么?
2. 零件手工加工常用的设备有哪些?
3. 零件手工加工安全文明生产包括哪些内容?
4. 简述台虎钳的基本操作。

课题 2
零件手工加工常用量具的使用与保养

为了保证零件和产品的质量，必须用测量器具对其进行测量。可单独或与其他装置一起，用以确定几何量值的器具称为几何量测量器具（简称“测量器具”）。几何量测量器具的种类很多，根据其特点和用途可分为长度测量器具、角度测量器具、几何误差测量器具、表面结构质量测量器具等多种类型。

一、长度测量器具

用于在平面内测量长度量的测量器具称为长度测量器具。它包含卡尺类、千分尺类、指示表类以及实物量具类等。零件手工加工常用的长度测量器具有游标卡尺、外径千分尺、光滑极限量规、塞尺、量块、百分表等。

1. 游标卡尺

利用游标原理对两同名测量面相对移动分隔的距离进行读数的测量器具称为游标卡尺。游标卡尺是一种中等精度的测量器具，一般分为机械游标卡尺、数显卡尺、带表卡尺三种，按测量对象不同又分为普通游标卡尺、深度游标卡尺、高度游标卡尺等，可以直接测量出工件的内径、外径、长度、宽度、深度和孔距，是一种应用较为广泛的常用量具。

（1）机械游标卡尺

1）机械游标卡尺的类型及结构

机械游标卡尺可分为三用游标卡尺、双面量爪游标卡尺和单面量爪游标卡尺三种类型，其中三用游标卡尺和单面量爪游标卡尺又分为带台阶测量面和不带台阶测量面两种形式。其主要结构如图 1-2-1 所示。

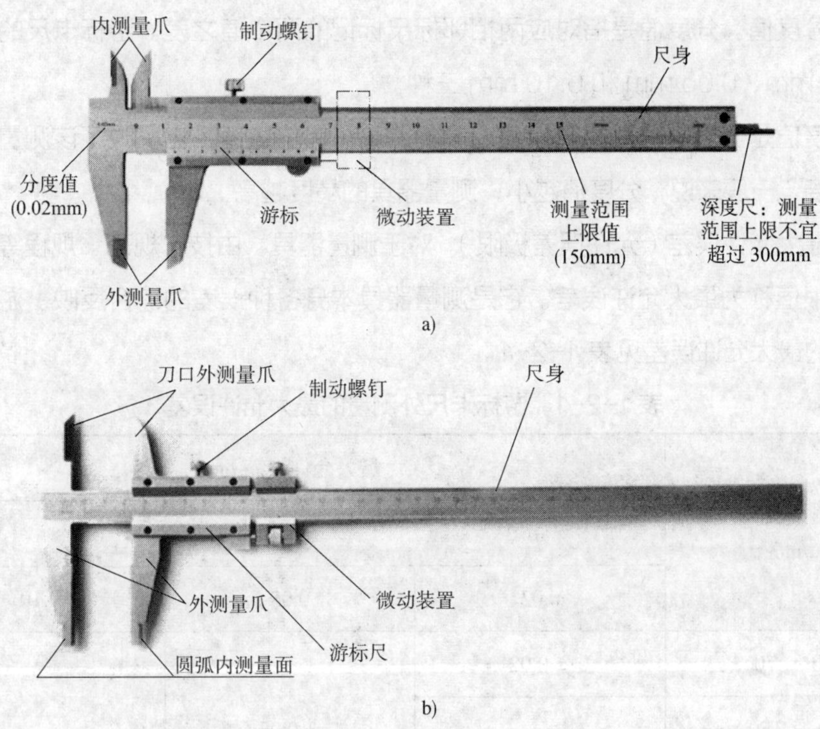

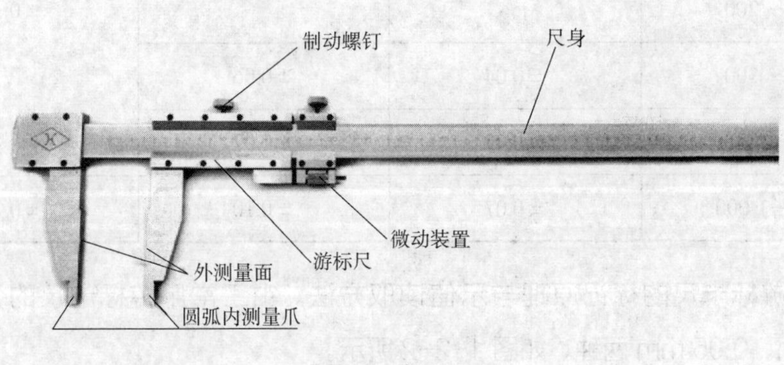

图 1-2-1　游标卡尺

a）三用游标卡尺　b）双面量爪游标卡尺　c）单面量爪游标卡尺

2）游标卡尺的基本参数

①标尺间距。标尺间距是指沿着标尺长度的同一条线测得的两相邻标尺标记之间的距离。游标卡尺尺身上的标尺间距为 1 mm。

②测量范围。测量范围是指测量器具的误差在规定极限内的一组被测量的值（被测量值的下限值至上限值的范围）。钳工常用的游标卡尺的测量范围有 0 ~ 150 mm、0 ~ 200 mm、0 ~ 300 mm 等几种。

③分度值。分度值是指对应两相邻标尺标记的两个值之差。游标卡尺的分度值有 0.02 mm、0.05 mm 和 0.10 mm 三种。

分度值是测量器具所能直接读出示值的最小单位量值，它反映了该测量器具的测量精度。一般来说，分度值越小，测量器具的精度越高。

④最大允许误差（允许误差极限）。对于测量器具，由技术规范、规程等允许的误差极限值称为最大允许误差。它是测量器具本身各种误差的综合反映。游标卡尺外测量的最大允许误差见表 1-2-1。

表 1-2-1　游标卡尺外测量的最大允许误差

测量范围 /mm	最大允许误差 /mm		
	分度值		
	0.02	0.05	0.10
0 ~ 70	±0.02	±0.05	±0.10
0 ~ 150	±0.03		
0 ~ 200			
0 ~ 300	±0.04	±0.06	
0 ~ 500	±0.05	±0.07	
0 ~ 1 000	±0.07	±0.10	±0.15

3）游标卡尺的标记原理与示值读取方法。钳工常用游标卡尺的分度值有 0.02 mm、0.05 mm 两种，如图 1-2-2 所示。

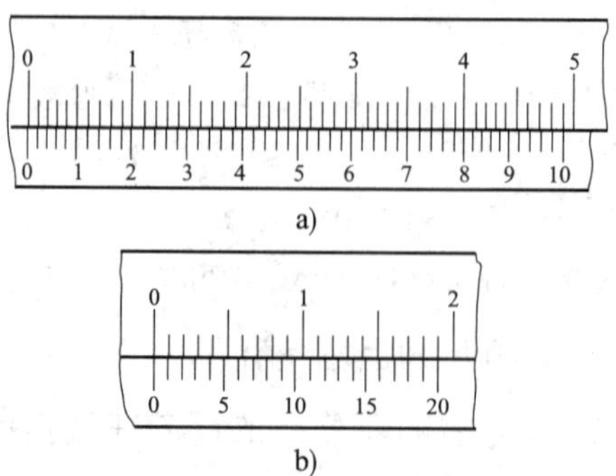

图 1-2-2　游标卡尺的标记原理

a）分度值为 0.02 mm 的游标卡尺　b）分度值为 0.05 mm 的游标卡尺

①标记原理

a. 分度值为 0.02 mm 的游标卡尺。尺身上主标尺间距（每小格长度）为 1 mm，当两测量爪合并时，游标尺上的 50 格刚好与主标尺上的 49 mm 对正。则游标尺间距（每小格长度）为 49/50=0.98 mm，主标尺间距与游标尺间距每格相差 1-0.98=0.02 mm。即 0.02 mm 就是该游标卡尺的分度值（最小读数值）。

b. 分度值为 0.05 mm 的游标卡尺。尺身上主标尺间距（每小格长度）为 1 mm，当两测量爪合并时，游标尺上的 20 格刚好与主标尺上的 19 mm 对正。尺身与游标每格之差为：1-19/20=0.05（mm），此差值即为 0.05 mm 游标卡尺的分度值。还有一种 0.05 mm 的游标卡尺，是游标尺上的 20 格刚好与主标尺上的 39 mm 对正，则游标尺间距（每小格长度）为 39/20=1.95 mm，主标尺两格与游标尺一格相差 0.05 mm，这种放大刻度的游标卡尺线条清晰，容易看准。

②游标卡尺的示值读取方法

游标卡尺是以游标零线为基准进行读数的，其读数步骤为：

a. 读整数。在主标尺上读出位于游标尺零线左边最接近的整数值。

b. 读小数。用游标尺上与主标尺刻线对齐的刻线格数，乘以游标卡尺的分度值，读出小数部分。

c. 求和。将两项读数值相加，即为被测尺寸数值，如图 1-2-3 所示。

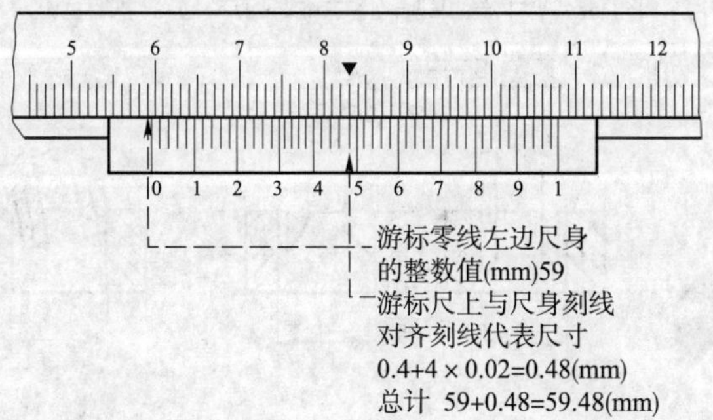

图 1-2-3 0.02 mm 规格的游标卡尺示值读取方法

4）游标卡尺的使用注意事项

①游标卡尺适用于 IT16 ~ IT10 尺寸的测量和检验，应按工件的尺寸及精度要求合理选用。

②不能用游标卡尺测量铸、锻件毛坯尺寸，也不能用游标卡尺去测量精度要求过高的工件。

③使用前要检查游标卡尺测量爪和测量刃口是否平直无损；两量爪贴合时无漏光现象，主标尺和游标尺的零线是否对齐。

④测量外尺寸时，外量爪应张开到略大于被测尺寸，以固定量爪贴住工件，用轻微推力把活动量爪推向工件，卡尺测量面的连线应垂直于被测量表面，不能偏斜，如图 1-2-4 所示。

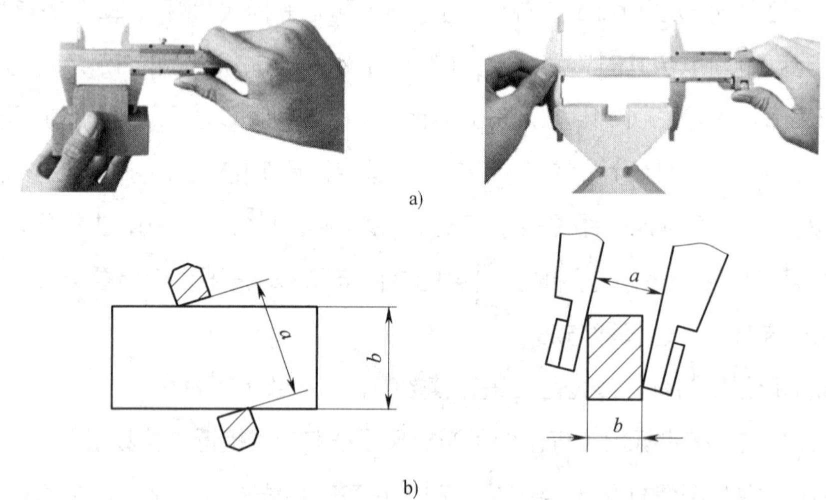

图 1-2-4　测量外尺寸的方法

a ）正确　b ）错误

⑤测量内尺寸时，内量爪开度应略小于被测尺寸。测量时，两内量爪测量位置要正确，不得倾斜，如图 1-2-5 所示。

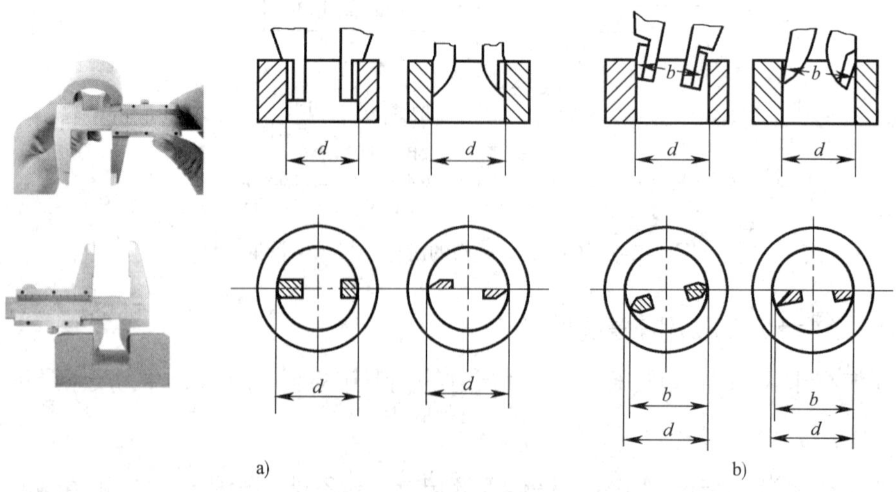

图 1-2-5　测量内尺寸的方法

a ）正确　b ）错误

⑥测量孔深或高度尺寸时，应使深度尺的测量面紧贴孔底，游标卡尺的端面与被测件的表面接触，且深度尺要垂直，不可前后左右倾斜，如图 1-2-6 所示。

⑦读数时，游标卡尺应置于水平位置，视线垂直于刻线表面，避免视线歪斜造成示值读取误差。

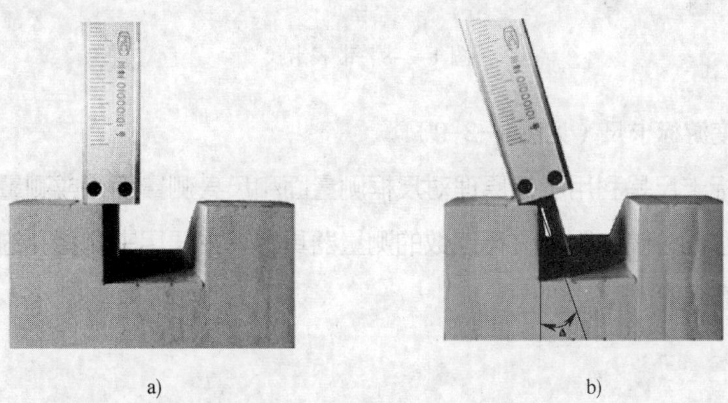

a)　　b)

图 1-2-6　测量深度的方法

a ）正确　b ）错误

（2）数显卡尺（见图 1-2-7）

数显卡尺是利用电子测量、数字显示原理，对两同名测量面相对移动分隔的距离进行读数的测量器具，其分度值一般为 0.01 mm、0.02 mm 两种。其特点是读数直观准确，使用方便而且功能多样。当用数显卡尺测量某一尺寸时，数字显示部分就清晰地显示出测量结果。

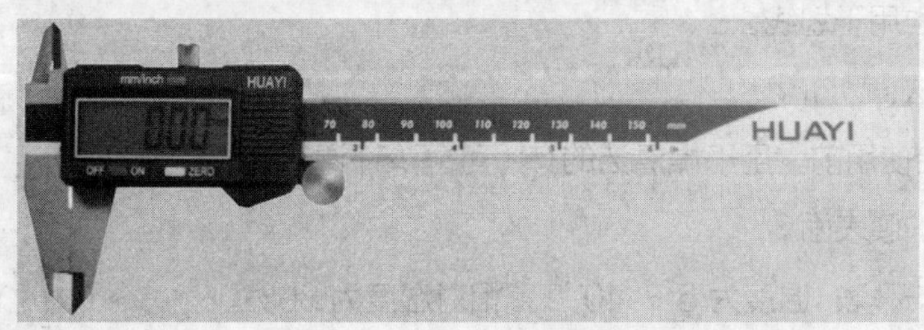

图 1-2-7　数显卡尺

（3）带表卡尺（见图 1-2-8）

带表卡尺是利用机械传动系统，将两同名测量面的相对移动转变为指示表指针的回转运动，并借助尺身标尺和指示表对两同名测量面相对移动所分隔的距离进行读数的测量器具。其分度值一般为 0.01 mm、0.02 mm 两种，它是由指示表标记代替游标读数，读数直观、使用方便。

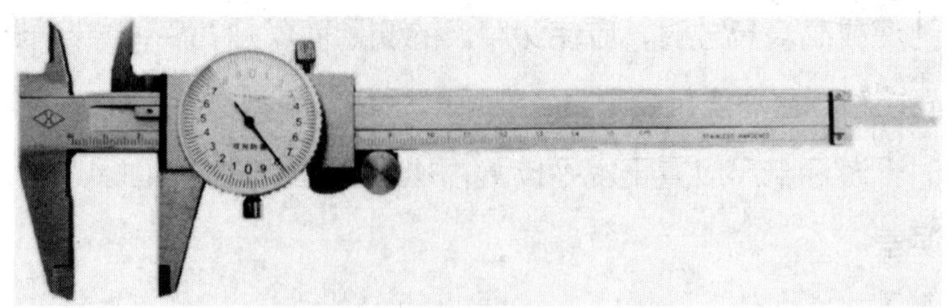

图 1-2-8　带表卡尺

（4）深度游标卡尺（见图 1-2-9）

深度游标卡尺是利用游标原理对尺框测量面和尺身测量面（或测量爪的深度测量面）相对移动分隔的距离进行读数的测量器具。其主要用来测量孔的深度、台阶的高度和沟槽深度。

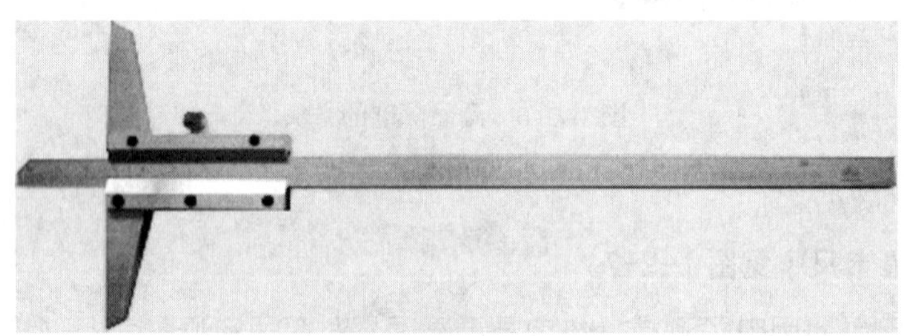

图 1-2-9　深度游标卡尺

（5）高度游标卡尺（见图 1-2-10）

高度游标卡尺主要用于测量工件的高度，另外还经常用于测量形状和位置公差尺寸，有时也用于划线。

使用方法：

1）开始使用前，用干燥清洁的布（可蘸少许清洁油）反复擦拭保护膜表面。

2）工作环境：温度为 5 ~ 40 ℃，相对湿度为 80%，防止含水分的液体物质沾湿保护膜表面。

3）测量爪尖端锋利，防止碰伤。

图 1-2-10　高度游标卡尺

2. 外径千分尺

外径千分尺是指利用螺旋副原理，对尺架上两测量面间分隔的距离进行读数的外尺寸测量器具。外径千分尺是一种精密量具，其测量精度比游标卡尺高，用来测量加工精度要求较高的零件，应用广泛。

（1）外径千分尺

1）外径千分尺的结构。图 1-2-11 所示为外径千分尺的结构，它由尺架、固定测砧、测微螺杆、固定套管、微分筒、测力装置和锁紧装置等组成。外径千分尺应附有调零位的工具，测量范围下限为 25 mm 的外径千分尺应附有校对量杆，尺架上应安装有隔热装置。

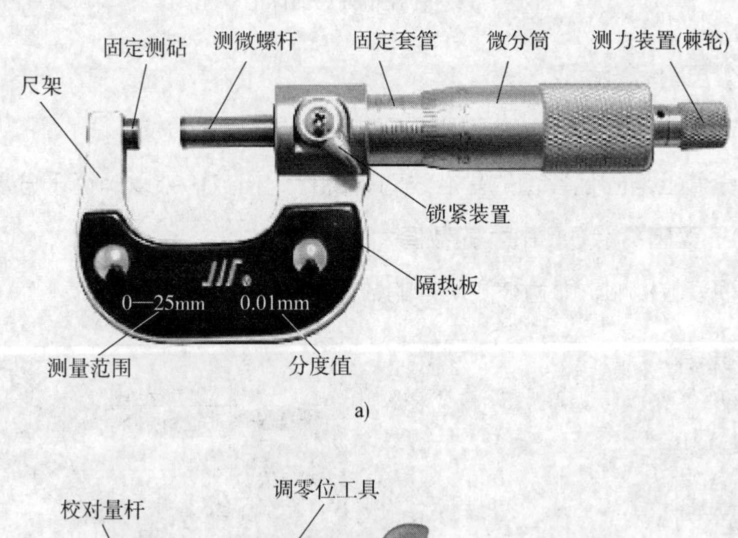

a)

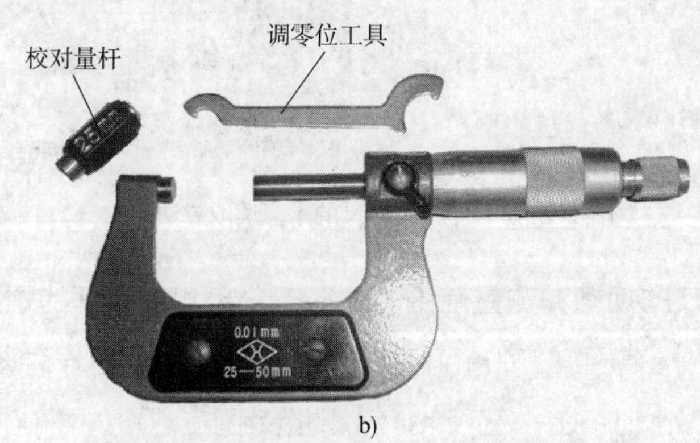

b)

图 1-2-11　外径千分尺的结构

a）0 ~ 25 mm 外径千分尺　b）25 ~ 50 mm 外径千分尺

2）外径千分尺的标记原理与示值读取方法。外径千分尺最常用的是分度值为 0.01 mm 的外径千分尺，其标记原理如下：

测微螺杆的螺距为 0.5 mm，微分筒的外圆锥面上刻有 50 格。微分筒每转动一圈，测微螺杆就轴向移动 0.5 mm，当微分筒每转动一格时，测微螺杆就轴向移动 0.5÷50 = 0.01 mm，所以千分尺的分度值为 0.01 mm，如图 1-2-12 所示。

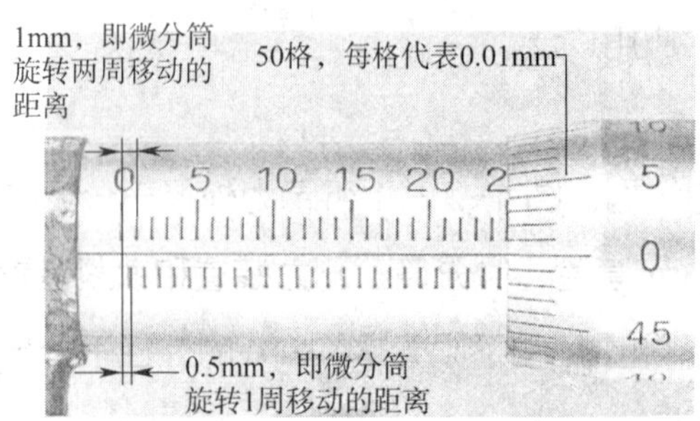

图 1-2-12　外径千分尺的标记原理

外径千分尺的示值读取方法为:

①在固定套管上读出与微分筒相邻近的标记数值;

②用微分筒上与固定套管的基准线对齐的标记格数，乘以外径千分尺的分度值（0.01 mm），读出不足 0.5 mm 的数值;

③将两项读数相加，即为被测尺寸的数值，如图 1-2-13 所示。

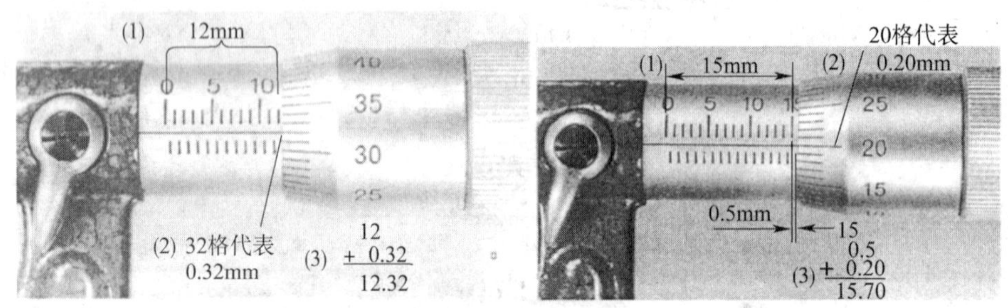

图 1-2-13　外径千分尺的示值读取方法

3）外径千分尺的规格和测量范围。外径千分尺测微螺杆的螺距有 0.5 mm 和 1 mm 两种。测量范围在 500 mm 以内时，每 25 mm 为一种规格，如 0 ~ 25 mm，25 ~ 50 mm，50 ~ 75 mm 等；测量范围在 500 ~ 1 000 mm 时，每 100 mm 为一种规格，如 500 ~ 600 mm，600 ~ 700 mm 等。

4）使用千分尺的注意事项

①千分尺适用于 IT6 ~ IT16 尺寸的测量和检验，应按工件的尺寸及精度要求正确合理地选用千分尺。

②千分尺的测量面应保持干净，使用前应校对零位，如图 1-2-14 所示。

③测量时，先转动微分筒，当测量面接近工件时，改用棘轮，直到棘轮发出“吱吱”声为止。

④测量时，千分尺要放正，并注意温度的影响。

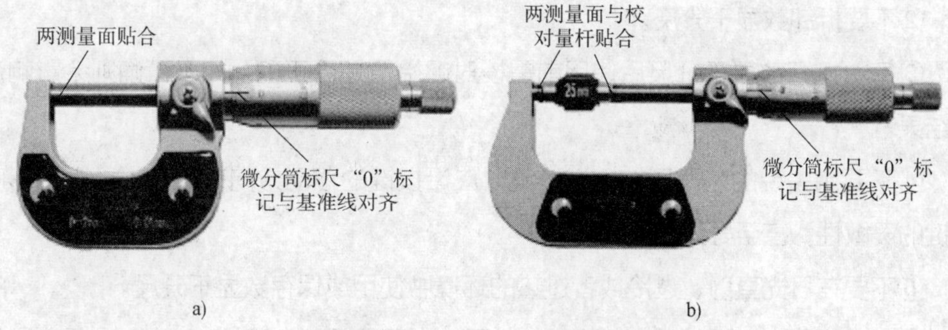

图 1-2-14　外径千分尺校零

a）测量范围 0 ~ 25 mm　b）测量范围 25 ~ 50 mm

⑤不能用千分尺测量毛坯或转动的工件。

⑥为防止尺寸变动，可转动锁紧装置，锁紧测微螺杆。

（2）电子数显千分尺

电子数显千分尺是新一代精密量具，具有测量精度高，读数直观，米制英寸制转换方便，可任意置零，并具有数据可输出等多种优点。适用于精密零件尺寸的直接测量和比较测量。体积小、功耗低，使用方便。

1）结构。电子数显千分尺的外形结构如图 1-2-15 所示。

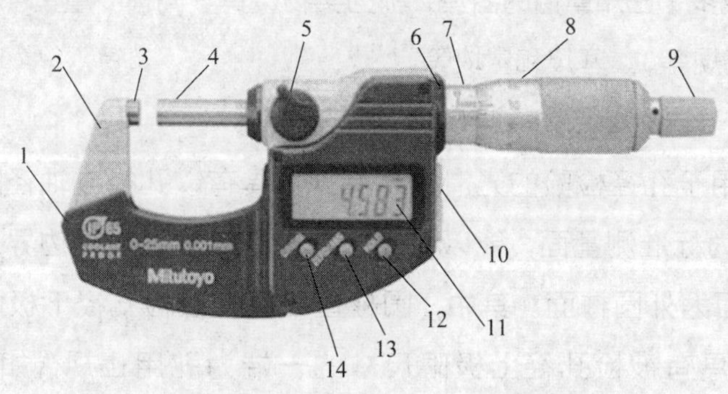

图 1-2-15　电子数显千分尺结构

1—隔热装置　2—尺架　3—测砧　4—测微螺杆　5—制动装置　6—螺纹轴套　7—固定套管　8—微分筒　9—测力装置　10—数据输出口　11—液晶显示器　12—开关　13—公 / 英制转换键　14—置零位键

电子数显千分尺分辨率为 0.001 mm，设置有置零位键和公 / 英制转换键。另外专门设计有供数据输出的接口，从而可将测量数据传送到计算机或其他数据处理装置中。

2）使用注意事项

①不要摔碰数显千分尺及施以过大的外力。

②不要拆卸数显千分尺。

③每次打开数显千分尺后使用前需校对起始值是否正确，如不正确则会影响测量结果。

④不要用尖锐的东西压按键，按键时应沿按键的移动方向来操作，否则将影响按键的灵敏性，甚至导致按键损坏。

⑤不要在日光直射、过冷或者过热的环境中使用或保存数显千分尺。

⑥在千分尺的任何部位不能施加电压，也不要用电笔刻字，以免损坏电子元件。

⑦不要在有高电压或强磁场的环境中使用数显千分尺。

⑧使用干燥的软布擦拭数显千分尺表面污点。不能使用丙酮或苯类等有机溶剂擦拭。

⑨测量前使用软布擦拭测量面。

3. 实物量具

前面介绍的长度测量器具，如游标卡尺等，它们的最大特点是可以直接读出被测零件的尺寸数值。此外，还存在一类长度测量器具，它们是以固定形态复现或提供给定量一个或多个已知量值的器具，称为实物量具（简称“量具”），如光滑极限量规（卡规、塞规等）、塞尺和量块等。

（1）塞规

塞规是指用于孔径检验的光滑极限量规（具有以孔径或轴径的上极限尺寸和下极限尺寸为标准测量面，能以包容原则反映被检孔或轴边界条件的实物量具），其测量面为外圆柱面。其中，圆柱直径具有被检孔径下极限尺寸的一端为孔用通规，具有被检孔径上极限尺寸的一端为孔用止规，如图 1-2-16 所示。

塞规是一种专用测量器具，它不能读出被测零件的实际尺寸数值，但是能判断被测零件的尺寸是否合格。当用塞规检验工件时，如果通规能通过，止规不能通过，这就说明这个零件尺寸是合格的。否则，为不合格。塞规有多种形式和规格，其中常用来检验铰孔精度的锥柄圆柱塞规结构如图 1-2-17 所示。

（2）螺纹环规

螺纹环规是用来检测标准外螺纹中径的，两个为一套，一个通规（T），一个止规（Z）。两个环规的内径分别按照标准螺纹中径的最大极限尺寸和最小极限尺寸制造，精度非常高。

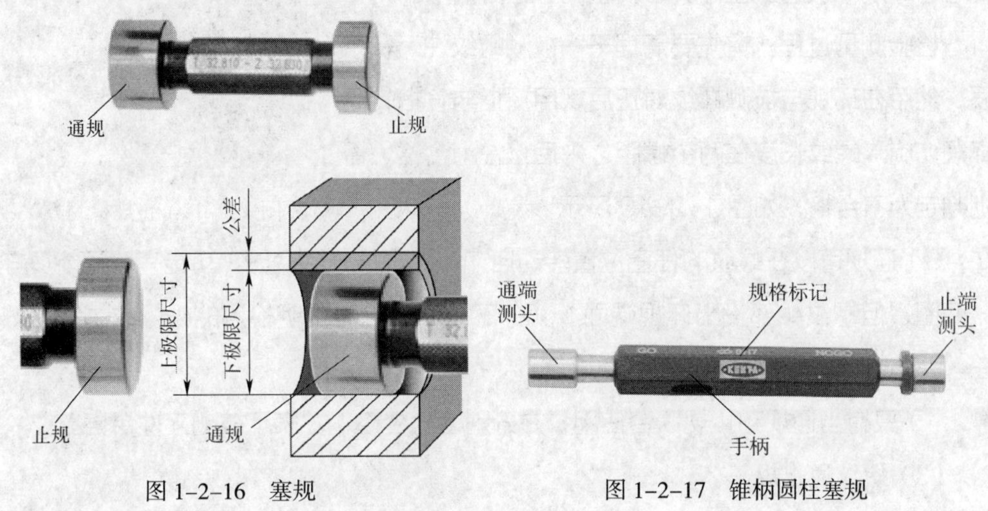

图 1–2–16　塞规　　图 1–2–17　锥柄圆柱塞规

螺纹环规用于测量外螺纹尺寸的正确性，通端为一件，止端为一件，如图 1-2-18 所示。止端环规在外圆柱面上有凹槽。100 mm 以上的螺纹环规为双柄螺纹环规型式，规格分为粗牙、细牙、管螺纹三种。

图 1–2–18　螺纹环规

螺纹环规使用方法：

1）通规。使用时应注意被测螺纹公差等级及偏差代号与环规标识的公差等级、偏差代号是否相同（如 M24 × 1.5—6h 与 M24 × 1.5—5g 两种环规外形相同，其螺纹公差带不相同，错用后将产生批量不合格品，其中 6h 与 5g 为螺纹精度）。

检验测量过程：首先要清理干净被测螺纹油污及杂质，然后在环规与被测螺纹对正后，用拇指与食指转动环规，使其在自由状态下旋合，能通过螺纹全部长度判定合格，否则判定不合格。

2）止规。使用时应注意被测螺纹公差等级及偏差代号与环规标识的公差等级、偏差代号是否相同。

检验测量过程：首先要清理干净被测螺纹油污及杂质，然后在环规与被测螺纹对正后，用拇指与食指转动环规，旋入螺纹长度在两个螺距之内后止住为合格，否则判定为不合格，如图 1-2-19 所示。

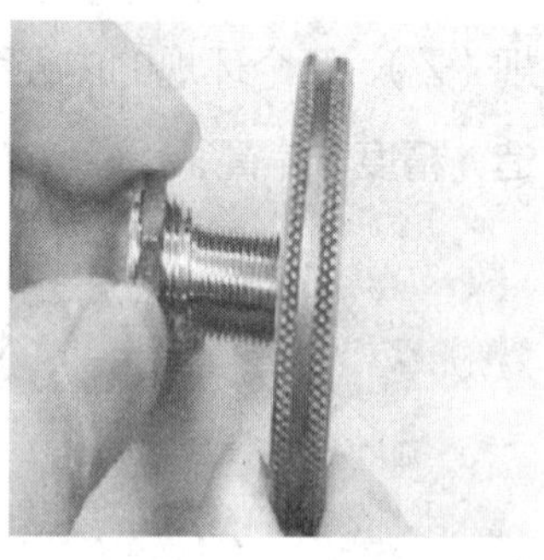

图 1-2-19　止规检测方法

3）通规可以在螺纹的任意位置转动自如，止规拧一到两圈（可能有时还能多拧一两圈，但螺纹头部没出环规端面）就拧不动了，这时说明检测的外螺纹中径正好在“公差带”内，是合格的产品。

4）只有当通规和止规联合使用，并分别检验合格，才表示被测工件合格。

（3）螺纹通止规

螺纹通止规又称螺纹塞规，是精密的内螺纹检测量规，使用时分通规和止规两种，是检测螺纹的极限大径值和极限小径值的，如图 1-2-20 所示。

图 1-2-20　螺纹通止规

1）使用方法

①被测螺纹公差等级及偏差代号必须与塞规标识公差等级、偏差代号相同。

②只有当通规和止规联合使用，并分别检验合格，才表示被测螺纹合格，如图 1-2-21 所示。

通规通

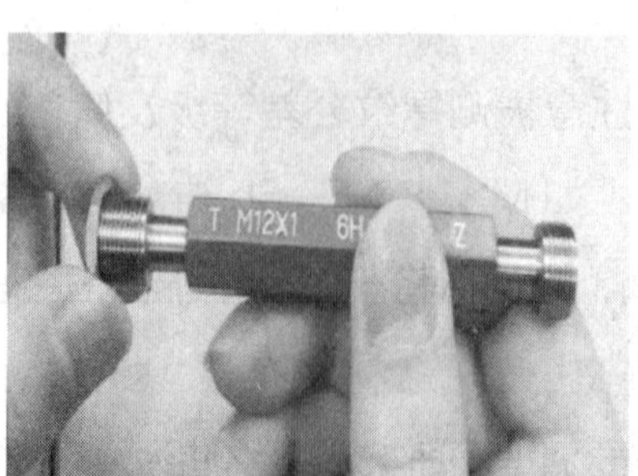

止规止

图 1-2-21　螺纹通止规检测方法

③应轻拿轻放，避免与坚硬物品相互碰撞，以防止磕碰而损坏测量表面。

④严禁将螺纹规作为切削工具强制旋入螺纹，避免造成早期磨损。

⑤螺纹规使用完毕后，应及时清理干净测量部位，后存放在规定的量具盒内。

2）维护与保养

①每月定期涂抹防锈油，以保证表面无锈蚀、无杂质。

②所有的螺纹规必须经计量校验机构校验合格后并在校验有效期内，方可使用。

③损坏或报废的螺纹规应及时反馈处理，不得继续使用。

④经校对的螺纹规计量超差或者达到计量器具周检期的螺纹规，由计量管理人员收回并做相应的处理。

（4）卡规

卡规是用于轴径检验的光滑极限量规，其测量面为两对称的平面。两测量面间距具有被检轴径上极限尺寸的为轴用通规，具有被检轴径下极限尺寸的为轴用止规。卡规有两端使用和一端使用两种形式，如图 1-2-22 所示。用卡规检验轴类工件时，如果通规能通过且止规不能通过，说明该工件的尺寸在允许的公差范围内，是合格的。二者缺一不可，否则，就不合格。卡规的特点是检验效率高，在成批大量生产中应用广泛。

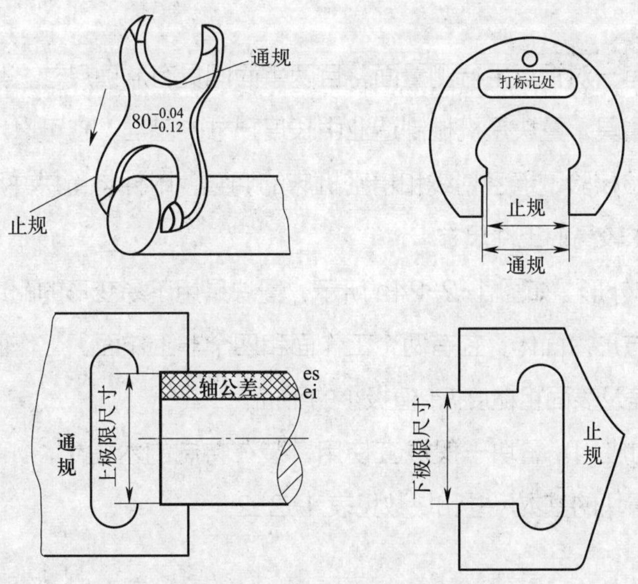

图 1-2-22　卡规

（5）塞尺

塞尺（又叫厚薄规，见图 1-2-23）是用来检验两个贴合面之间间隙大小的片状量规。塞尺有两个平行的测量平面，其长度制成 50 mm、100 mm 或 200 mm，由若干片叠合在夹板里。厚度为 0.02 ~ 0.1 mm 组的，中间每片相隔 0.01 mm；厚度为 0.1 ~ 1 mm 组的，中间每片相隔 0.05 mm。

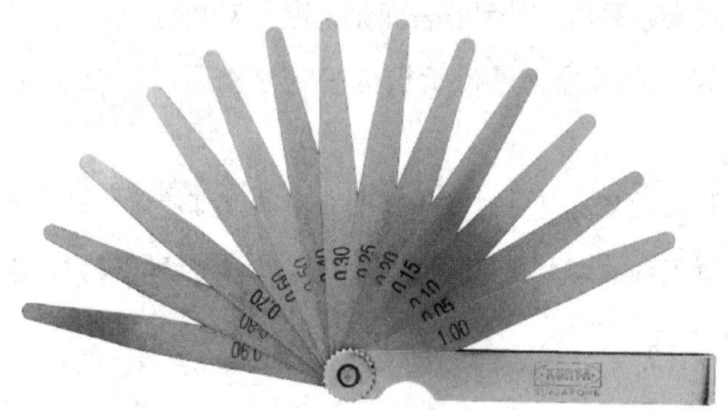

图 1-2-23　塞尺

使用塞尺时，根据间隙的大小，可用一片或数片重叠在一起插入间隙内。例如用 0.3 mm 的塞尺可以插入工件的间隙，而 0.35 mm 的塞尺插不进去时，说明工件的间隙在 0.3 ~ 0.35 mm 之间。

塞尺有的片很薄，容易弯曲和折断，测量时不能用力太大，还应注意不能测量温度较高的工件。用完后要擦拭干净，及时合到夹板中去。

（6）量块

量块是具有一对相互平行测量面，且两平面间具有准确尺寸，其横截面为矩形等形式的实物量具。量块是机械制造业中长度尺寸的基准，它可以用于测量器具和测量仪器的检验校验、精密划线和精密机床的调整，附件与量块并用时，还可以测量某些精度要求较高的工件尺寸。

1）量块的外形。如图 1-2-24a 所示，量块是用不易变形的耐磨材料（如铬锰钢）制成的长方形六面体，它有两个工作面和四个非工作面。工作面是一对相互平行且平面度误差及表面粗糙度 R_a 值极小的平面。

2）量块的应用。量块一般成套使用，装在特制的木盒中，如图 1-2-24b 所示。常用成套量块的基本尺寸和块数见表 1-2-2。

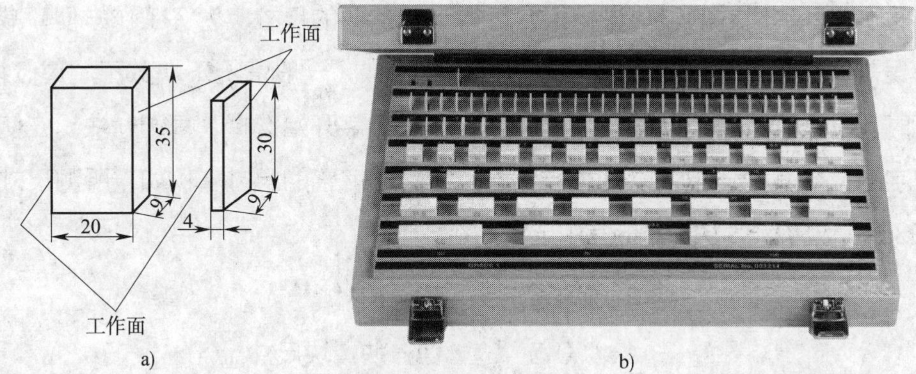

图 1-2-24　量块

表 1-2-2　常用成套量块的基本尺寸系列和块数（摘自 GB/T 6093—2001）

套别	总块数	级别	基本尺寸系列 /mm	间隔 /mm	块数
1	91	0，1	0.5	—	1
			1	—	1
			1.001，1.002 ，…，1.009	0.001	9
			1.01，1.02，…，1.49	0.01	49
			1.5，1.6，…，1.9	0.1	5
			2.0，2.5，…，9.5	0.5	16
			10，20，…，100	10	10
2	83	0，1，2	0.5	—	1
			1	—	1
			1.005	—	1
			1.01，1.02，…，1.49	0.01	49
			1.5，1.6，…，1.9	0.1	5
			2.0，2.5，…，9.5	0.5	16
			10，20，…，100	10	10
3	46	0，1，2	1	—	1
			1.001，1.002 ，…，1.009	0.001	9
			1.01，1.02，…，1.09	0.01	9
			1.1，1.2，…，1.9	0.1	9
			2，3，…，9	1	8
			10，20，…，100	10	10
4	38	0，1，2	1	—	1
			1.005	—	1
			1.01，1.02，…，1.09	0.01	9
			1.1，1.2，…，1.9	0.1	9
			2，3，…，9	1	8
			10，20，…，100	10	10

把不同基本尺寸的量块进行组合可得到所需要的尺寸。为了工作方便，减少累积误差，选用量块时应尽可能选用最少的块数，一般情况下块数不超过 5 块。计算时，应根据所需组合的尺寸，从最后一位数字开始选择，每选一块，应使尺寸数字的位数减少一位，以此类推，直至组合成完整的尺寸。例如，所测尺寸为 38.935 mm，从 83 块一套的盒中选取：

38.935	组合尺寸
-1.005	第一块量块尺寸
37.93	
-1.43	第二块量块尺寸
36.5	
-6.5	第三块量块尺寸
30	第四块量块尺寸

即选用 1.005 mm、1.43 mm、6.5 mm、30 mm 四块量块。

3）使用量块时的注意事项

①量块属精密量具，应轻拿轻放，在桌上放置量块时只允许非工作表面与桌面接触。

②测量时应注意灰尘和温度对测量精度的影响。

③用完后的量块应及时擦净，涂上凡士林后放入盒中。

④为了保持量块的精度，一般不允许用量块直接测量工件。

4. 百分表

（1）百分表

指示表是指利用机械传动系统，将测量杆的直线位移转变为指针在圆度盘上的角位移，并由圆度盘进行读数的测量器具。其中，分度值为 0.1 mm 的称为十分表，分度值为 0.01 mm 的称为百分表，分度值为 0.001 mm、0.002 mm、0.005 mm 的称为千分表。手工加工中常用的是分度值为 0.01 mm 的百分表。

百分表属长度指示式测量器具，主要用来测量零件的尺寸、形状和位置误差，也可用于检验机床的几何精度或调整工件的装夹位置偏差。

1）百分表的结构。百分表的外形及结构如图 1-2-25 所示，主要由测头、测杆、大小齿轮、指针、度盘、表圈等组成。

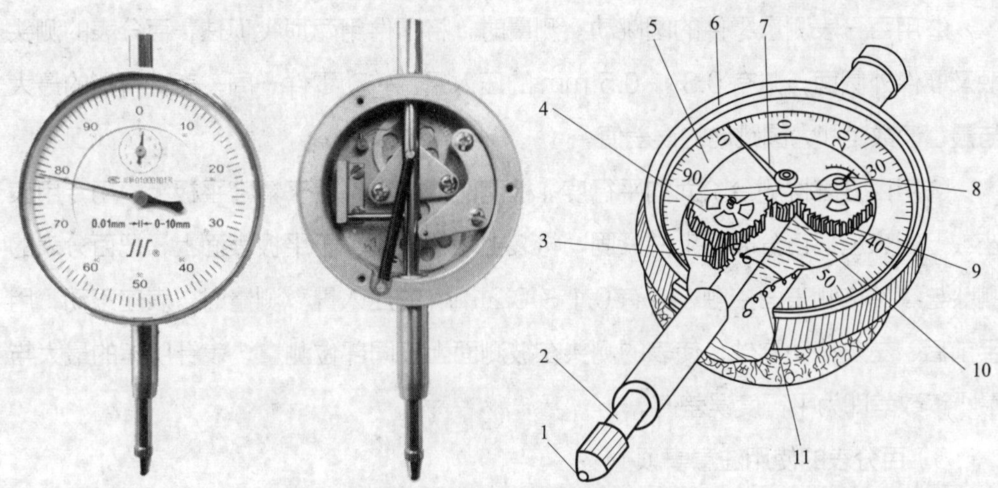

图 1-2-25　百分表的外形及结构

1—测头　2—测杆　3—小齿轮（$z=16$）　4、9—大齿轮（z=100）　5—度盘　6—表圈　7—长指针　8—转数指针　10—小齿轮（z=10）　11—拉簧

2）百分表的标记原理与示值读取方法。百分表测杆上的齿距是 0.625 mm。当测杆上升 16 齿时（即上升 0.625×16=10 mm），16 齿的小齿轮正好转 1 周，与其同轴的大齿轮（z=100）也转 1 周，从而带动齿数为 10 的小齿轮和长指针转 10 周。即当测杆移动 1 mm 时，长指针转一周。由于度盘上共等分 100 格，长指针每转一格，表示测杆移动 0.01 mm，所以百分表的分度值为 0.01 mm。

测量时，测杆被推向管内，测杆移动的距离等于短指针的读数（测出的整数部分）加上长指针的读数（测出的小数部分）。

3）百分表的量程和精度。百分表的量程一般有 0 ~ 3 mm、0 ~ 5 mm 和 0 ~ 10 mm 三种规格。按制造精度，百分表可分为 0 级、1 级和 2 级，可用来进行 IT6 ~ IT16 精度工件的测量和检验。

4）百分表的使用方法

①用百分表检测零件的尺寸和平行度。测量时，表座置于平板平面上，安装好百分表后，选择与零件尺寸相符的量块组合，置于表的测杆下。调整表的测杆与量块平面垂直，使表的测头对量块平面有 0.5 ~ 1 mm 的压入量，然后调整表圈使指针对准零位。测量时，先用右手慢慢抬起活动测杆，将零件放入表的测头下，再慢慢放下活动测杆，用手前后、左右移动工件，使表的测头在零件平面上的不同部分测量，观察表的指针变化情况，测出零件尺寸和平行度，与标准量块对比，判断尺寸是否合格。

②用百分表测量零件的圆跳动。测量时，将零件用两顶尖顶住，百分表的测头触及零件外圆面，并有 0.3 ~ 0.5 mm 的压入量。转动零件一周，表针所指的最大与最小读数差即为圆跳动的误差值。

③用百分表检测台阶面的平行度。检测时，将零件置于精密平板上，用专用表座或万能表座把百分表装上并紧固，将装上表的表座置于平板表面上，把百分表的测头与零件被测表面接触，并有 0.1 ~ 0.2 mm 的压入量。测量时，表座不动，用手前后、左右移动零件，使表的测头在被测面上不同部位测量，表针所指的最大与最小读数差即为平行度误差值。

5）百分表的使用注意事项

①使用前应检查测杆活动的灵活性。即轻轻推动测杆时，测杆在套筒内的移动要灵活，没有任何阻滞现象，每次手松开后，指针能回到原来的标记位置。

②使用时，必须把百分表固定在专用表座或磁性表座上。切不可贪图省事，随便夹在不稳固的地方，否则容易造成测量结果不准确或摔坏百分表。

③测量时，不要使测杆的行程超过它的测量范围，不要使测头突然撞到零件上，也不要用百分表测量表面粗糙或有显著凹凸不平的零件。

④测量平面时，百分表的测杆要与被测平面垂直；测量圆柱形零件时，测杆要与零件的中心线垂直，否则将使测杆活动不灵活，测量结果不准确。

⑤为方便读数，在测量前一般将指针与度盘的“0”标记对齐。

⑥百分表不用时，应使测杆处于自由状态，以免使表内弹簧失效。

（2）数显百分表

数显百分表是通过齿轮或杠杆将一般的直线位移（直线运动）转换成指针的旋转运动，然后在显示屏上显示读数的长度测量仪器。数显百分表具有显示精确、读数方便、精度高等优点，如图 1-2-26 所示。

图 1-2-26　数显百分表

1）结构原理。数显百分表是利用精密齿条齿轮机构制成的通用长度测量工具。通常由测头、量杆、防震弹簧、齿条、齿轮、游丝、显示屏等组成。

数显百分表的工作原理是将被测尺寸引起的测杆微小直线移动，经过齿轮传动放大，通过电子显示屏显示出被测尺寸的大小。百分表的构造主要由 3 个部件组成：表体部分、传动系统、读数装置。

2）使用方法

①用洁净柔软的不脱落棉织物清洁百分表各部位。

②检查各按键是否灵活、有效，示值是否清楚稳定，笔画有无缺断现象。

③打开电源。

④按“mm/in”键选择单位制（公制时出现“mm”字符，英制时出现“in”字符）。

⑤按“0”键使数值置零即可开始测量。

⑥测量完毕 5 min 后百分表会自动断电。

5. 杠杆百分表

利用机械传动系统，将杠杆测头的摆动位移转变为指针在圆度盘上的角位移，并由圆度盘进行读数的测量器具称为杠杆指示表。其中，分度值为 0.01 mm 的称为杠杆百分表，量程有 0 ~ 0.8 mm、0 ~ 1.6 mm 两种规格。杠杆百分表常用于在机床上校正工件的安装位置或用在普通百分表无法使用的场合。其结构如图 1-2-27 所示。

杠杆百分表在使用时应安装在相应的表架或专门的夹具上。

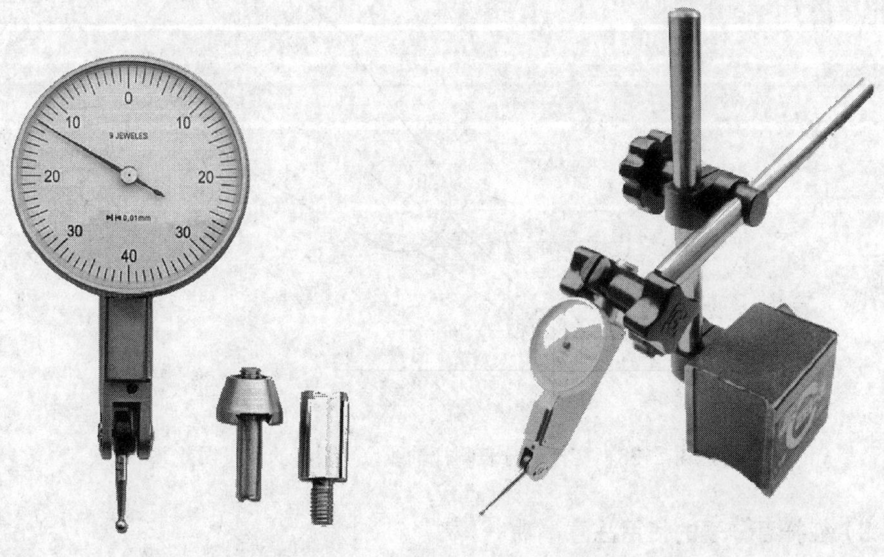

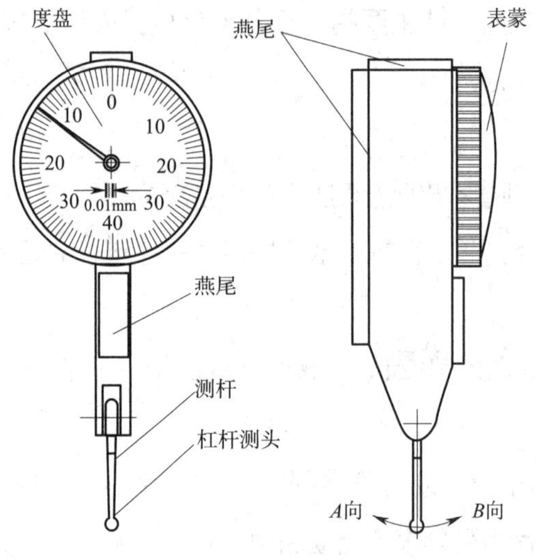

图 1–2–27　杠杆百分表

（1）杠杆百分表的使用方法

在使用时应使测量运动方向与测头中心线垂直，以免产生测量误差。杠杆百分表的测量杆轴线与被测工件表面的夹角越小，误差就越小。如果由于测量需要 α 角无法调小时（当 α>15°），其测量结果应进行修正。从图 1-2-28 可知，当平面上升距离为 a 时，杠杆百分表摆动的距离为 b，也就是杠杆百分表的读数为 b，因为 $b>a$，所以指示读数增大。具体修正计算式为 $a=b\cos\alpha$ 。

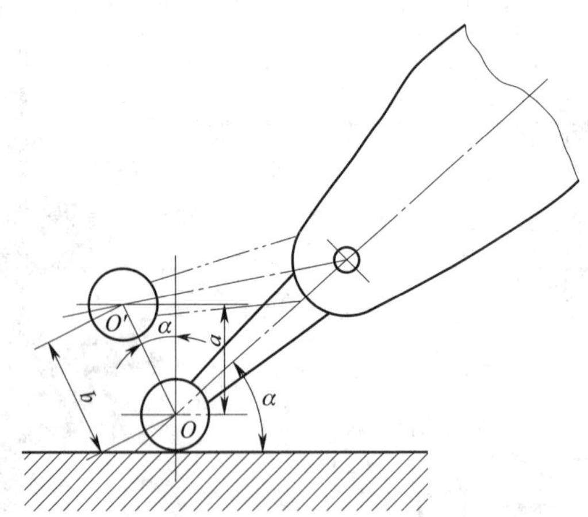

图 1–2–28　杠杆百分表测杆轴线位置引起的测量误差

（2）杠杆百分表的使用注意事项

1）百分表应固定在可靠的表架上，测量前必须检查百分表是否夹牢，并多次提拉百分表测量杆与工件接触，观察其重复指示值是否相同。

2）测量时，不得用工件撞击测头，以免影响测量精度或撞坏百分表。为保持一定的起始测量力，测头与工件接触时，测量杆应有 0.3 ~ 0.5 mm 的压缩量。

3）测量杆上不要加油，以免油污进入表内，影响百分表的灵敏度。

4）百分表测量杆与被测工件表面必须垂直，否则会产生误差。

6. 内径百分表

利用机械传动系统，将活动测头的直线位移转变为指针在圆度盘上的角位移，并由圆度盘进行读数的内尺寸测量器具称为内径指示表。其中，分度值为 0.01 mm 的称为内径百分表。它可用来测量孔径和孔的形状误差，对于测量深孔极为方便。

内径百分表的外形与结构如图 1-2-29 所示。测量时，测头通过摆块使杆上移，推动百分表指针转动而指出读数。测量完毕，在弹簧力的作用下，测头自动回位。

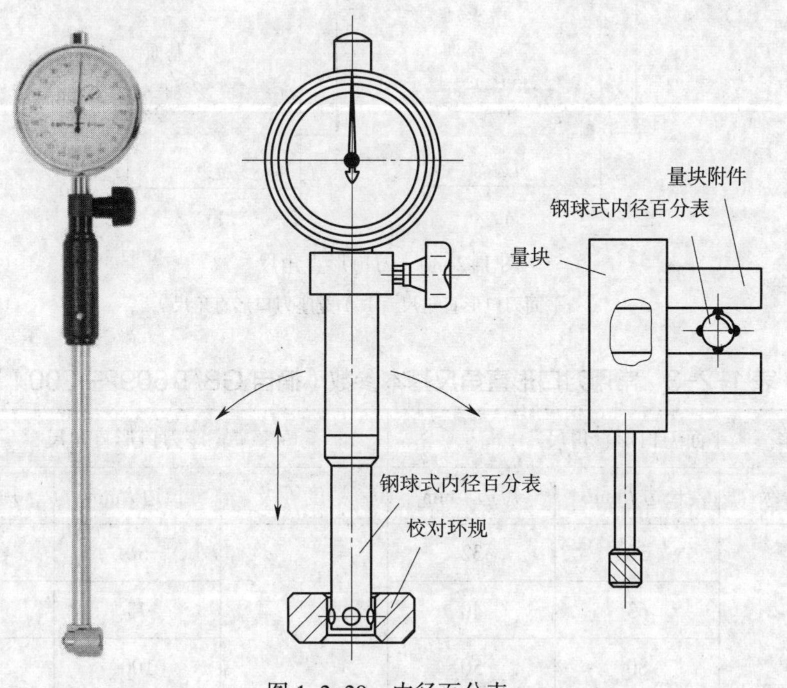

图 1-2-29　内径百分表

通过更换固定测头可改变百分表的测量范围。内径百分表的示值误差较大，一般为 ±0.015 mm。因此，在每次测量前都必须用外径千分尺进行校对。

二、角度测量器具

在平面内测量角度量的测量器具称为角度测量器具。手工加工中常用的角度测量器具有直角尺、游标万能角度尺等。

1. 直角尺

直角尺是指测量面和基面相互垂直，用于检验直角、垂直度和平行度误差的测量器具，又称 90°角尺。它具有结构简单，使用方便，制造精度高，稳定性好等特点。常用的有刀口型直角尺、平面形直角尺和宽座直角尺等。

（1）刀口形直角尺

刀口形直角尺是指两测量面为刀口形的直角尺，如图 1-2-30 所示。其基本参数见表 1-2-3。

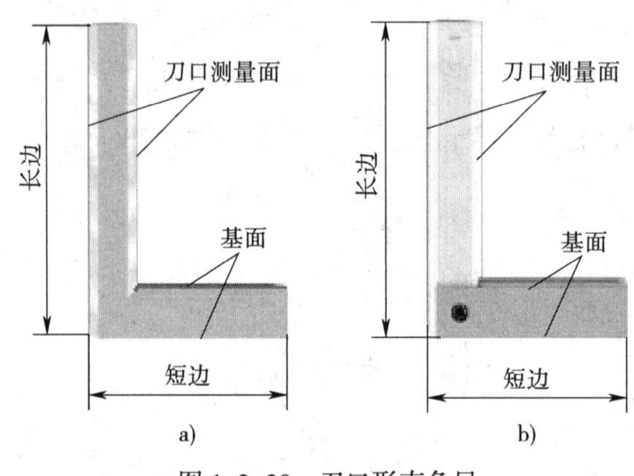

图 1-2-30　刀口形直角尺

a ）平面刀口形直角尺　b ）宽座刀口形直角尺

表 1-2-3　常用刀口形直角尺基本参数（摘自 GB/T 6092—2004）

平面刀口形直角尺			宽座刀口形直角尺		
精度等级	长边 / mm	短边 / mm	精度等级	长边 / mm	短边 / mm
0 级、1 级	50	32	0 级、1 级	50	40
	63	40		75	50
	80	50		100	70
	100	63		150	100
	125	80		200	130
	160	100		250	165
	200	125		300	200

（2）平面形直角尺

平面形直角尺是指测量面与基面宽度相等的直角尺，如图 1-2-31 所示。其基本参数见表 1-2-4。

（3）宽座直角尺

宽座直角尺是指基面宽度大于测量面宽度的直角尺，如图 1-2-32 所示。其基本参数见表 1-2-4。

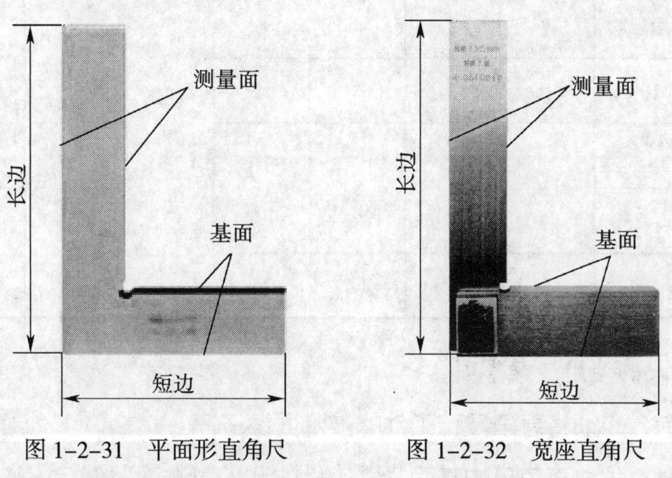

图 1-2-31　平面形直角尺　　图 1-2-32　宽座直角尺

表 1-2-4　常用平面形和宽座直角尺基本参数（摘自 GB/T 6092—2004）

平面形直角尺			宽座形直角尺		
精度等级	长边 /mm	短边 /mm	精度等级	长边 /mm	短边 /mm
0 级、1 级	50	40	0 级、1 级	63	40
	75	50		80	50
	100	70		100	63
	150	100		125	80
	200	130		160	100
	250	165		200	125
	300	200		250	160

（4）直角尺的精度等级

直角尺的精度等级分为 00 级、0 级、1 级和 2 级共四个级别，其中 00 级直角尺主要用于检验量具；0 级一般用于检验较精密工件；1 级和 2 级用于检验一般精度的工件。常用直角尺的最大允许几何公差值见表 1-2-5。

表 1-2-5　常用直角尺的最大允许几何公差值（摘自 GB/T 6092—2004）

<table>
<tr><th rowspan="2">长边（测量面长度）/mm</th><th colspan="4">测量面相对于基面的垂直度最大允许公差 /μm</th><th colspan="4">测量面的平面度或直线度最大允许公差 /μm</th></tr>
<tr><th>00 级</th><th>0 级</th><th>1 级</th><th>2 级</th><th>00 级</th><th>0 级</th><th>1 级</th><th>2 级</th></tr>
<tr><td>40、50</td><td>1</td><td>2</td><td>4</td><td>8</td><td rowspan="5">1</td><td rowspan="2">1</td><td rowspan="2">2</td><td rowspan="2">4</td></tr>
<tr><td>63、75、80、100</td><td>1.5</td><td>3</td><td>6</td><td>12</td></tr>
<tr><td>125</td><td rowspan="2">2</td><td rowspan="2">4</td><td rowspan="2">8</td><td rowspan="2">16</td><td>1.5</td><td>3</td><td>6</td></tr>
<tr><td>150、160、200、250</td><td rowspan="2">2</td><td rowspan="2">4</td><td rowspan="2">8</td></tr>
<tr><td>300、315</td><td>3</td><td>6</td><td>12</td><td>24</td></tr>
</table>

（5）直角尺的使用注意事项

1）使用前，必须将直角尺和工件的被测面擦干净。

2）使用时，先将直角尺的基面紧贴工件的测量基准面，然后逐步慢慢向下移动（直角尺基面不可与工件基准面分离），使直角尺的测量面与工件的被测面接触，平视观察透光情况，凭经验根据光隙强弱进行估测，或用塞尺在最大间隙处试塞获取数值。

3）使用直角尺要轻拿轻放，不许与其他工量具堆放。

4）使用完毕，应将直角尺擦净放置在专用盒内。若长时间不用，应涂上专用防锈油保存，以防生锈。

2. 游标万能角度尺

游标万能角度尺是利用活动直尺测量面相对于基尺测量面的旋转，对该两测量面间分隔的角度利用游标原理进行读数的角度测量器具。游标万能角度尺用来测量工件和样板的内、外角度和进行角度划线。它有Ⅰ型、Ⅱ型两种类型，其测量范围分别为 0°～320°和 0°～360°。其中 0°～320°游标万能角度尺应用较为普遍。

（1）0°～320°游标万能角度尺的结构

0°～320°游标万能角度尺的结构如图 1-2-33 所示。其游标尺固定在扇形板上，基尺和主尺连成一体，游标尺与主尺可做相对回转运动，直角尺和直尺可根据需要通过卡块安装到扇形板上。

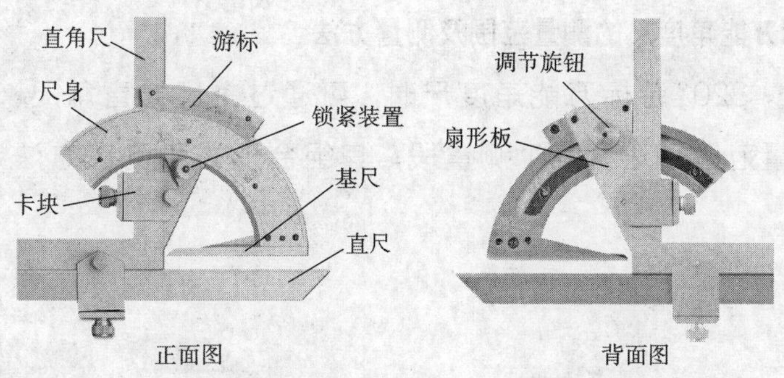

图 1-2-33　0° ~ 320°游标万能角度尺

（2）0° ~ 320°游标万能角度尺的标记原理

游标万能角度尺的分度值有 5′和 2′两种。分度值为 2′的万能角度尺的标记原理：主标尺每格标记的弧长对应的角度为 1°，游标尺标记是将主标尺上 29°所占的弧长等分为 30 格，每格所对的角度为 29° /30，因此游标尺 1 格与主标尺 1 格相差 2′（1° -29° /30=1° /30=2′），即万能角度尺的分度值为 2′，如图 1-2-34 所示。

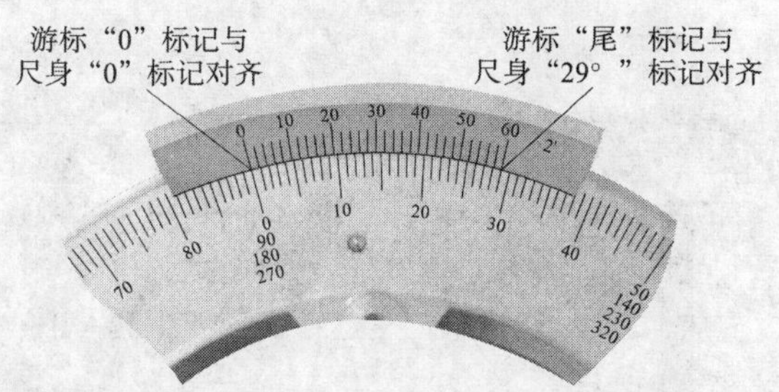

图 1-2-34　0° ~ 320°游标万能角度尺的标记原理

（3）0° ~ 320°游标万能角度尺的示值读取方法

游标万能角度尺的示值读取方法与游标卡尺相似，即先从主标尺上读出游标尺“0”标记前的整“度”数，然后在游标尺上读出分的数值（格数 ×2′），两者相加就是被测工件的角度数值，如图 1-2-35 所示。

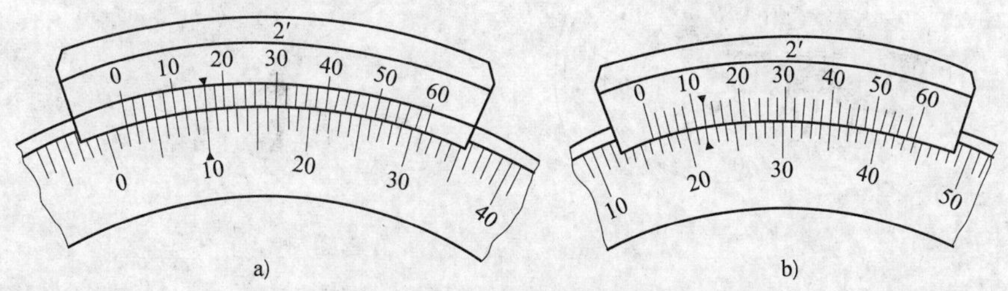

图 1-2-35　游标万能角度尺的示值读取方法

a）2° +8 × 2′ = 2° 16′　b）16° + 6 × 2′ = 16° 12′

（4）游标万能角度尺的测量范围及测量方法

使用0° ~ 320°游标万能角度尺时，可通过主尺与直角尺、直尺的相互组合，将测量范围划分为4个测量段，其组合形式和测量方法如图1-2-36所示。

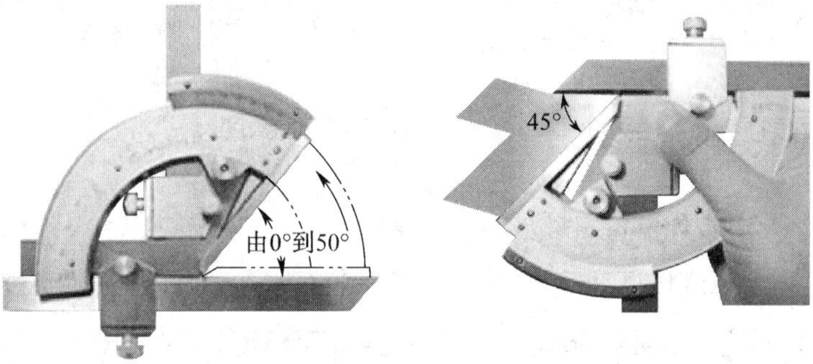

a)

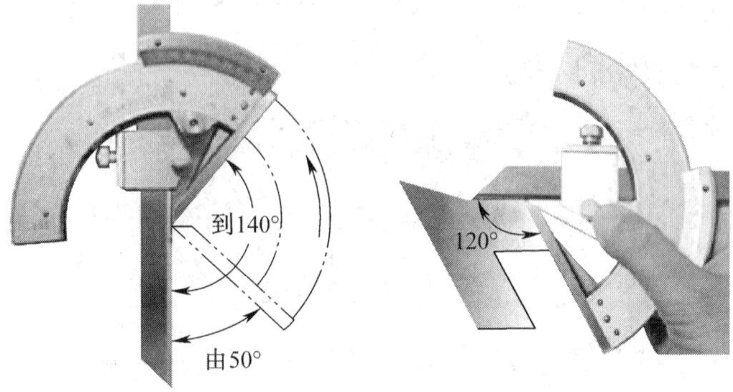

b)

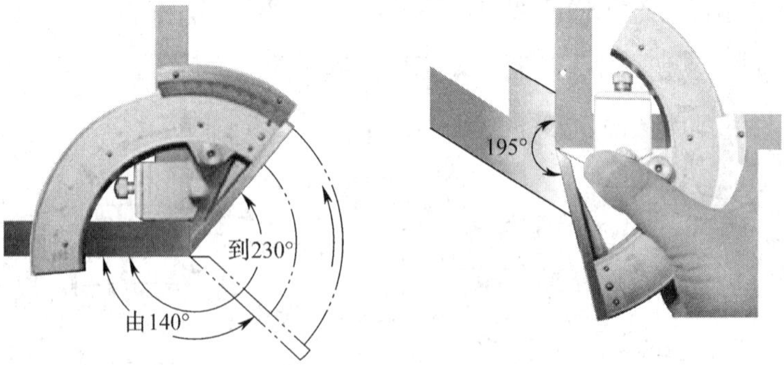

c)

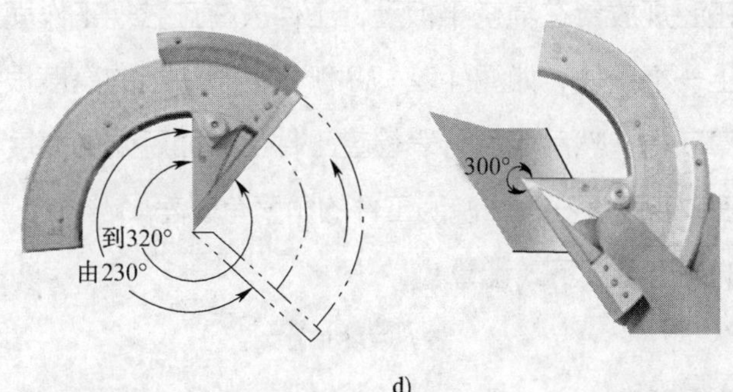

图 1-2-36　游标万能角度尺组合形式和测量方法

a）测量范围 0° ~ 50°　b）测量范围 50° ~ 140°　c）测量范围 140° ~ 230°　d）测量范围 230° ~ 320°

（5）使用游标万能角度尺的注意事项

1）根据测量零件的不同角度，正确组合其测量范围。

2）使用前，必须将游标万能角度尺和零件被测量面擦干净，并检查主尺和游标尺的零线是否对齐，基尺和直尺是否漏光。

3）测量时，零件应与角度尺的两个测量面在全长接触良好，避免误差。

4）使用完毕后，应将游标万能角尺擦净放置在专用盒内。若长时间不用，就涂上专用防锈油保存以防生锈。

3. 正弦规

正弦规是根据正弦函数原理，利用量块的组合尺寸，以间接方法进行角度测量的器具。它有Ⅰ型、Ⅱ型两种类型，有 0 级、1 级两种精度等级。零件手工加工中常用的普通正弦规由平台工作面和直径相同且轴线互相平行的两个支承圆柱所组成。正弦规的规格用两个圆柱体的中心距表示，一般有 100 mm、200 mm 两种，对其中心距的要求很精确。100 mm 规格的正弦规如图 1-2-37 所示。

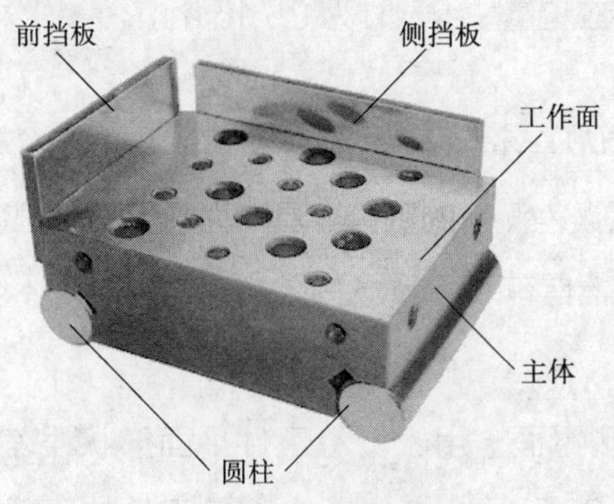

图 1-2-37　100 mm 规格的正弦规

使用时，将正弦规放置在精密平板上，工件放在正弦规工作面上，在正弦规一个圆柱的下面垫上一组量块，如图 1-2-38 所示。量块组的高度根据被测工件的角度或锥度通过计算获得。然后用百分表检查工件上表面两端的高度，若两端高度相等，说明角度正确；若高度不等，说明工件的角度有误差。

所需量块组的高度可按下式计算：

$$h=L\sin 2\alpha$$

式中　h——量块组高度，mm；

L——正弦规中心距，mm；

2α——被测工件角度，°。

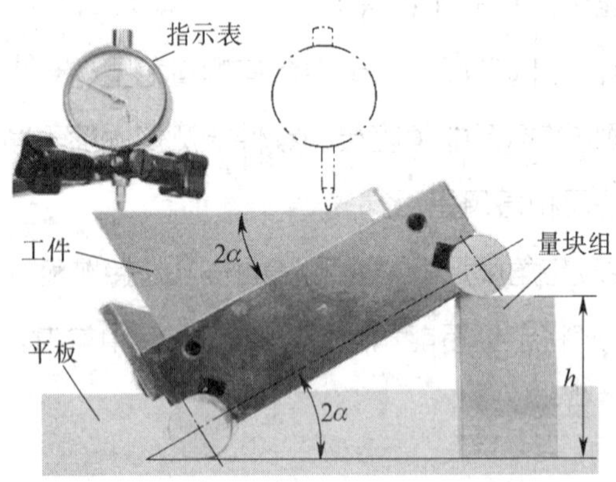

图 1-2-38　正弦规的使用方法

例　使用中心距为 100 mm 的正弦规，检验圆锥角为 5°的圆锥塞规，试求圆柱下应垫量块组的高度？

解：由题意知，L=100 mm，2α=5°，则

$$h=L\sin 2\alpha=100\times 0.087\,155\,7=8.716\ (\text{mm})$$

答：正弦规圆柱下应垫量块组尺寸为 8.716 mm。

三、几何误差测量器具

专用于形状和位置误差测量的测量器具称为几何误差测量器具。零件手工加工中常用的几何误差测量器具有刀口尺、平板、方箱等。

1. 刀口形直尺

具有一个刀口状测量面，用于测量工件平面形状误差的测量器具称为刀口尺。其结构如图 1-2-39 所示，主要用来测量工件的直线度或平面度误差。它

具有结构简单，操作方便，测量效率高等优点，是机械加工中常用的测量器具。

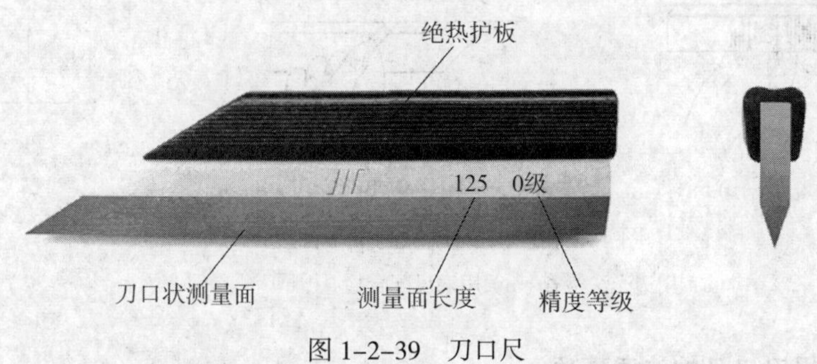

图 1-2-39 刀口尺

（1）刀口尺的规格及精度等级

常用刀口尺的精度等级分为 0 级和 1 级两个级别，其规格及最大允许直线度公差值见表 1-2-6。

表 1-2-6 常用刀口尺的最大允许直线度公差值（摘自 GB/T 6091—2004）

规格（测量面长度 /mm）	测量面直线度最大允许公差值 / μm	
	0 级	1 级
75	0.5	1.0
125	0.5	1.0
200	1.0	2.0
300	1.5	3.0
400	1.5	3.0
500	2.0	4.0

（2）用刀口尺测量平面度的方法

手握刀口尺的绝热护板，使刀口状测量面轻轻地（凭刀口尺的自重）与工件被测面垂直接触，采用透光法检查。如刀口尺测量面与被测线之间透光均匀一致，说明该处较平直。如透光不均匀或光隙较大时，可借助于塞尺试塞获取其间隙值。测量时应分别在纵向、横向、对角方向多处逐一进行测量，其最大直线度误差即为该测量面的平面度误差，如图 1-2-40 所示。

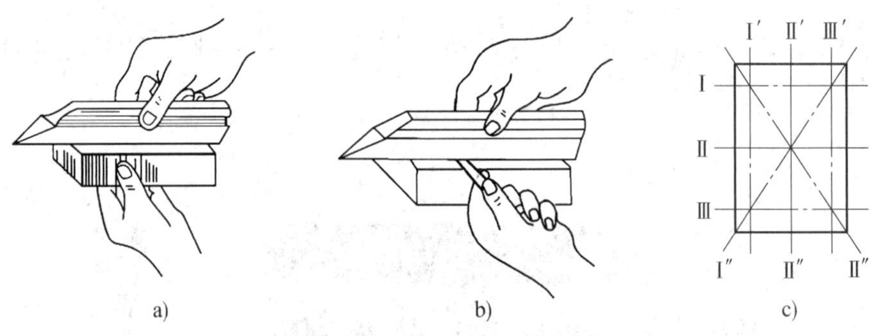

图 1-2-40 用刀口尺测量平面度的方法

a）用透光法检查 b）用塞尺配合检查 c）测量不同位置

（3）使用刀口尺的注意事项

1）测量前，应确保刀口尺测量面及被测平面整洁，且没有毛刺、碰伤、锈蚀等缺陷。

2）使用刀口尺时，手应握持绝热护板，以避免温度影响测量结果以及手上的污渍、汗渍使刀口尺产生锈蚀。

3）使用刀口尺时不得碰撞，以确保其工作棱边的完整性，否则将影响测量的准确度。

4）在变换测量位置时，应将刀口尺提起，不得在工件表面上拖动，以免刀口测量面磨损，影响刀口尺精度。

5）使用完毕，应将刀口尺擦净后放置在专用盒内。若长时间不用，应涂上专用防锈油并用防锈纸包好以防生锈。

2. 平板

平板是用于工件检测或划线的平面基准器具，又称为平台，如图 1-2-41 所示。零件手工加工中常用的铸铁平板采用优质细密的灰口铸铁或合金铸铁等材料制造，其工作面硬度为 170 ~ 220 HB。

平板工作面可作为各种检验工作、精度测量用的基准平面，用于机床机械检验测量基准，检查零件的尺寸精度或几何偏差，并作精密划线；也可用涂色法检验零件平面度。具有准确、直观、方便的优点。在经过刮研的铸铁平板上推动百分表座、工件比较顺畅，无发涩感觉，方便了测量，保证了测量准确度。

图 1-2-41 平板

（1）平板的规格及精度等级

手工加工中常用平板的规格及平面度公差值见表 1-2-7。精度等级为 0 级和 1 级的平板工作面应采用刮研法进行精加工；精度为 2 级和 3 级的平板工作面允许采用机械加工方法进行精加工。

表 1-2-7 常用平板的规格及平面度公差值（摘自 GB/T 22095—2008）

平板尺寸（公称尺寸）/mm	对角线长度（近似值）/mm	边缘区域（宽度）/mm	精度等级对应的整个工作面平面度公差值 / μm			
			0 级	1 级	2 级	3 级
矩形						
160 × 100	188	2	3	6	12	25
250 × 160	296	3	3.5	7	14	27
400 × 250	471	5	4	8	16	32
630 × 400	745	8	5	10	20	39
1 000 × 630	1 180	13	6	12	24	49
1 600 × 1 000	1 880	20	8	16	33	66
方形						
250 × 250	354	5	3.5	7	15	30
400 × 400	566	8	4.5	9	17	34
630 × 630	891	13	5	10	21	42
1 000 × 1 000	1 414	20	7	14	28	56

（2）铸铁平板的使用注意事项

1）铸铁平板的支承点应垫好、垫平，保证每个支承点受力均匀，保证整个平板平稳放置。

2）使用平板时，工件要轻拿轻放，不要在平板上挪动比较粗糙的工件，以免磕碰、划伤平板工作面。

3）为了防止铸铁平板整体变形，使用完毕后，要将工件从平板上拿下来，避免工件长时间对平板重压造成铸铁平板的变形。

4）铸铁平板不用时要及时将工作面洗净，然后涂上一层防锈油，并用防锈纸盖上，用平板的外包装将铸铁平板盖好，以防止对平板工作面造成损伤。

5）铸铁平板应安装在通风、干燥的环境中，并远离热源和有腐蚀性的气体、液体。

6）铸铁平板按国家标准实行定期周检，检定周期根据具体情况可为 6 ~ 12 个月。

3. 方箱

方箱是由相互垂直的平面组成的矩形基准器具，又称为方铁。常用的方箱是用铸铁（HT200）制成的具有 6 个工作面的空腔正方体或长方体，其中一个工作面上纵横方向各有一条 V 形槽，结合配件可以对轴类零件进行支撑和装夹。其结构如图 1-2-42 所示。

方箱主要用于零部件的平行度、垂直度等的检验和划线时支撑工件，精度分为 0 级、1 级、2 级 3 个等级。常用铸铁方箱的规格及精度要求见表 1-2-8。

图 1-2-42　方箱

表 1-2-8　常用铸铁方箱的规格及精度要求（摘自 JB/T 3411.56—1999）

铸铁方箱规格 /mm	工作面的平面度			工作面的垂直度、平行度及 V 形槽对底面和侧面的平行度		
	精度等级 / μm					
	0 级	1 级	2 级	0 级	1 级	2 级
100 × 100 × 100	3.5	7	15	7	15	30
150 × 150 × 150	4	9	17	8	18	35
200 × 200 × 200	4.5	10	20	9	20	40
250 × 250 × 250	5	11	22	10	22	45
300 × 300 × 300	—	12	25	—	25	50
400 × 400 × 400	—	15	30	—	30	60
500 × 500 × 500	—	—	35	—	—	—

平板和方箱配合使用时，可以检测工件的平面度和垂直度。高精度的铸铁方箱可以作为小型平台使用，也可以作为直角测量的基准，还可以作为等高的铸铁垫箱使用。

四、表面结构质量测量器具——粗糙仪

粗糙仪又叫表面粗糙度仪，该仪器是传感器主机一体化的袖珍式仪器，它具有测量精度高、测量范围广、操作简便、便于携带、工作稳定等特点，可以广泛应用于各种金属与非金属加工表面的检测，更适宜在生产现场使用，如图 1-2-43 所示。

图 1-2-43　粗糙仪

1. 粗糙仪的使用方法

测量工件表面粗糙度时，将传感器放在工件被测表面上，由仪器内部的驱动机构带动传感器沿被测表面做等速滑行，传感器通过内置的锐利触针感受被测表面的粗糙度，此时工件被测表面引起触针产生位移，该位移使传感器电感线圈的电感量发生变化，从而在相敏整流器的输出端产生与被测表面粗糙度成比例的模拟信号，该信号经过放大及电平转换之后进入数据采集系统，芯片将采集的数据进行数字滤波和参数计算，计算结果在液晶显示器上显示，也可在打印机上输出，还可以与 PC 机进行通信。

2. 粗糙仪保养与维修方法

（1）严格避免碰撞、剧烈振动、重尘、潮湿、油污、强磁等。

（2）传感器用后请及时放入盒内保存。

（3）电池电压不足时应及时充电。工作的同时允许插入电源适配器，但如果测试表面粗糙度值较低的样块时将会影响测试精度。如果充电数小时后，电压仍然不足或充满后使用很短时间又发现电压不足，则需更换电池。在更换电池时，会造成机内存储数据的丢失，所以应先将重要的测量数据打印或记录下来。

（4）因为传感器是十分精密的部件，拆装操作不慎会遭到损坏，故建议在测量中集中使用，尽量减少拆装次数，以免对粗糙仪的保养与维修造成影响。

（5）当测量误差超出 ±10% 的范围，并且经确认误差原因不是人为因素导致时，可采用本机特设的软件校准功能。校准值是一个百分数，表示校准后测量结果相对于未校准时增大（或减少）的百分比。

五、常用测量器具的维护与保养

为了保持测量器具的精度，延长其使用寿命，必须要对测量器具进行维护和保养。为此，应做到以下几点：

1. 测量前应将测量器具的测量面擦洗干净，以免脏物存在而影响测量精度和加快测量器具的磨损。不能用精密测量器具测量粗糙的铸、锻毛坯或带有研磨剂的表面。

2. 测量器具在使用过程中，不能与刀具、工具等堆放在一起，以免磕碰；也不要随便放在机床上，以免因机床振动使测量器具掉落而损坏。

3. 测量器具不能当作其他工具使用，如用千分尺当小锤子使用，用游标卡尺划线等都是错误的。

4. 温度对测量结果的影响很大，精密测量一定要在 20 ℃左右进行；一般测量可在室温下进行，但必须使工件和量具的温度一致。测量器具不能放在热源（电炉子、暖气设备）附近，以免因受热变形而失去精度。

5. 不要把测量器具放在磁场附近，以免使其磁化。

6. 发现精密测量器具有不正常现象（如表面不平、有毛刺、有锈斑、尺身弯曲变形、活动零部件不灵活等）时，使用者不要自行拆修，应及时送交计量部门检修。

7. 测量器具应保持清洁。测量器具使用后应及时擦拭干净，并涂上防锈油放入专用盒内，存放在干燥处。

8. 精密测量器具应定期送计量部门鉴定，以免其示值误差超差而影响测量结果。

六、技能训练

铰链轴套测量

1. 训练内容

选用合适的量具对如图 1-2-44 所示的铰链轴套进行测量。

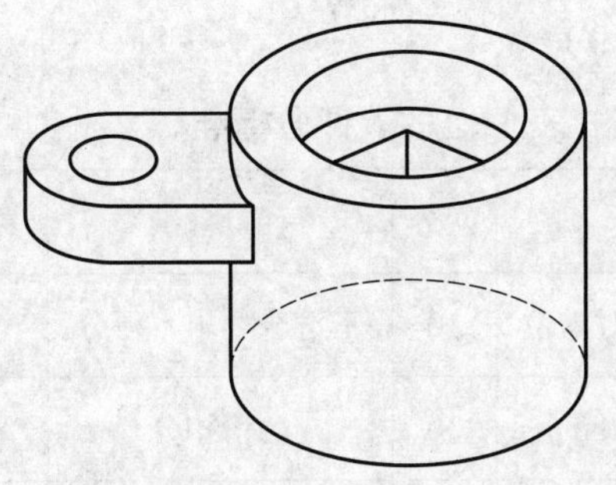

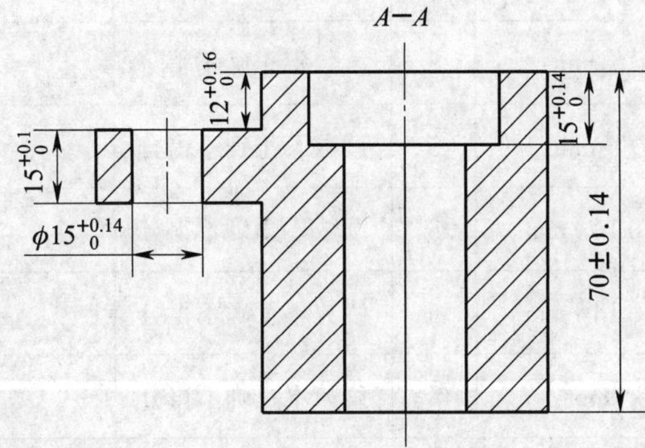

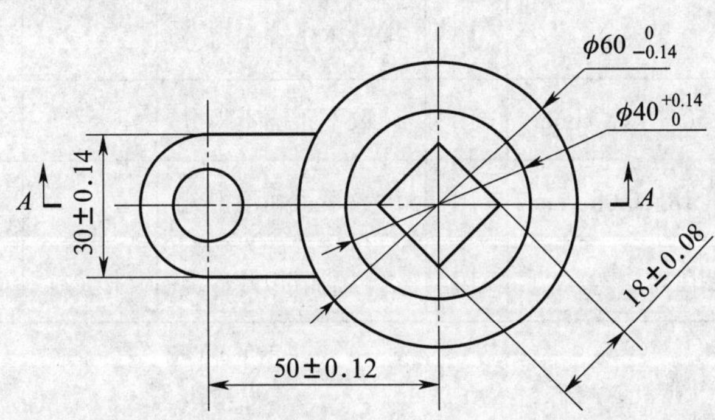

图 1-2-44　铰链轴套

2. 训练准备

量具：游标卡尺。

材料：45 钢。

3. 操作步骤

零件图上需要测量的尺寸包括外径、内径、宽度、高度、深度尺寸及方孔尺寸，尺寸精度在 IT10 ~ IT12 之间。通过分析，选用游标卡尺进行测量。

4. 评分标准（见表1-2-9）

表1-2-9　评分标准

序号	项目与技术要求		配分	评价标准	学生自检	教师检测	得分
1	测量	测量前的检测并校对零位	10	不符合要求不得分			
2		正确使用游标卡尺	10	酌情扣分			
3		外圆 $\phi60_{-0.14}^{0}$ mm	5	读数不正确不得分			
4		内径 $\phi40_{0}^{+0.14}$ mm	5	读数不正确不得分			
5		内径 $\phi15_{0}^{+0.14}$ mm	5	读数不正确不得分			
6		宽度（30 ± 0.14）mm	5	读数不正确不得分			
7		高度（70 ± 0.14）mm	5	读数不正确不得分			
8		高度 $15_{0}^{+0.1}$ mm	5	读数不正确不得分			
9		深度 $15_{0}^{+0.14}$ mm	10	读数不正确不得分			
10		深度 $12_{0}^{+0.16}$ mm	10	读数不正确不得分			
11		中心距（50 ± 0.12）mm	10	读数不正确不得分			
12		方孔边长（18 ± 0.08）mm	10	读数不正确不得分			
13	安全文明生产		10	酌情扣分			

复习思考题

1. 什么是几何量测量器具？它有哪几种类型？
2. 试述游标卡尺的示值读取方法。
3. 使用游标卡尺应注意哪些事项？
4. 试述外径千分尺的示值读取方法。
5. 使用千分尺时的注意事项有哪些？
6. 百分表有什么用途？
7. 平板的用途有哪些？
8. 如何对测量器具进行维护保养？

9．读出图 1-2-45 所示的游标卡尺表示的被测尺寸的数值，游标卡尺测量精度为 0.02 mm。

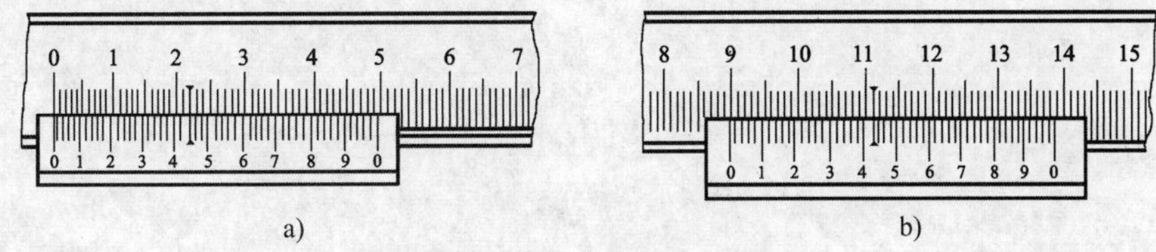

图 1-2-45　游标卡尺的读数

10．读出图 1-2-46 所示的千分尺表示的被测尺寸的数值。

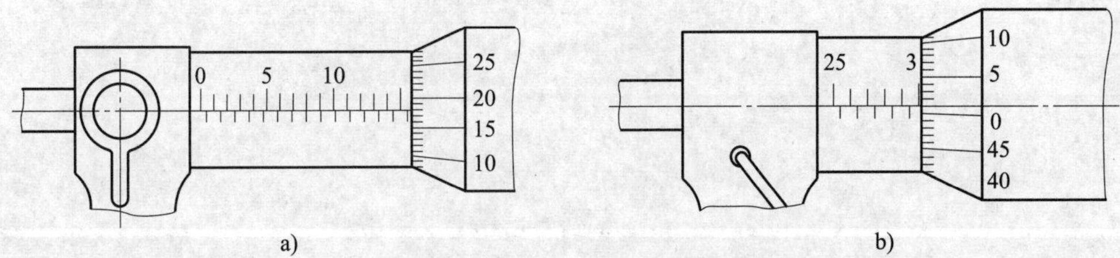

图 1-2-46　千分尺的读数

11．找一件如图 1-2-47 所示的弯板实物并进行测量（测量器具自行选择）。

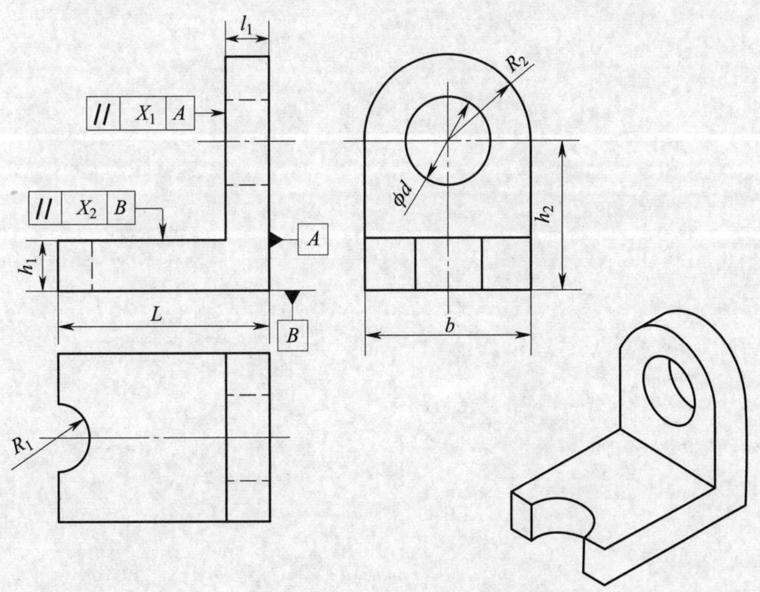

图 1-2-47　弯板

模块二

零件手工加工基本操作技能

课题 1
零件的划线

一、划线概述

划线是指在毛坯或工件上，用划线工具划出待加工部位的轮廓线或作为基准的点和线，这些点和线标明了工件某部分的形状、尺寸或特性，并确定了加工的尺寸界线，如图 2-1-1 所示。在机械加工中，划线主要涉及下料、锉削、钻削及车削等加工工艺。

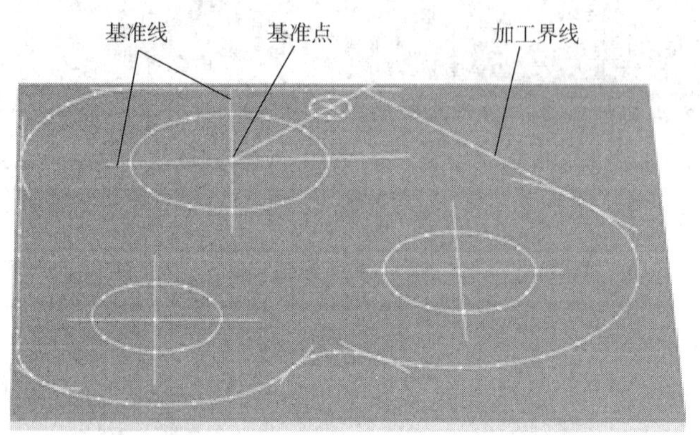

图 2-1-1 划线

划线分平面划线和立体划线两种。只需要在工件的一个表面上划线即能明确表示加工界线的，称为平面划线，如图 2-1-2 所示。需要在工件的几个互成不同角度（通常是互相垂直）的表面上划线，才能明确表示加工界线的，称为立体划线，如图 2-1-3 所示。

在进入粗、精加工时，需要凭借划出的基准线和加工界线，作为校正和加工的依据。划线的具体作用如下：

1. 确定工件的加工余量，使机械加工有明确的尺寸界线。

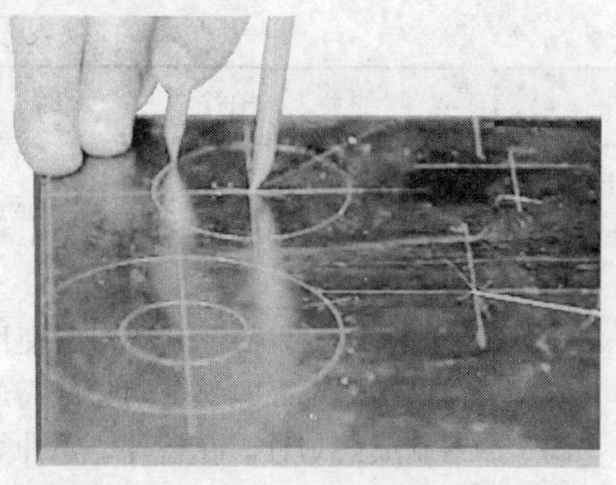
图 2-1-2 平面划线

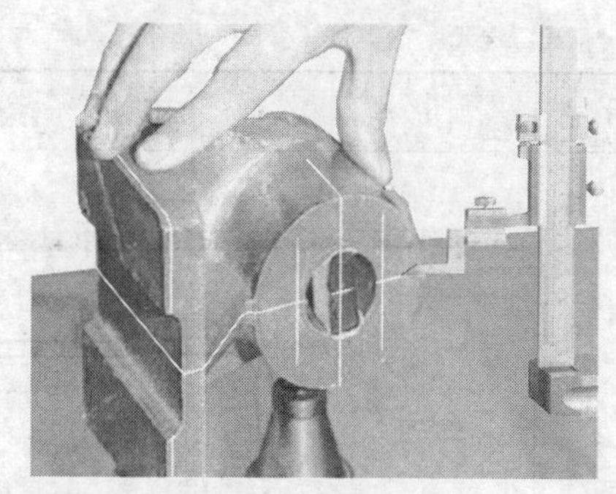
图 2-1-3 立体划线

2. 便于复杂工件在机床上装夹，可按划线找正定位。

3. 能够及时发现和处理不合格的毛坯，避免加工后造成损失。

4. 采用借料划线可使误差不大的毛坯得到补救，提高毛坯的利用率。

划线是机械加工的重要工序之一，广泛用于单件和小批量生产。划线的准确与否，将直接影响产品的质量和生产效率的高低，对划线的基本要求是线条清晰均匀，定形、定位尺寸准确。划线的线条有一定的宽度，一般要求划线精度达到 0.25 ~ 0.5 mm，精密划线精度达到 0.04 ~ 0.08 mm。因此，工件的加工精度（尺寸、形状精度）不能完全由划线确定，而应该在加工过程中通过测量来保证。

二、划线工具与涂料

1. 常用划线工具及应用

在划线工作中，为了保证尺寸的准确性和达到较高的工作效率，必须熟悉各种划线工具及其使用。零件手工加工中常用的划线工具及应用见表 2-1-1。

表 2-1-1 零件划线工具及应用

序号	工具	用途
1	平板	平板由铸铁毛坯精刨或刮削制成，其作用是用来放工件和划线工具，并完成划线过程

续表

序号	工具	用途
2	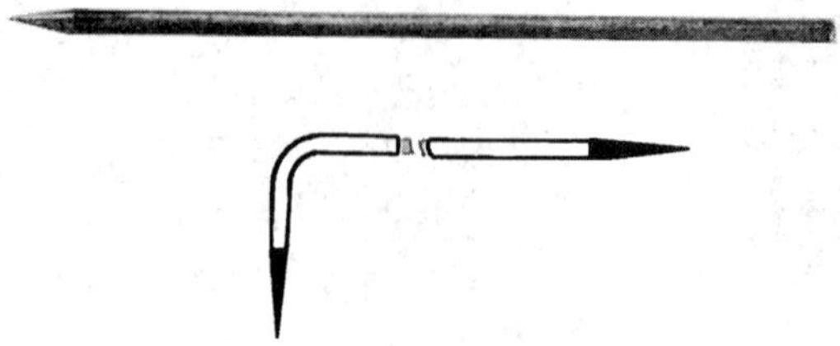 划针	划针是直接在毛坯或工件上划线的工具 在已加工表面上划线时常使用 $\phi3 \sim \phi5$ mm 的弹簧钢丝或高速钢制成的划针。在铸件、锻件等表面上划线时，常用尖部焊有硬质合金的划针
3	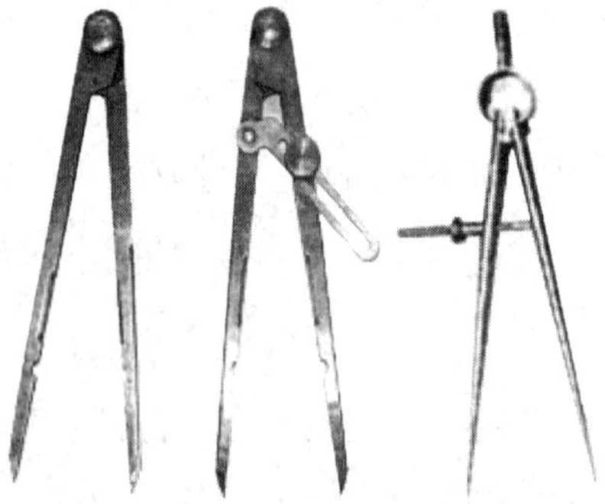 划规	划规是用来划圆和圆弧、等分线段、等分角度和量取尺寸的工具 划圆弧时应将力作用到作为圆心的一脚，以防中心滑移
4	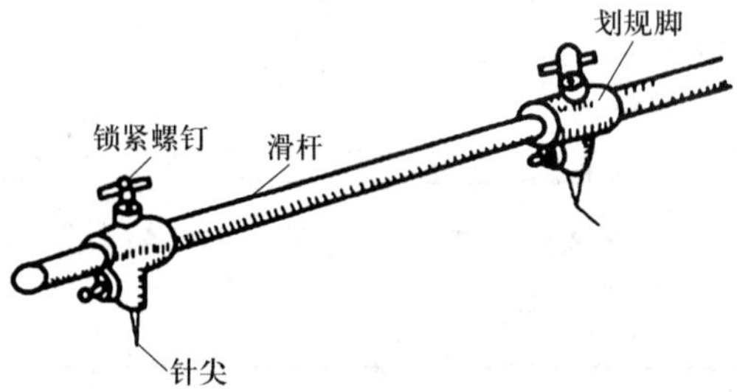 划规脚 锁紧螺钉 滑杆 针尖 长划规	长划规专门用来划大尺寸圆或圆弧。在滑杆上调整两个划规脚，就可得到所需要的尺寸
5	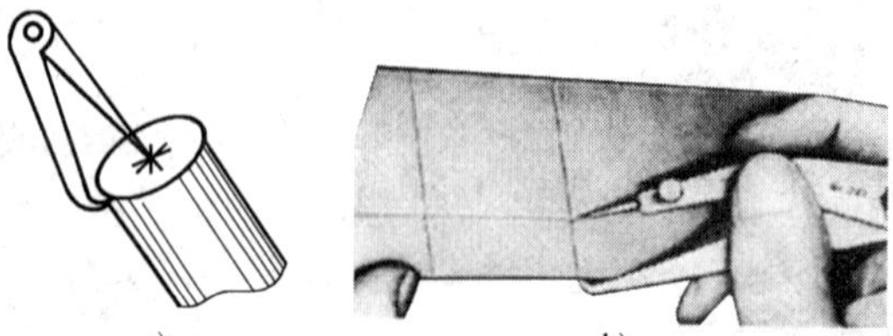 a) b) 单脚规	单脚规用碳素工具钢制成，尖端焊上硬质合金钢。可用来求出圆形工件的中心（图 a），操作比较方便。也可沿加工好的平面划平行线（图 b）

续表

序号	工具	用途
6	 划线盘	划线盘是直接划线或找正工件位置的工具。一般情况下，划针的弯头端用来找正工件
7	 钢直尺	钢直尺是一种简单的测量工具和划线的导向工具
8	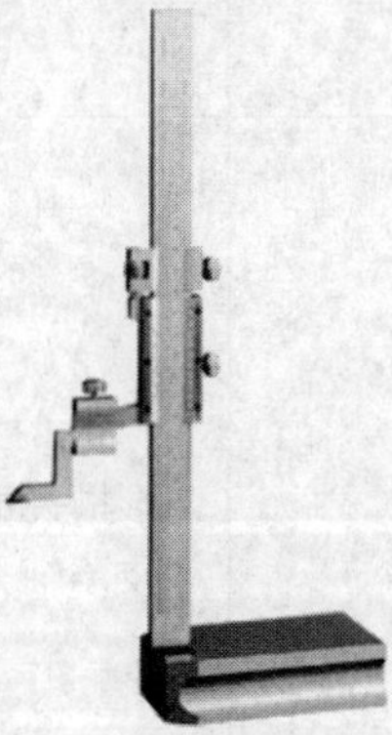 高度游标卡尺	高度游标卡尺是比较精密的量具及划线工具。它可以用来测量高度，又可以用量爪直接划线
9	 直角尺	直角尺可作为划平行线、垂直线的导向工具，还可用来找正工件在划线平板上的垂直位置，并可检验工件两平面的垂直度或单个平面的平面度

续表

序号	工具	用途
10	样冲	样冲用于在工件所划的加工线条上打样冲中心孔，作为加强加工界限标志。还用于圆弧中心或钻孔时的定位中心打眼（称样冲中心孔）
11	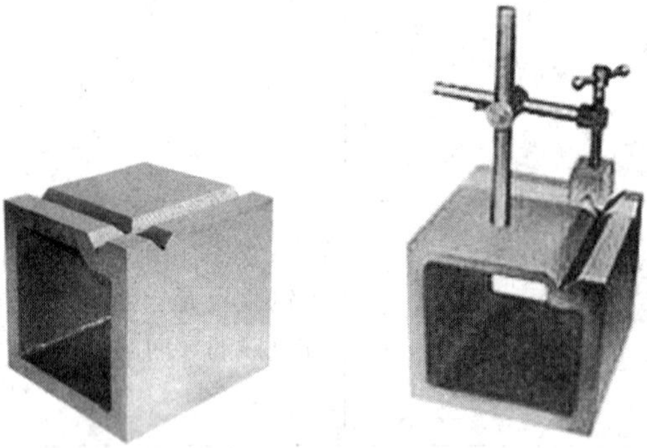 方箱	方箱上的V形槽用于装夹圆柱形工件。划线时，可用C形夹头将工件夹于方箱上，再通过翻转方箱，便可以在一次安装的情况下，将工件上互相垂直的三个方向的线全部划出来
12	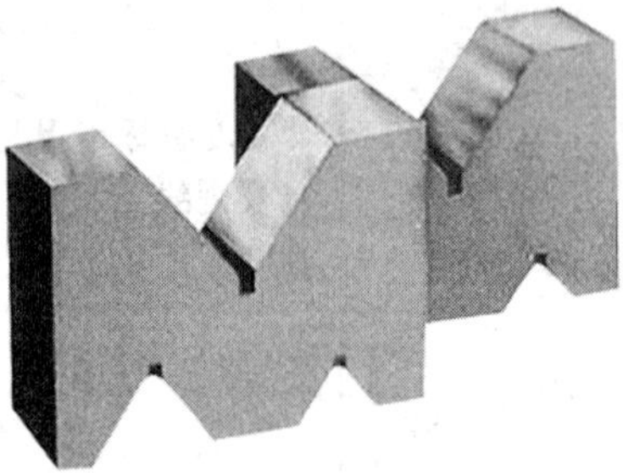 V形铁	一般的V形架都是两块一副，V形槽夹角为90°或120°，主要用于支承轴类工件
13	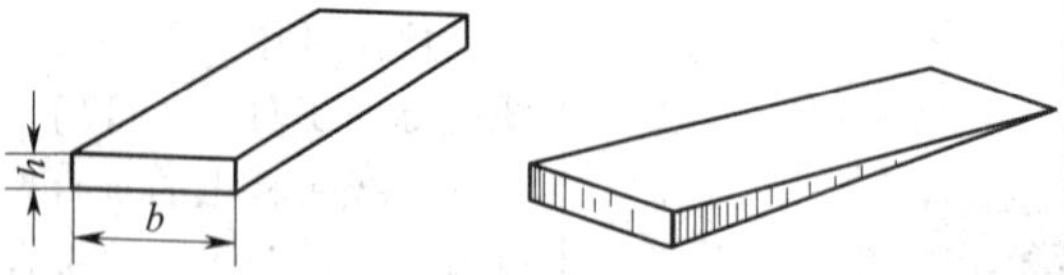 h b 平行垫铁 斜楔垫铁 垫铁	垫铁一般有平行垫铁和斜楔垫铁。平行垫铁相对的两个平面互相平行，每副平行垫铁有两块，两块的h和b两个尺寸是一起磨出的。平行垫铁常有许多副，其尺寸各不相同，主要用来把工件平行垫高 斜楔垫铁用于支承和调整各种毛坯件，也可用于微量调节工件的高低

续表

序号	工具	用途
14	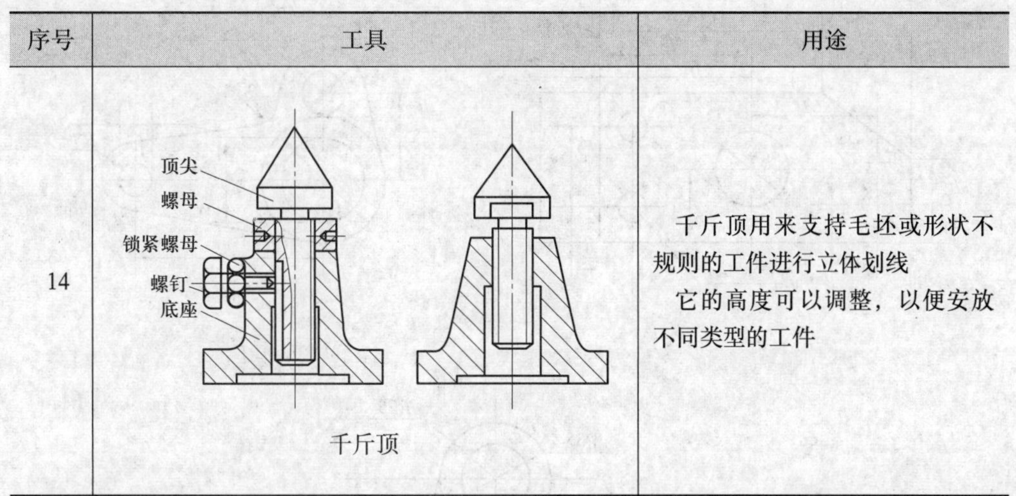 千斤顶	千斤顶用来支持毛坯或形状不规则的工件进行立体划线 它的高度可以调整，以便安放不同类型的工件

2. 划线用涂料

为使工件表面上划出的线条清晰，一般在工件表面的划线部位涂上一层薄而均匀的涂料。常用的划线涂料配方及应用见表 2-1-2。

表 2-1-2　常用的划线涂料配方及应用

名称	配制比例	应用场合
石灰水	稀糊状熟石灰水加适量牛皮胶调和而成	表面粗糙的铸件、锻件毛坯
蓝油	2%～4%龙胆紫加 3%～5%虫胶漆和 91%～95%酒精混合而成	已加工表面

三、零件划线基准选择

基准是指图样（或工件）上用来确定几何要素间的几何关系所依据的那些点、线、面。设计时，在图样上所采用的基准，称为设计基准。划线时，在工件上所采用的基准，称为划线基准。划线时应从划线基准开始。

划线基准选择的基本原则是应尽可能使划线基准与设计基准相一致。划线基准一般有以下三种选择类型：

1. 以两个互相垂直的平面（或直线）为基准，如图 2-1-4a 所示。
2. 以两条互相垂直的中心线为基准，如图 2-1-4b 所示。
3. 以一个平面和一条中心线为基准，如图 2-1-4c 所示。

划线时在工件的每一个方向都需要选择一个划线基准。因此，平面划线一般要选择两个划线基准，立体划线一般要选择三个划线基准。

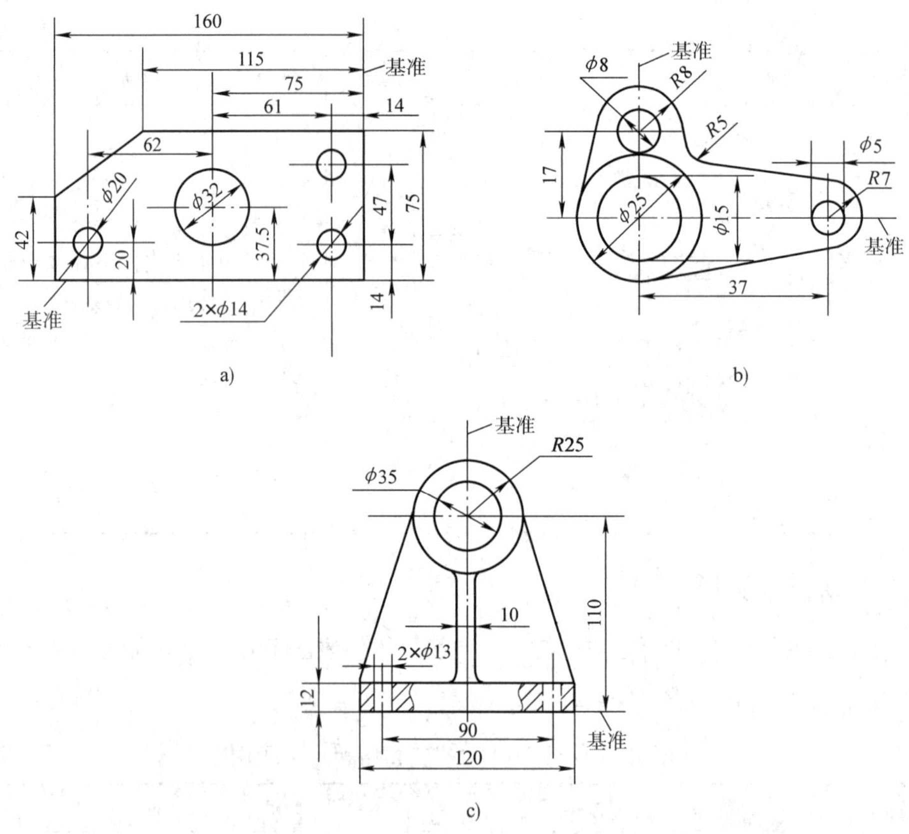

图 2-1-4　划线基准选择

a）以两个互相垂直的平面为基准　b）以两条互相垂直的中心线为基准

c）以一个平面和一条中心线为基准

四、划线前的准备工作

划线的质量将直接影响工件的加工质量，因此要做好划线前的准备工作。

1. 分析图样，了解工件的加工部位和要求，选择好划线基准。

2. 清理工件，对铸、锻件毛坯，应将型砂、毛刺、氧化皮去除掉，并用钢丝刷清理干净，对已生锈的半成品，要将浮锈刷掉。

3. 在工件的划线部位涂色，要求涂得薄而均匀。

4. 在工件孔中安装中心塞块。

5. 擦净划线平板，准备好划线工具。

五、划线时的找正和借料

各种铸、锻件由于某些原因，会形成形状歪斜、偏心、各部分壁厚不均匀等缺陷。当几何误差不大时，可通过划线找正和借料的方法来补救。

1. 找正

对于毛坯工件，划线前一般要先做好找正工作。找正就是利用划线工具（如划线盘、角尺、单脚规等）使工件上有关的毛坯表面与基准面（如划线平板）之间处于合适的位置。找正的目的如下：

（1）当毛坯上有不加工表面时，通过找正后再划线，可使加工表面与不加工表面之间保持尺寸均匀。如图 2-1-5 所示的轴承座毛坯，内孔和外圆不同心，底面和上平面 *A* 不平行，划线前应找正。在划内孔加工线之前，应先以外圆为找正依据。用单脚规找出其中心，然后按求出的中心划出内孔的加工线。这样，内孔与外圆就可达到同心要求。在划轴承座底面之前，同样应以上平面（不加工表面 *A*）为依据，用划线盘找正成水平位置，然后划出底面加工线，这样，底座各处的厚度就均匀了。

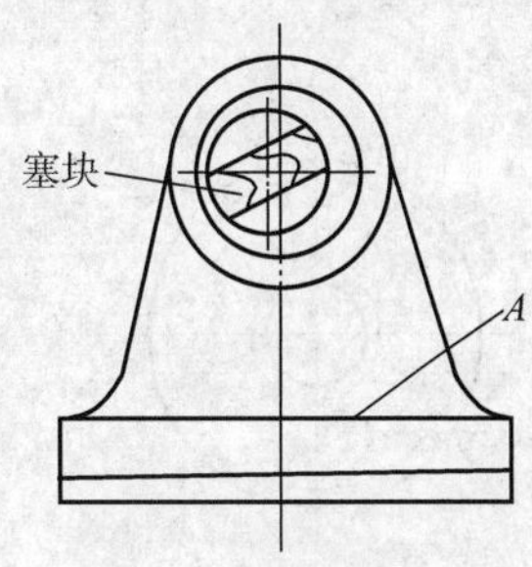

图 2-1-5 轴承座毛坯的找正

（2）当工件上有两个以上的不加工表面时，应选择其中面积较大、较重要的或外观质量要求较高的为主要找正依据，并兼顾其他较次要的不加工表面，使划线后的加工表面与不加工表面之间的尺寸（如壁厚、凸台的高低等）都尽量均匀和符合要求，而把无法弥补的误差反映到次要的或不明显的部位。

（3）当毛坯上没有不加工表面时，通过对各加工表面自身位置的找正后再划线，可使各加工表面的加工余量得到合理和均匀的分布，而不致出现过于悬殊的状况。

由于毛坯各表面的误差和工件结构形状不同，划线时的找正要按工件的实际情况进行。

2. 借料

当工件尺寸、形状、位置上的误差或缺陷难以用找正的划线方法补救时，可采用借料的方法来解决。

借料就是通过试划和调整，将各加工表面的加工余量合理分配，互相借用，从而保证各加工表面都有足够的加工余量，而误差或缺陷可在加工后排除。借料的一般步骤是：

（1）测量工件的误差情况，找出偏移部位并测出偏移量。

（2）确定借料方向和大小，合理分配各部位的加工余量，划出基准线。

（3）以基准线为依据，按图样要求，依次划出其余各线。

图 2-1-6 所示为套筒的锻造毛坯，其内、外圆都要进行加工。图 2-1-6a 所示为

合格毛坯的划线。如果锻造毛坯的内、外圆偏心量较大，以外圆找正划内孔加工线时，会造成内孔的加工余量不足，如图 2-1-6b 所示；按内孔找正划外圆加工线时，则会造成外圆的加工余量不足，如图 2-1-6c 所示。只有将内孔、外圆同时兼顾，采用借料的方法才能使内孔和外圆都有足够的加工余量，如图 2-1-6d 所示。

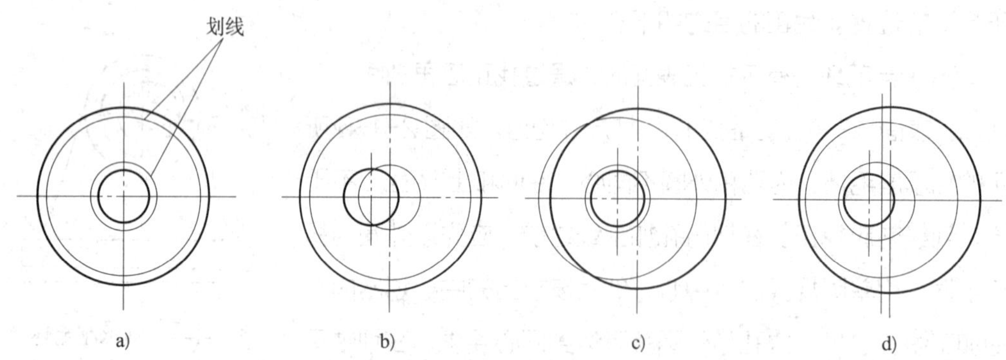

图 2-1-6　套筒划线

a）合格毛坯划线　b）以外圆找正　c）以内孔找正　d）借料划线

六、分度头划线

分度头是铣床上用来等分圆周用的附件。零件手工加工中常用它来对中、小型工件进行分度和划线。其优点是使用方便，精确度较高。其外形如图 2-1-7a 所示。分度头的规格以主轴中心线到底面的高度（mm）表示。例如 FW125 型万能分度头，其主轴中心到底面的高度为 125 mm。常用万能分度头的型号有 FW100、FW125、FW160 等几种。

分度头的传动系统如图 2-1-7b 所示。分度前应先将分度盘 8 固定（旋紧锁紧螺钉 11 使之不能转动），再调整定位插销 9，使它对准所选分度盘的孔圈。分度时先拔出定位插销 9，转动分度手柄 10，带动主轴转至所需要分度的位置，然后将定位插销 9 重新插入分度盘孔中。分度头的分度原理是：当分度手柄 10 转一周时，蜗杆 4 也转一周，与蜗杆啮合的 40 个齿的蜗轮 3 转一个齿，即转 1/40 周，被三爪自定心卡盘夹持的工件也转 1/40 周。如果将工件作 z 等分，则每次分度主轴应转 $1/z$ 周，分度手柄 10 每次分度应转过的圈数为：

$$n=40/z$$

式中　n——分度手柄转数；

　　　z——工件的等分数。

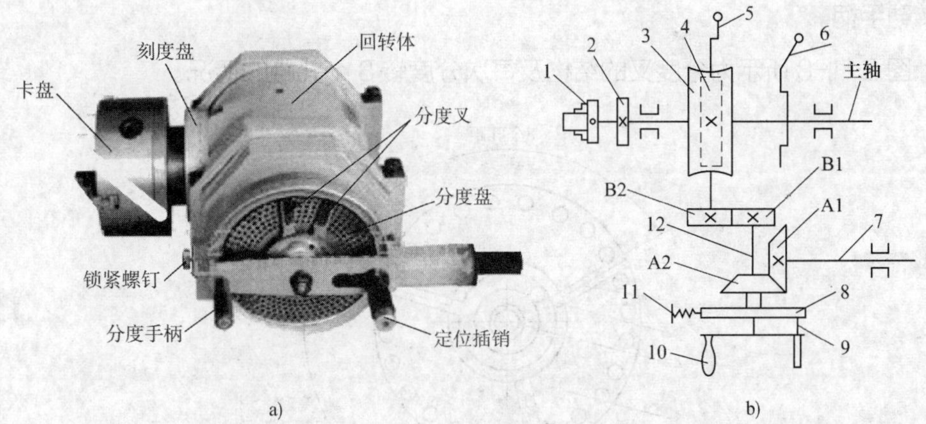

图 2–1–7　分度头

a）分度头外形　b）分度头传动系统

1—卡盘　2—刻度盘　3—蜗轮　4—蜗杆　5—蜗杆脱落手柄　6—主轴锁紧手柄　7—挂轮轴　8—分度盘　9—定位插销　10—分度手柄　11—锁紧螺钉　12—轴

例　要在工件的某圆周上划出均匀分布的 20 个孔，试求出每划完一个孔的位置后，手柄应转过多少转?

解：根据公式 $n=40/z$，$n=40/20=2$。

即每划完一个孔的位置后，手柄应转过两转，再划另一个孔，依此类推。

有时，由工件等分数计算出来的手柄转数不是整数。例如，要把某圆周 30 等分，手柄的转数 $n=40/z=40/30=1\ 1/3$。这时，就要利用分度盘，根据分度盘上现有的孔数（见表 2–1–3），把 1/3 分子、分母同时扩大相同倍数，使它的分母数为分度盘上某一个孔数，而扩大后的分子数就是手柄应转过的孔数。若将 1/3 分子、分母同时扩大 10 倍，即 $1/3\times10/10=10/30$，则手柄的转数 $n=40/30=1\ 1/3=1\ 10/30$，即手柄在分度盘中有 30 个孔的一圈上要转动 1 转加 10 个孔。

表 2–1–3　分度盘的孔数

分度头形式	分度盘的孔数
带一块分度盘	正面：24，25，28，30，34，37，38，39，41，42，43 反面：46，47，49，51，53，54，57，58，59，62，66
带两块分度盘	第一块　正面：24，25，28，30，34，37 　　　　反面：38，39，41，42，43 第二块　正面：46，47，49，51，53，54 　　　　反面：57，58，59，62，66

用分度盘分度时，为使分度准确而迅速，避免每分度一次要数一次孔数，可利用安装在分度头上的分度叉进行计数。分度时，应先按分度的孔数调整好分度叉，

再转动手柄。

图 2-1-8 所示为分度叉的结构及每次分度转 8 个孔距的情况。

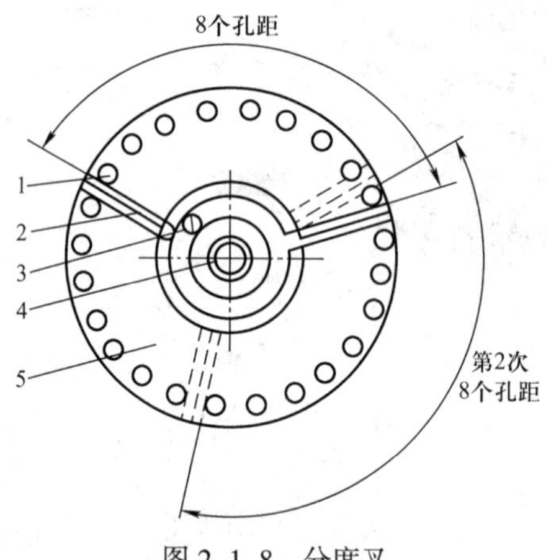

图 2-1-8　分度叉

1—插销孔　2—分度叉　3—紧固螺钉　4—心轴　5—分度盘

七、划线技能训练

划线技能训练 1——平面样板划线

1. 训练内容

完成如图 2-1-9 所示平面样板的划线工作。

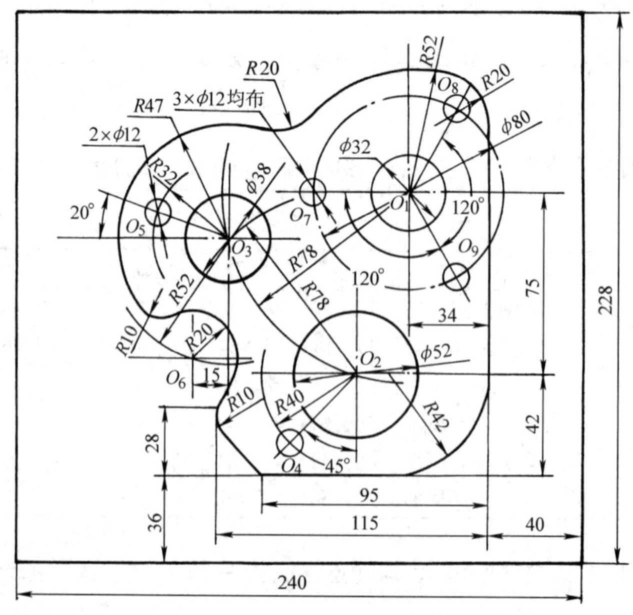

图 2-1-9　平面样板

2. 训练准备

（1）工具、量具：钢直尺、直角尺、划规、锤子、划针、样冲、划线平板、石灰水。

（2）材料及规格：45 钢，240 mm × 228 mm × 2 mm 薄板。

3. 操作步骤

（1）准备工作

1）检查薄钢板的尺寸，并用锤子矫正其变形，保证工件平面度误差不大于 0.45 mm。

2）去除薄板料上的边缘毛刺，并涂上蓝油。

3）看清图样，了解所需划线的部位和有关加工工艺。

（2）选定划线基准

薄板料底边向上划距离 36 mm 尺寸线，从右侧边向左划距离 40 mm 的尺寸线，以这两条垂直线作为划线基准，如图 2-1-10 所示。

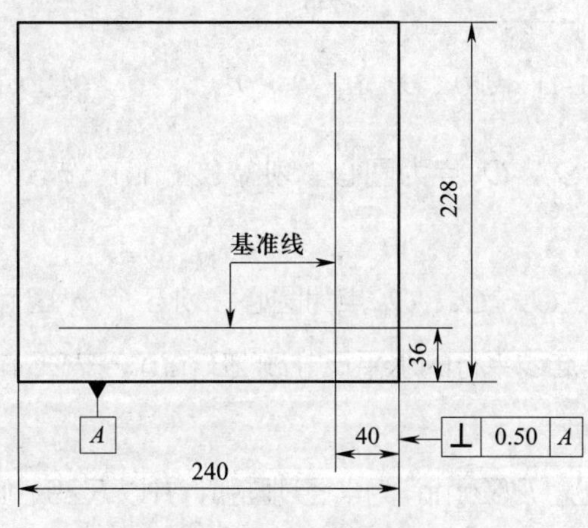

图 2-1-10 划线基准

（3）划线

划尺寸 42 mm、75 mm 水平线和尺寸 34 mm 垂直线，得圆心 O_1。

（4）以 O_1 为圆心，$R78$ mm 为半径划圆弧，相交于尺寸 42 mm 水平线得 O_2 点，通过 O_2 点作垂直线。

（5）分别以 O_1、O_2 点为圆心，$R78$ mm 为半径划圆弧相交得 O_3 点，通过 O_3 点作水平线和垂直线。

（6）通过 O_2 点作 45°线，并以 $R40$ mm 为半径划圆弧相交得小圆心 O_4 点，通过 O_3 点作 20°线，并以 $R32$ mm 为半径划圆弧相交得小圆心 O_5 点。

（7）作与O_3点垂直线距离为15 mm的平行线，并以O_3点为圆心，$R52$ mm为半径划圆弧相交得O_6点。

（8）按图2-1-11所示，将ϕ80 mm圆周三等分，得到圆心O_7、O_8、O_9点，注意：所有圆心都必须打上样冲眼，以便划圆弧。

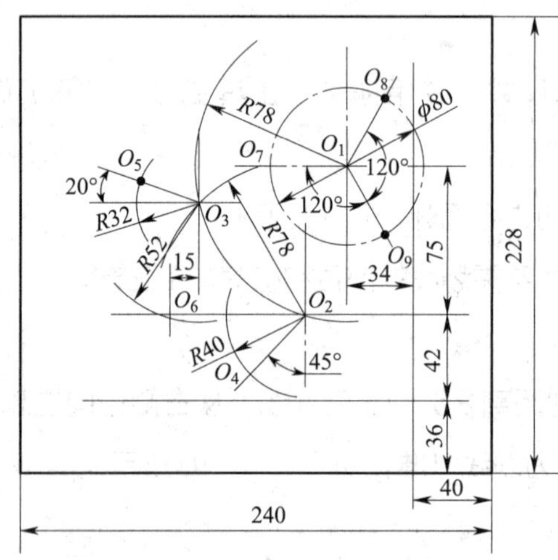

图 2-1-11　划O_1、O_2、O_3、O_4、O_5、O_6、O_7、O_8、O_9圆心

（9）分别以O_1、O_2、O_3点为圆心，划ϕ32 mm、ϕ52 mm和ϕ38 mm圆周线。

（10）以O_4、O_5、O_7、O_8、O_9点为圆心，划5个ϕ12 mm圆周线。

（11）划与底面基准线平行的水平尺寸线28 mm，按95 mm和115 mm尺寸划出左下方的斜线。

（12）以O_1为圆心，$R52$ mm为半径划圆弧，并以$R20$ mm为半径作相切圆弧。

（13）以O_3为圆心，$R47$ mm为半径划圆弧，并以$R20$ mm为半径作相切圆弧。

（14）以O_6为圆心，$R20$ mm为半径划圆弧，并以$R10$ mm为半径作两处的相切圆弧。

（15）以$R42$ mm为半径作右下方的相切圆弧。

（16）对图形、尺寸复检校对确认无误后，在划线交点及在所划线上按一定间隔打出样冲眼，使加工界线清晰可靠。

4. 划线时的注意事项

（1）为熟悉作图方法，训练前可在绘图纸上进行练习。

（2）正确使用划线工具。

（3）划出的线条细而清晰且样冲眼准确。

（4）划线后，复检校对，避免差错。

5. 评分标准（见表 2-1-4）

表 2-1-4 评分标准

序号	项目与技术要求		配分	评分标准	检测结果		得分
					学生自检	教师检测	
1	测量	涂色薄而均匀	5	不符合要求不得分			
2		线条清晰均匀	10	不符合要求不得分			
3		尺寸误差不大于 0.5 mm	30	超差不得分			
4		角度误差不大于 1°	10	超差不得分			
5		冲眼落点的分布	5	不符合要求不得分			
6		冲眼大小及均匀性	5	不符合要求不得分			
7		与直线过渡圆滑	6	不符合要求不得分			
8		与圆弧过渡圆滑	9	不符合要求不得分			
9		基准选择正确	10	不符合要求不得分			
10	安全文明生产		10	违者不得分			

划线技能训练 2——轴承座划线

1. 训练内容

完成如图 2-1-12 所示轴承座划线工作。

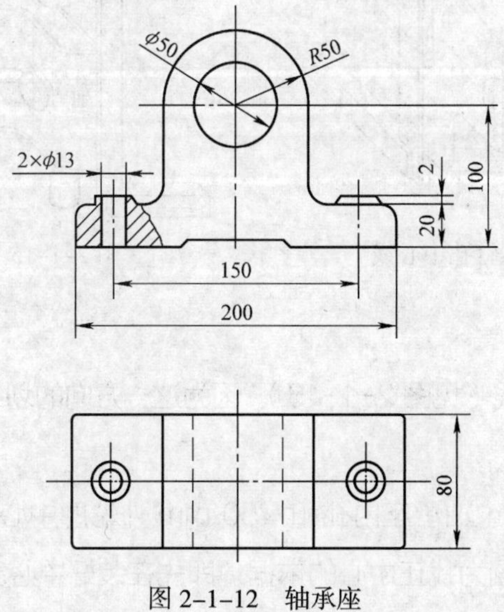

图 2-1-12 轴承座

2. 训练准备

（1）工具、量具：钢直尺、直角尺、划规、锤子、划针、样冲、划线平板、千

斤顶、高度游标卡尺、石灰水。

（2）材料：HT200，轴承座。

3. 操作步骤

（1）工件清理、涂色

将毛坯件，特别是划线部位的型砂、浇注口、污垢清除干净，并将划线部位涂色。

（2）工件分析

1）图 2-1-12 所示轴承座需要加工的部位有底面、轴承座内孔、两个螺钉孔及其上平面、两个大端面。需要划线的尺寸共有三个方向，工件需要三次安放才能划完全部线条。轴承座毛坯上已铸有 ϕ50 mm 毛坯孔，需先安装塞块并做好其他划线准备（见图 2-1-13）。

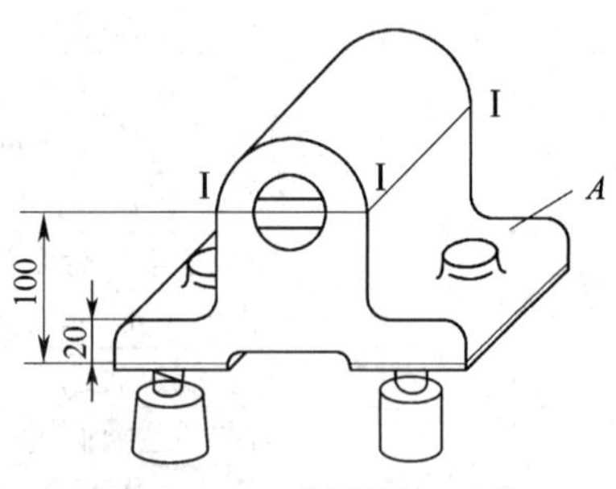

图 2-1-13　划座面加工线

2）划线的基准选定为轴承座内孔的两个相互垂直的中心平面Ⅰ—Ⅰ和Ⅱ—Ⅱ，以及两个螺钉孔的中心平面Ⅲ—Ⅲ（见图 2-1-13、图 2-1-14、图 2-1-15）。

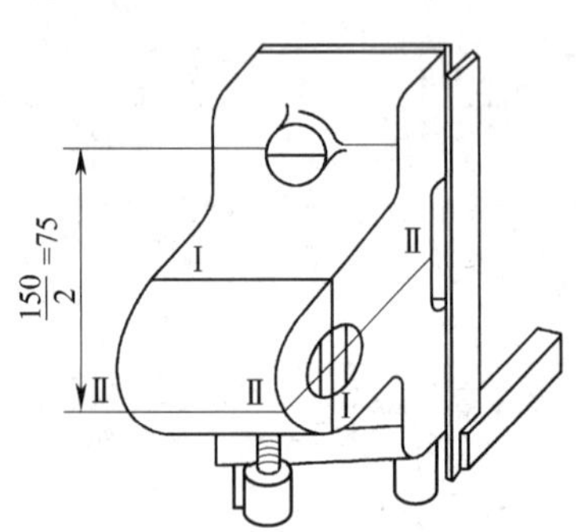

图 2-1-14　划螺钉孔中心线

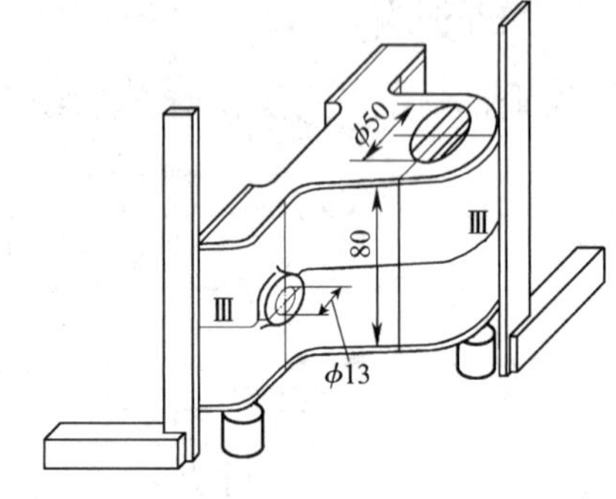

图 2-1-15　划大端面

（3）划线顺序

1）先划底面加工线（见图 2-1-13）。因为这一方向的划线工作决定着主要部位的找正和借料。

①先确定 ϕ50 mm 轴承座内孔和 R50 mm 外轮廓中心。由于外轮廓不加工，所以应以 R50 mm 外圆为找正中心的依据。即先在装好中心塞块的孔两端用划规求出中心，然后用划规试划 ϕ50 mm 圆周线，看内孔四周是否料厚均匀。如果内孔与外轮廓偏心过多，就要做适当的借料。

②用三个千斤顶支持轴承座底面，调整千斤顶高度并用划线盘找正，使两端孔

中心初步调整到同一高度。由于 A 面不加工，为了保证在底面加工后尺寸 20 mm 的厚度在各处都均匀一致，还要用划线盘找平 A 面。两端孔中心既要保持同一高度，A 面又要保持水平位置。两者发生矛盾时，要兼顾两方面进行调整。待两端孔中心确定后，在孔中心打上样冲眼，划出基准线Ⅰ—Ⅰ和底面加工线、两个螺钉孔的上平面加工线。

2）划两螺钉孔的中心线（见图 2-1-14）。将工件侧翻 90°用千斤顶支持，通过千斤顶的调整和划线盘的找正，使轴承座内孔两端的中心处于同一高度，同时用直角尺按已划出的底面加工线找正垂直位置。划出Ⅱ—Ⅱ基准线、两个螺钉孔的中心线。

3）划两个大端面的加工线（见图 2-1-15）。将工件翻转至图示位置，用千斤顶支持工件，通过千斤顶的调整和直角尺的找正，分别使底面加工线和Ⅱ—Ⅱ中心线处于垂直位置。以两个螺钉孔的中心为依据，试划两大端面的加工线，若有两面加工余量相差过多的情况，可通过上下调整螺钉孔的中心来借料。调整满意后即可划出Ⅲ—Ⅲ基准线和两个大端面的加工线。

4）划圆周尺寸线。用划规划出轴承座内孔和两个螺钉孔的圆周尺寸线。

5）打上样冲眼。检查无误后，在所划线条上打上样冲眼。

4. 划线时的注意事项

（1）工件在划线平台上要平稳放置。

（2）划线压力要一致，划出的线条细而清晰，避免划重线。

5. 评分标准（见表 2-1-5）

表 2-1-5　评分标准

	项目与技术要求		配分	评分标准	检测结果		得分
					学生自检	教师检测	
1	划线	工具选用合理、操作正确	6	不符合要求不得分			
2		三个位置垂直度找正误差小于 0.4 mm	24	一处超差扣 8 分			
3		三个位置尺寸基准的位置误差小于 0.6 mm	24	一处超差扣 8 分			
4		划线尺寸误差小于 0.3 mm	18	一处超差扣 3 分			
5		线条清晰、无重线	8	一处不符合扣 2 分			
6		冲眼分布合理、正确	10	一处不符合扣 2 分			
7	安全文明生产		10	违者不得分			

复习思考题

1. 划针在使用时应该注意些什么？

2. 根据图 2-1-16 和图 2-1-17 所示图形写出划线步骤。

（1）凹块划线

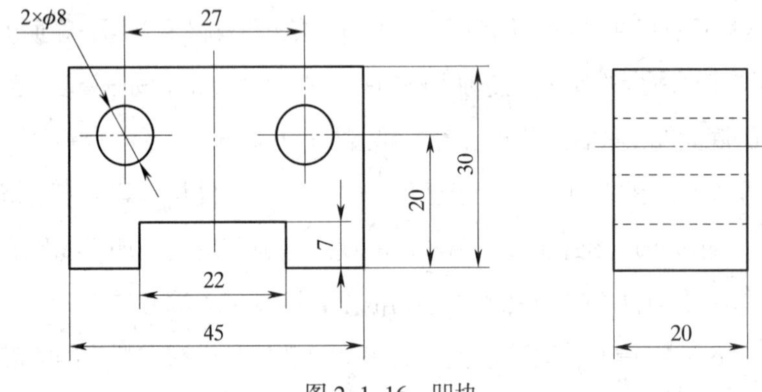

图 2-1-16　凹块

（2）支座划线

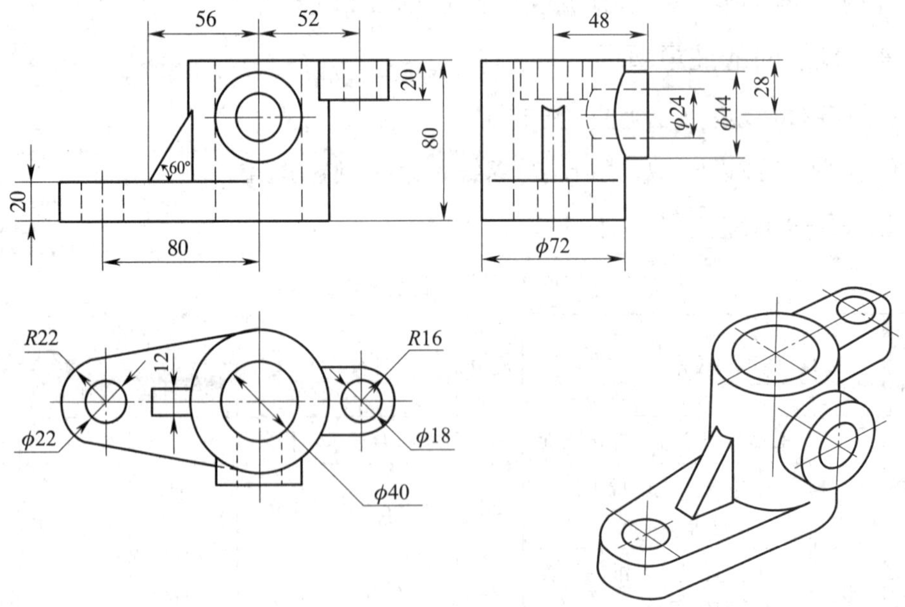

图 2-1-17　支座

课题 2
零件的锯削

用手锯对材料或工件进行分割或切槽等的加工方法称为锯削，如图 2-2-1 所示。锯削是一种粗加工，平面度一般可控制在 0.2 mm 之内。它具有操作方便、简单、灵活的特点，应用较广。锯削的应用如图 2-2-2 所示。

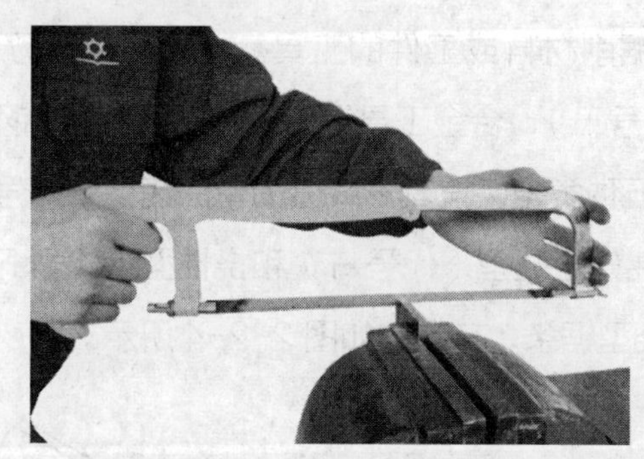

图 2-2-1　锯削

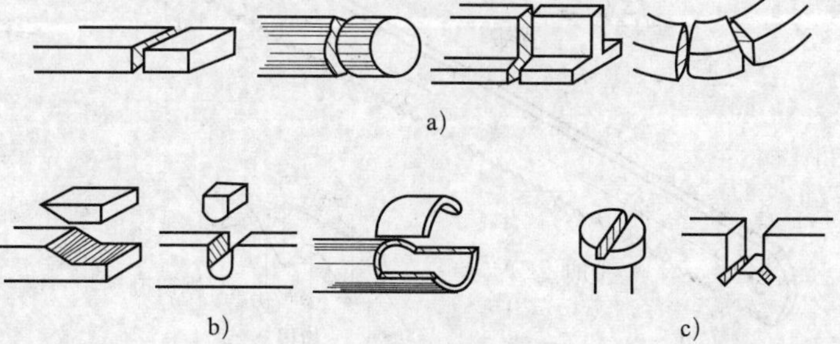

图 2-2-2　锯削的应用

a）锯断各种原材料或半成品　b）锯掉工件上多余部分　c）在工件上锯沟槽

一、手锯

手锯由锯弓和锯条两部分组成。

1. 锯弓

锯弓用于安装和张紧锯条，且便于双手操作。根据其构造分为固定式和可调式两种，如图 2-2-3 所示。固定式锯弓只能安装一种长度的锯条。可调式锯弓通过调整可以安装不同长度的锯条。

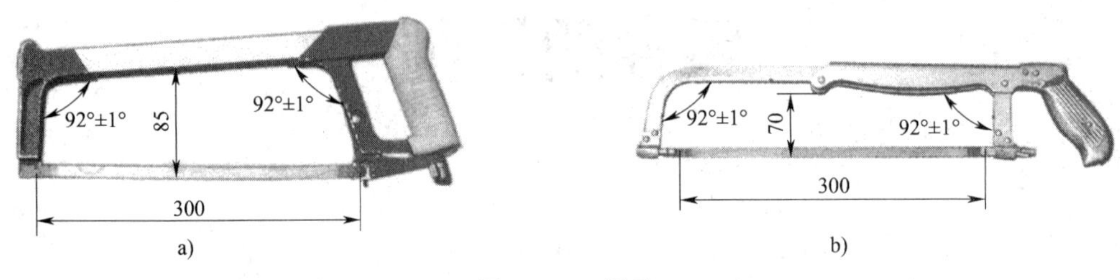

图 2-2-3 锯弓

a）固定式 b）可调式

2. 锯条

锯条是用来直接锯削材料或工件的工具。按使用材质分为碳素结构钢（代号D）、碳素工具钢（代号T）、合金工具钢（代号M）、高速钢（代号G）以及双金属复合钢（代号Bi）五种类型；按其形式分为单面齿型（代号A）和双面齿型（代号B）两种；按其特性分全硬型（代号H）和挠性型（代号F）两种类型。零件手工加工中常用单面全硬型锯条，其结构如图 2-2-4 所示。

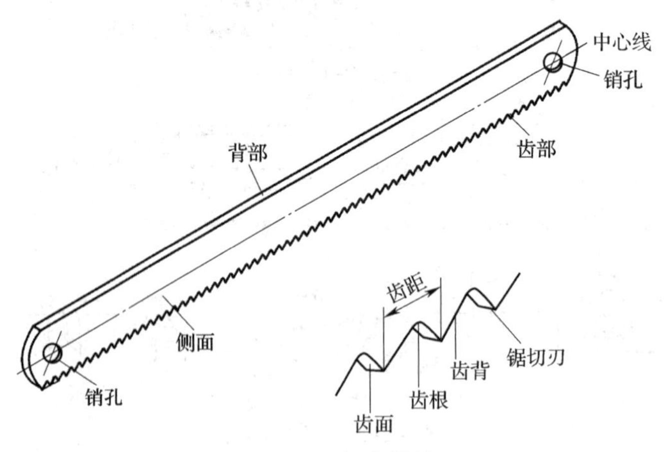

图 2-2-4 锯条结构

（1）锯条的规格及标记

锯条的规格包括长度规格和粗细规格两部分。锯条的长度规格是以两端销孔的中心距来表示，常用的锯条长度为 300 mm。粗细规格用 25 mm 长度内的锯齿数或齿距（两相邻锯切刃之间的距离）表示。锯条的规格及基本尺寸见表 2-2-1。

表 2-2-1　锯条的规格及基本尺寸（摘自 GB/T14764—2008）

锯条形式	长度规格 l/mm	粗细规格		宽度 b/mm	厚度 a/mm
		每 25 mm 内的齿数	齿距 p/mm		
单面齿型（A 型）	300 或 250	32	0.8	12.0 或 10.7	0.65
		24	1.0		
		20	1.2		
		18	1.4		
		16	1.5		
		14	1.8		
双面齿型（B 型）	296	32 24 18	0.8 1.0 1.4	22	0.65
	292			25	

锯条标记示例：全硬型、碳素工具钢、单面齿型、长度 l=300 mm、宽度 b=12 mm、齿距 p=1.0 mm 的钢锯条应标记为“手用钢锯条 GB / T 14764—2008 HTA 300 × 12 × 1.0”。

（2）锯齿的切削角度

锯条的切削部分由许多按齿距均匀分布的锯齿组成，其锯齿形状如图 2-2-5 所示。

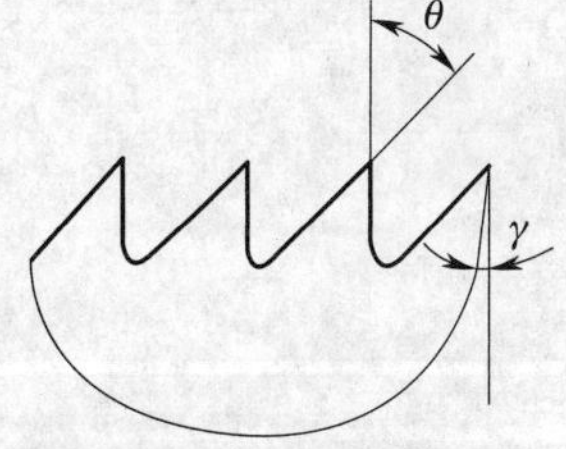

图 2-2-5　锯齿的形状

锯齿的切削角度见表 2-2-2。

表 2-2-2　锯齿的切削角度（摘自 GB/T 14764—2008）

齿距 /mm	θ /（°）	γ /（°）
0.8、1.0、1.2	46 ～ 53	−2 ～ 2
1.4、1.5、1.8	50 ～ 58	

（3）锯条的分齿

在制造锯条时，使锯齿按一定的规律左右错开，排列成一定形状，将锯齿从锯条两侧突出以提供锯切间隙的方法称为锯条的分齿（或叫锯路）。锯条的分齿形式有交叉形和波浪形等，如图 2-2-6 所示。分齿的作用是使工件上的锯缝宽度大于锯条背部的厚度，从而减少了锯削过程中的摩擦，避免“夹锯”和锯条折断现象，延长了锯条的使用寿命。

二、锯削的操作

1. 工件的夹持

工件一般应夹在台虎钳的左面，以便操作，工件伸出钳口不应过长（应使锯缝离开钳口侧面约 20 mm 左右），防止工件在锯削时产生振动，锯缝线要与钳口侧面保持平行（使锯缝线与铅垂线方向一致），便于控制锯缝不偏离划线线条；夹紧要牢靠，同时要避免将工件夹变形和夹坏已加工表面。

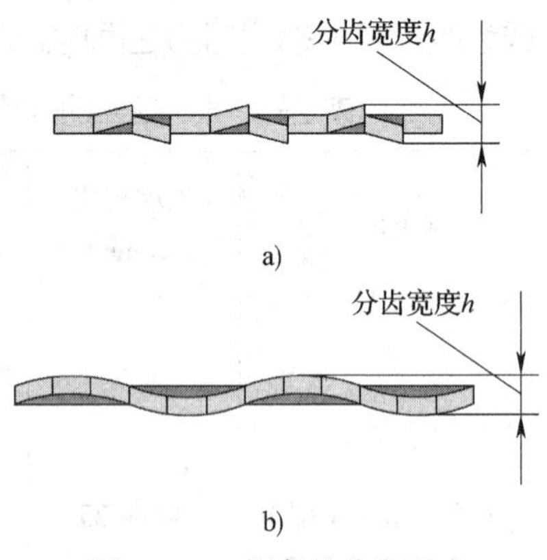

图 2-2-6　锯条的分齿形式
a）交叉形　b）波浪形

2. 锯条的安装

手锯是在前推时才起切削作用，因此锯条安装应使齿尖的方向朝前，如图 2-2-7 所示，否则锯齿前角变为负值，将不能正常锯削。

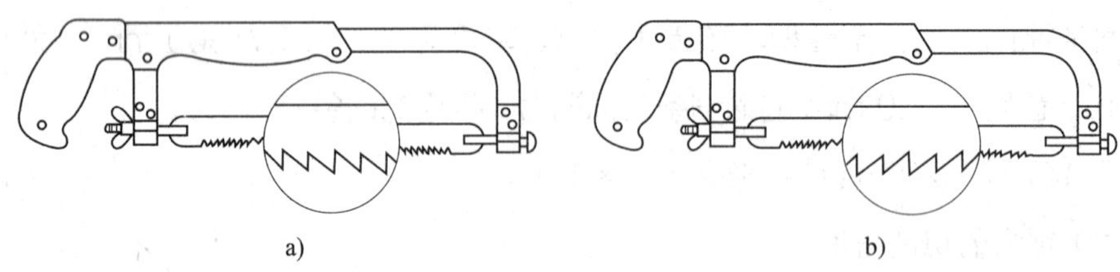

图 2-2-7　锯条的安装
a）正确　b）错误

锯条安装的松紧程度通过调节翼形螺母来控制，松紧程度要适当。过紧，锯条受力太大，在锯削中用力稍有不当就会折断；太松则锯削时锯条容易扭曲，也易折断，而且锯出的锯缝容易歪斜。其松紧程度以用手扳动锯条，感觉硬实即可。锯条安装后要保证锯条平面与锯弓中心平面平行，不得倾斜和扭曲。否则，锯削时锯缝极易歪斜。

3. 锯削姿势

正确的锯削姿势能减轻疲劳，保证锯削质量，提高锯削效率。

（1）手锯的握法

右手满握锯弓手柄，拇指压在食指上。左手控制锯弓方向，拇指在弓背上，食指、中指、无名指扶在锯弓前端。如图 2-2-8 所示。

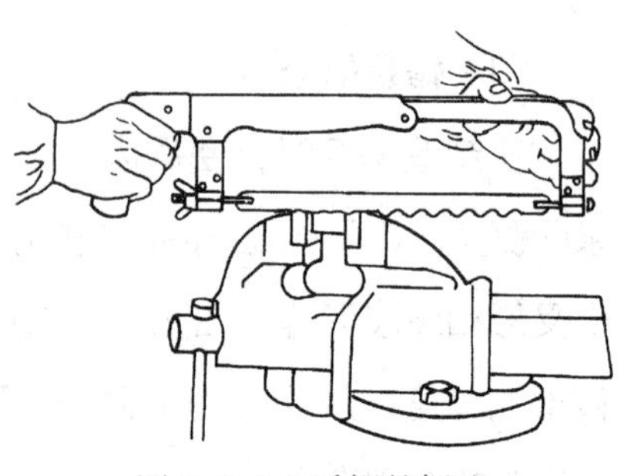
图 2-2-8　手锯的握法

（2）站立位置和姿势

锯削的站立位置，左脚前跨半步，膝部要自然并稍弯曲；右脚在后，右腿伸直；两脚均不要过分用力，身体自然稍前倾。双手握锯放在工件上，左臂略弯曲，右臂与锯削方向保持平行，如图 2-2-9 和图 2-2-10 所示。

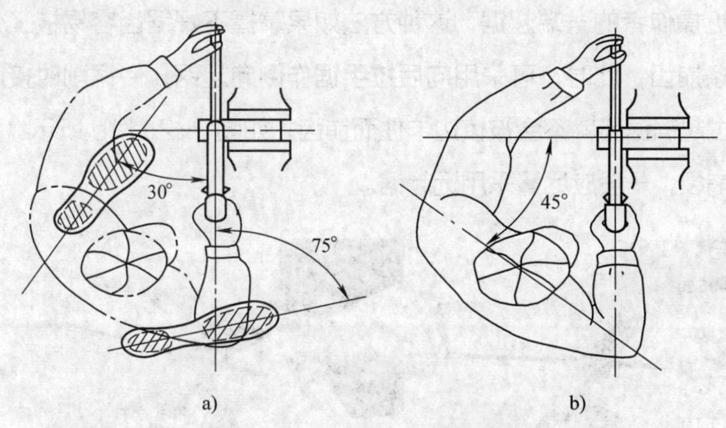

图 2-2-9　锯削站立位置和姿势

a）站立位置　b）姿势

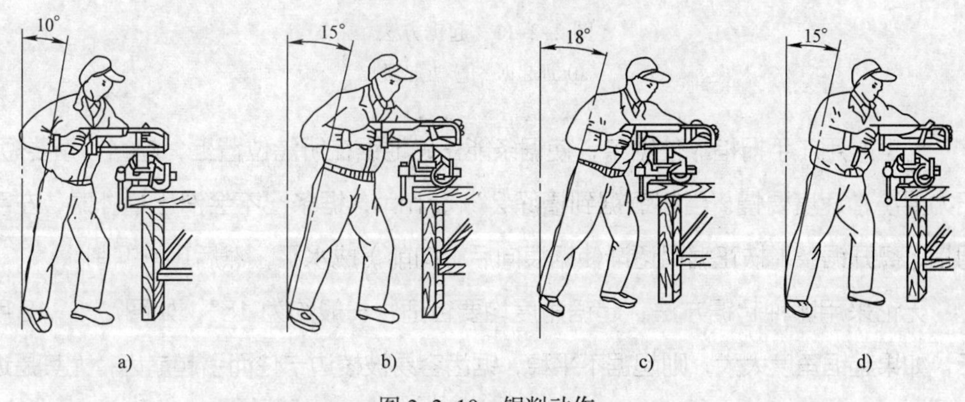

图 2-2-10　锯削动作

a）锯削起始的动作　b）向前锯削时的动作　c）向前继续推进时的动作　d）锯削最后 1/3 时的动作

（3）锯削方法

1）直线式。用于有锯削尺寸要求的工件。

2）摆动式。在锯削时，身体与锯弓作协调性的上下小幅摆动。即当手锯推进时，身体略向前倾，双手随着压向手锯的同时，左手上翘，右手下托，回程时右手上抬，左手自然跟回。

3）锯削速度。一般控制在 40 次 /min 以内。推进时稍慢，压力适当，保持匀速；回程时不施加压力，速度稍快。

（4）起锯方法

起锯是锯削运动的开始，起锯质量的好坏，直接影响锯削的质量。

起锯的方法有远起锯和近起锯两种。远起锯是指从工件远离操作者的一端起锯，锯齿是逐步切入材料的，不易被卡住，起锯较方便，如图 2-2-11a 所示；近起锯是指从工件靠近操作者的一端起锯，这种方法如果掌握不好锯齿容易被工件的棱边卡住，造成锯条崩齿，此时，可采用向后拉手锯作倒向起锯，使锯削时接触的齿数增加，再做推进起锯锯齿就不会被棱边卡住而崩齿，如图 2-2-11b 所示。为了避免锯条被卡住或崩裂，一般应尽量采用远起锯。

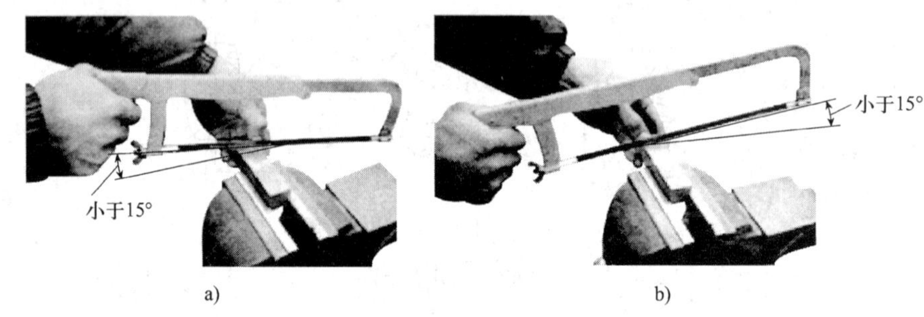

图 2-2-11　起锯方法

a）远起锯　b）近起锯

起锯时用左手拇指靠住锯条，使锯条能正确地锯在所需位置上，起锯行程要短，压力要小，速度要慢。当起锯锯到槽深 2 ~ 3 mm，锯条已不会滑出槽外时，左手拇指可离开锯条，扶正锯弓逐渐使锯痕向后（向前）成水平，然后正常锯削。

无论采用哪种起锯方法，起锯角度均要合适，一般约为 15°，如图 2-2-12 所示。如果起锯角度太大，则起锯不平稳，锯齿容易被棱边卡住而引起崩齿，尤其是近起锯时。但起锯角度也不宜太小，否则，由于同时与工件接触的齿数多而不易切入材料，锯条还可能打滑而使锯缝发生偏离，在工件表面锯出许多锯痕，影响表面质量。

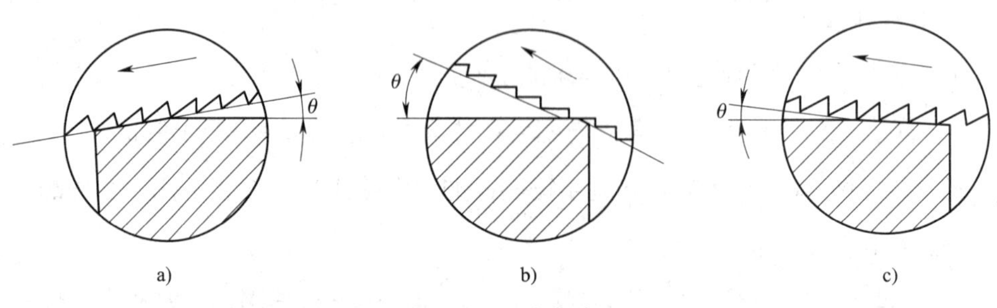

图 2-2-12　起锯角

a）远起锯　b）起锯角太大　c）近起锯

三、各种型材的锯削方法

1. 棒料的锯削

如果要求锯削面平整，则应从起锯开始连续锯削至结束。若锯削面要求不高，锯削时可以把棒料转过已锯深的锯缝，选择锯削阻力小的地方继续锯削，以提高工作效率。

2. 管子的锯削

薄壁管子要用 V 形木垫夹持，以防夹扁和夹坏管子表面。管子锯削时要在锯透管壁时向前转一个角度再锯，否则锯齿会很快损坏，如图 2-2-13 所示。

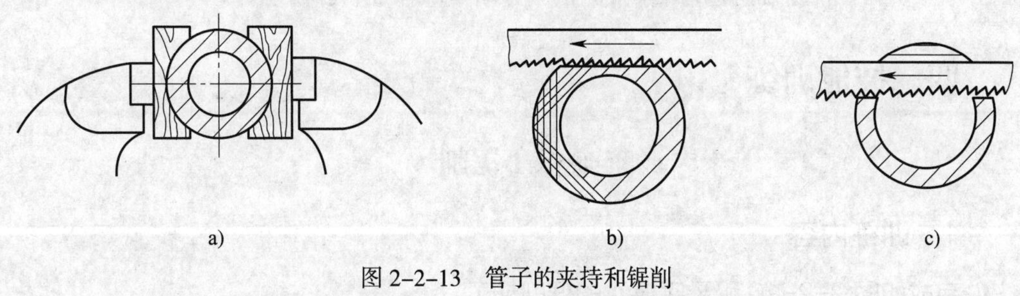

图 2-2-13　管子的夹持和锯削

a）管子的夹持　b）转位锯削　c）不正确的锯削

3. 板料的锯削

板料锯缝一般较长，工件装夹要有利于锯削操作。

（1）薄板料的锯削

如图 2-2-14 所示，将薄板材夹持在两块木板之间，以增加刚度。锯削时，连同木板一起锯开或手锯做横向锯削。

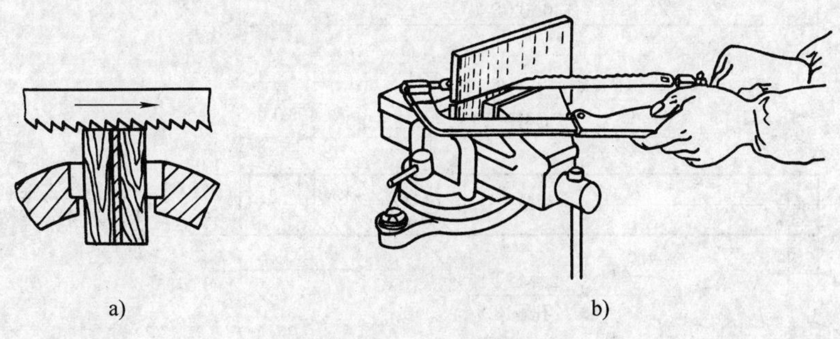

图 2-2-14　板料的锯削

a）薄板夹持锯削　b）横向锯削

（2）深缝的锯削

如图 2-2-15 所示，当锯缝深度超过锯弓高度时，应将锯条转过 90°重新安装，使锯弓转到工件的旁边；当锯弓横下来其高度仍不够时，也可把锯条安装成使锯齿向内的方向锯削。

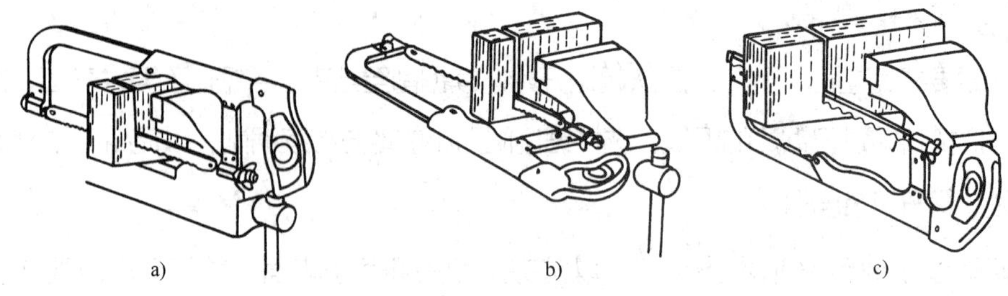

图 2-2-15　深缝的锯削
a）锯弓与深缝平行　b）锯弓与深缝垂直　c）反向锯削

四、技能训练

底板 1 锯削

1. 训练内容

完成如图 2-2-16 所示底板 1 的锯削加工。

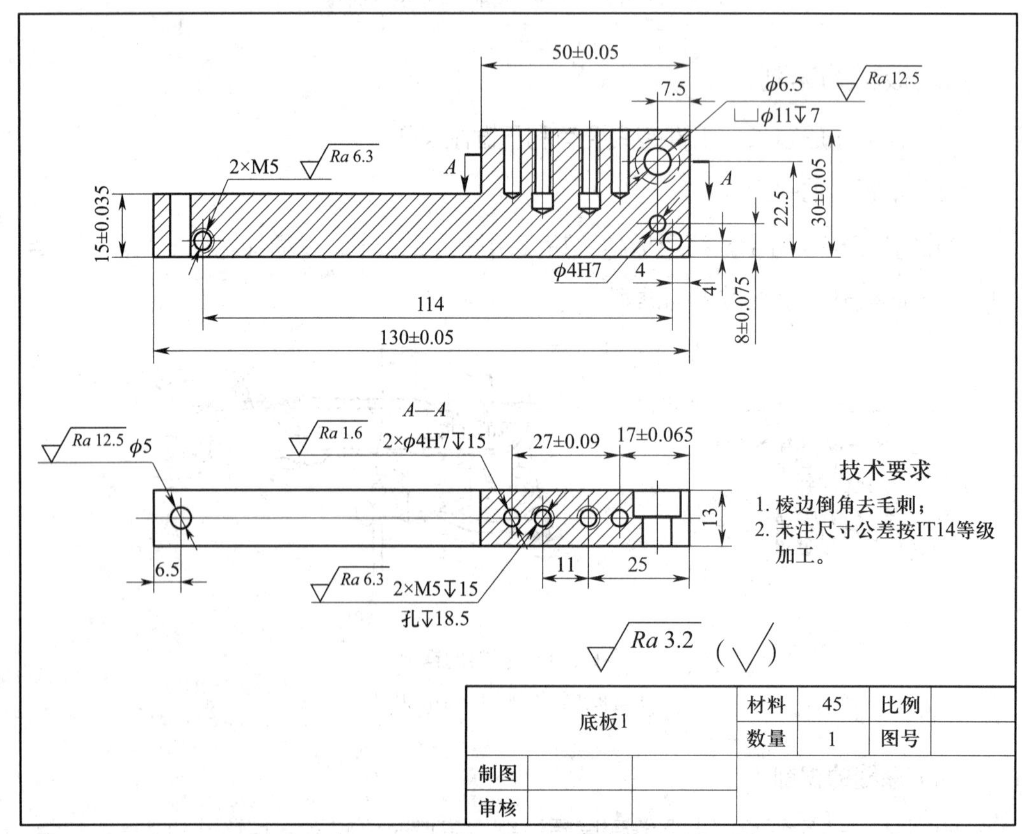

图 2-2-16　底板 1

2. 训练准备

（1）工具、量具：划针、样冲、锯弓、锯条、钢直尺、游标卡尺、高度游标卡尺。

（2）材料及规格：45 钢，138 mm × 50 mm × 13 mm。

3. 操作步骤

（1）检查来料尺寸。

（2）按图样要求划线，锯削（132 ± 0.5）mm ×（32 ± 0.5）mm × 13 mm 长方体，达到锯削断面的平面度 0.5 mm、垂直度 0.5 mm、平行度 0.6 mm 的精度要求，并保证锯痕整齐，如图 2-2-17 所示。

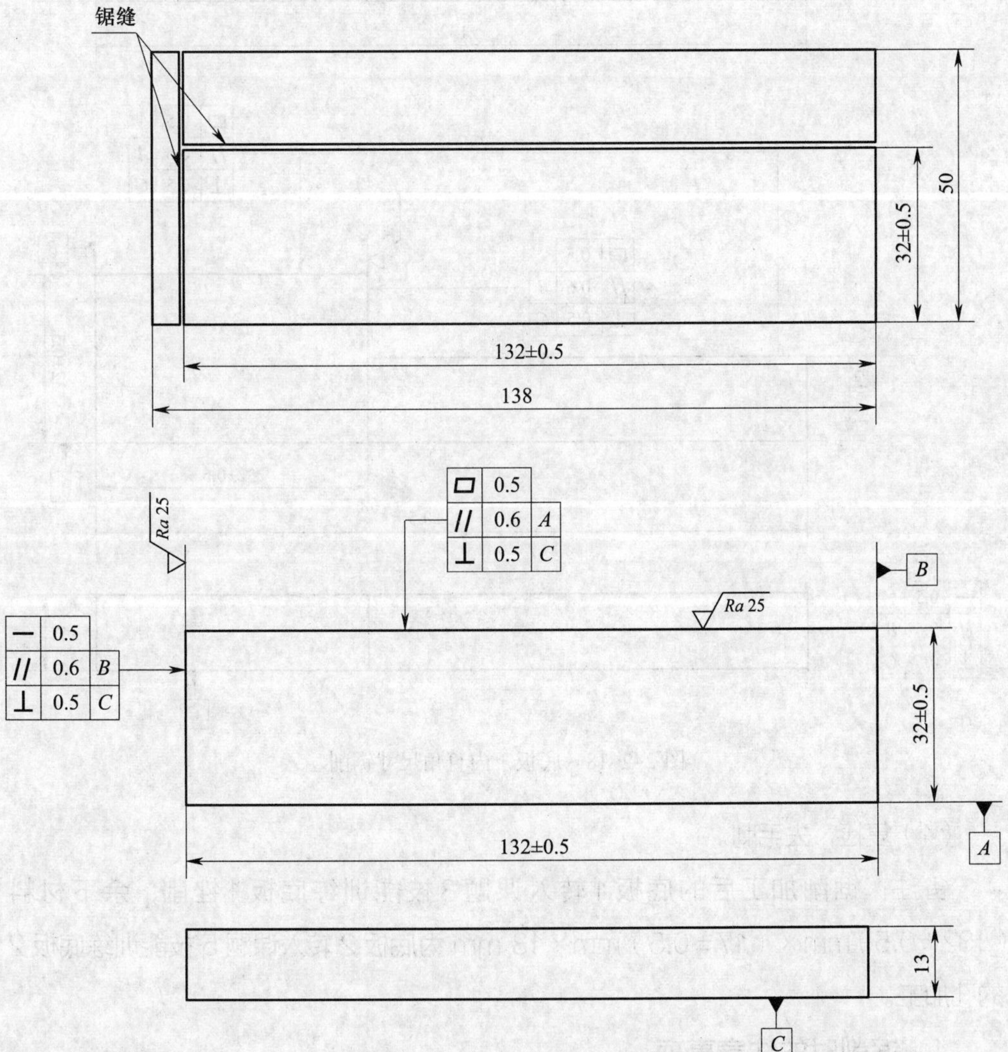

图 2-2-17　底板 1 外轮廓尺寸锯削

（3）划出内直角 17 mm、52 mm 的锯削线，锯削内直角，达到锯削断面的平面度 0.5 mm、垂直度 0.5 mm、平行度 0.6 mm 的精度要求，并保证锯痕整齐，如图 2-2-18 所示。

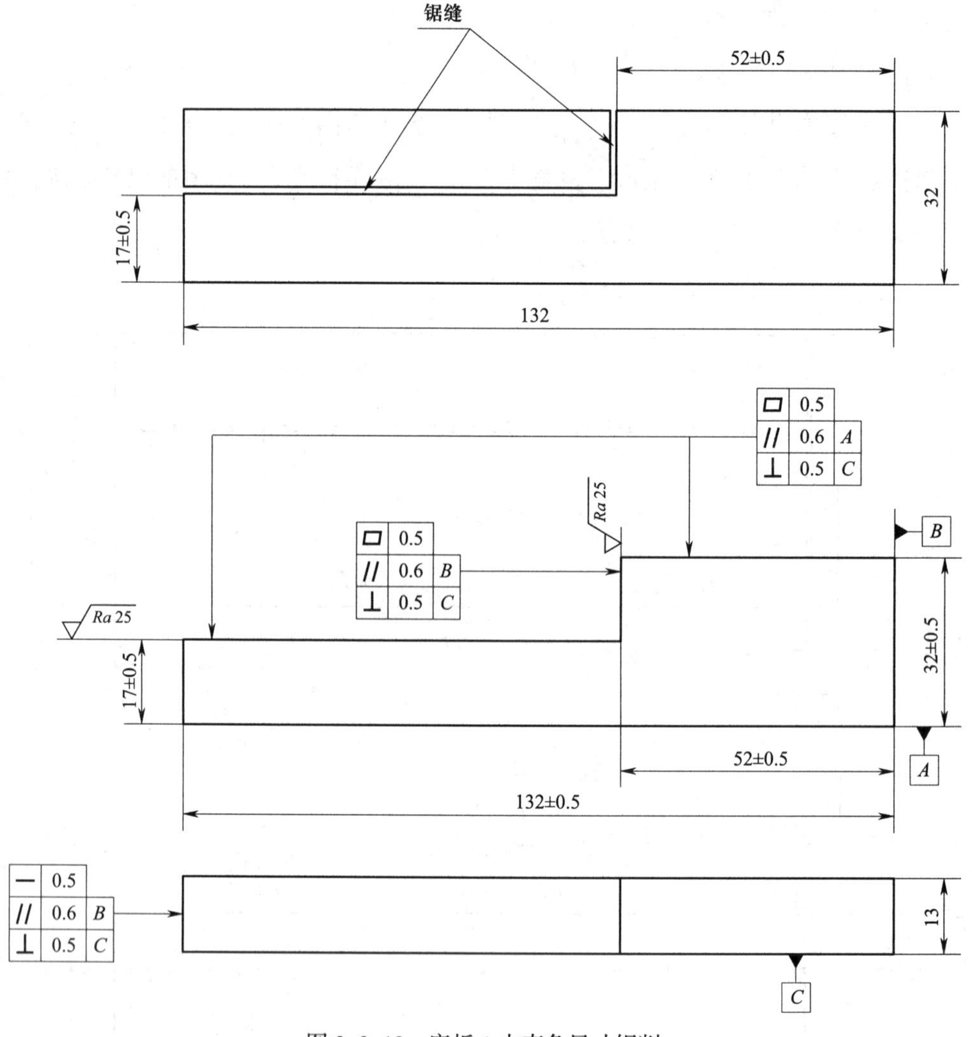

图 2-2-18　底板 1 内直角尺寸锯削

（4）复检，去毛刺。

备注：锯削加工后的底板 1 转入课题 3 技能训练底板 1 锉削；余下材料（132±0.5）mm×（17±0.5）mm×13 mm 为底板 2 转入课题 5 技能训练底板 2 的孔加工。

4. 锯削时的注意事项

（1）锯削时，工件及锯条的安装、起锯方法和起锯角度都要正确，以免造成废品和锯条损坏。

（2）初学锯削，锯削速度不易掌握，往往推出速度过快，造成锯条加剧磨损。同时，也会出现摆动姿势不自然，摆动幅度过大等错误姿势，应及时纠正。

（3）要时刻注意锯缝的平直情况，出现偏移及时进行纠正。

（4）工件将要锯断时应减小压力，防止工件断落时砸伤脚。

（5）锯削时要控制好用力，防止锯条突然折断、失控，使人受伤。

5. 评分标准（见表 2-2-3）

表 2-2-3 评分标准

序号	项目与技术要求		配分	评分标准	检测结果		得分
					学生自检	教师检测	
1	锯削	（132 ± 0.5）mm	10	超差不得分			
2		（32 ± 0.5）mm	10	超差不得分			
3		（17 ± 0.5）mm	10	超差不得分			
4		（52 ± 0.5）mm	10	超差不得分			
5		▱ 0.5（4 处）	8	一处超差扣 2 分			
6		⊥ 0.5 C（4 处）	16	一处超差扣 4 分			
7		// 0.6 A（2 处）	8	一处超差扣 4 分			
8		// 0.6 B（2 处）	8	一处超差扣 4 分			
9		表面粗糙度值 Ra25 μm	10	升高一级不得分			
10	安全文明生产		10	违者不得分			

复习思考题

1. 什么叫锯削?

2. 锯条锯齿的粗细如何表示?

3. 锯条的规格如何表示? 如何合理地选择锯条?

课题 3
零件的锉削

用锉刀对工件表面进行切削加工，使其尺寸、形状和表面粗糙度符合要求的操作方法称为锉削，如图 2-3-1 所示。锉削一般是在錾削、锯削之后对工件进行的精度较高的加工，其加工精度可达 0.01 mm，表面粗糙度值可达 *Ra*0.8 μm。锉削的应用范围较广，可以锉削工件的内外平面、内外曲面、沟槽及各种复杂表面，是零件手工加工中常用的重要操作之一。

图 2-3-1　锉削

一、锉刀

1. 锉刀的结构

锉刀用优质碳素工具钢 T12、T13 或 T12A、T13A 制成，经热处理后硬度可达 62 ~ 72HRC。锉刀由锉身和锉柄两部分组成，各部分名称如图 2-3-2 所示。

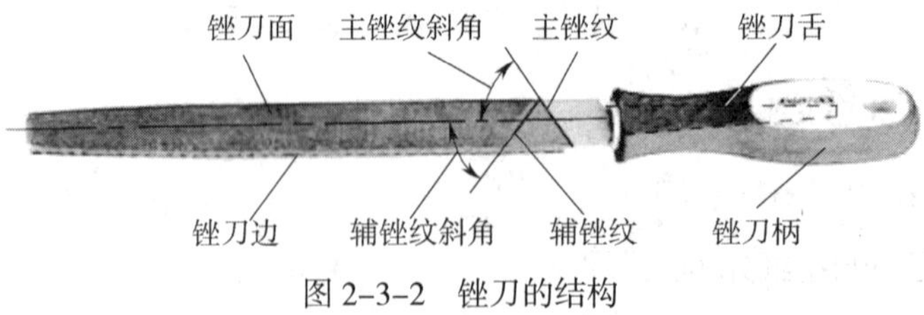

图 2-3-2　锉刀的结构

锉刀面是锉削的主要工作面。锉刀面在前端做成凸弧形，上下两面都制有锉齿，便于进行锉削。

锉刀边是指锉刀的两个侧面，有的没有齿，有的其中一边有齿。没有齿的一边叫光边，它可使锉削内直角的一个面时，不会碰伤另一相邻的面。

锉刀舌是用来装锉刀柄的。锉刀柄是木质的，在安装孔的外部应套有铁箍。

2. 锉齿与锉纹

锉刀面上有无数个锉齿，根据锉齿的排列方式，可分为单齿纹和双齿纹两种，如图 2-3-3 所示。

图 2-3-3　锉刀的齿纹
a）单齿纹　b）双齿纹

单齿纹是指锉刀上只有一个方向的齿纹，如图 2-3-3a 所示。由于全齿宽同时参加切削，需要较大切削力，因此适用于锉削软材料。

双齿纹是指锉刀上有主、辅锉纹交叉排列，如图 2-3-3b 所示。其中主锉纹起主要切削作用，辅锉纹起分屑作用。锉削时，每个齿的锉痕交错而不重叠，锉面比较光滑，切屑是碎断的，锉削比较省力，锉齿强度也高，适用于锉削硬材料。

3. 锉刀的种类

零件手工加工中所用的锉刀按其用途不同，可分为普通钳工锉、异形锉和整形锉三类。

普通钳工锉按其断面形状不同，分为平锉（板锉）、三角锉、方锉、圆锉和半圆锉五种，如图 2-3-4 所示。

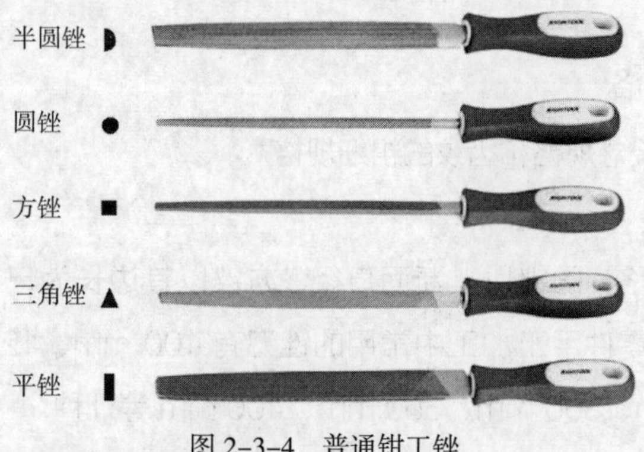

图 2-3-4　普通钳工锉

异形锉是用来锉削工件特殊表面用的，有刀口锉、菱形锉、扁三角锉、椭圆锉、圆肚锉等，如图 2-3-5 所示。

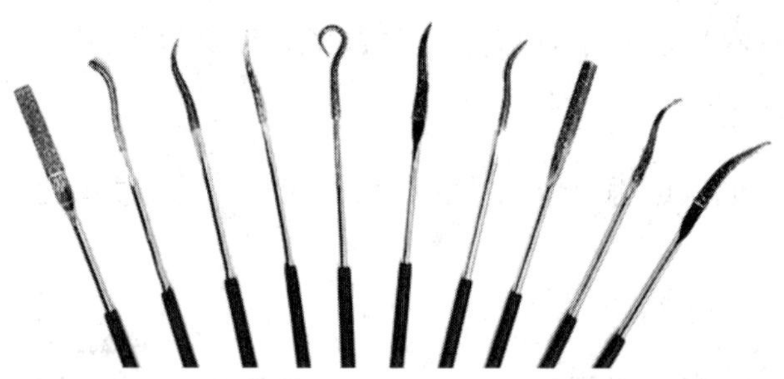

图 2-3-5　异形锉

整形锉又叫什锦锉或组锉，因分组配备各种断面形状的小锉而得名，主要用于修整工件上的细小部分。图 2-3-6 所示为整形锉的各种形状，通常以 5 把、6 把、8 把、10 把或 12 把为一组。

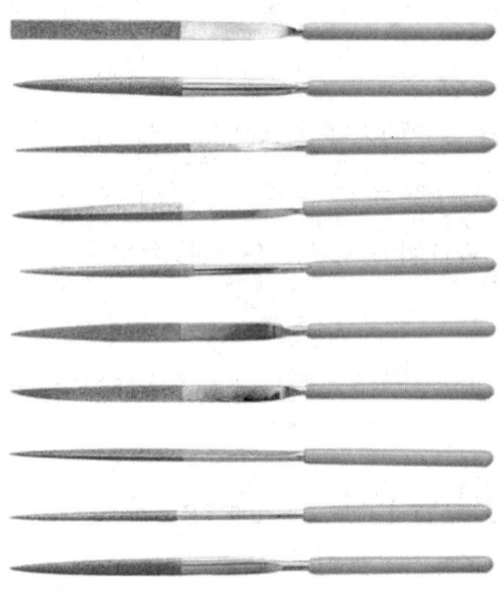

图 2-3-6　整形锉

4. 锉刀的规格

锉刀的规格分尺寸规格和齿纹的粗细规格。

（1）尺寸规格

锉刀的尺寸规格，圆锉以其断面直径、方锉以其边长为尺寸规格，其他锉刀以锉身长度表示。零件手工加工中常用的锉刀有 100 mm、125 mm、150 mm、200 mm、250 mm、300 mm、350 mm、400 mm 等几种。

（2）粗细规格

锉刀的粗细规格以锉刀每 10 mm 轴向长度内的主锉纹条数来表示，共有 1 ~ 5 号。普通锉的锉纹参数见表 2-3-1。

表 2-3-1 普通锉的锉纹参数（摘自 GB/T 5806—2003）

长度规格 / mm	每 10 mm 主锉纹条数					辅锉纹条数	边锉纹条数	主锉纹斜角 λ		辅锉纹斜角 ω		边锉纹斜角 θ
	锉纹号							1 ~ 3 号锉纹	4 ~ 5 号锉纹	1 ~ 3 号锉纹	4 ~ 5 号锉纹	
	1	2	3	4	5							
100	14	20	28	40	56	为主锉纹条数的 75% ~ 95%	为主锉纹条数的 100% ~ 120%	65°	72°	45°	52°	90°
125	12	18	25	36	50							
150	11	16	22	32	45							
200	10	14	20	28	40							
250	9	12	18	25	36							
300	8	11	16	22	32							
350	7	10	14	20	—							
400	6	9	12	—	—							
450	5.5	8	11	—	—							

表中，1 号锉纹为粗齿锉刀；2 号锉纹为中齿锉刀；3 号锉纹为细齿锉刀；4 号锉纹为双细齿锉刀；5 号锉纹为油光锉。

5. 锉刀的选择

锉刀选用是否合理，对工件的加工质量、工作效率和锉刀的使用寿命都有很大的影响。通常应根据工件的表面形状、尺寸精度、材料性质、加工余量以及表面粗糙度等要求来选用。锉刀断面形状及尺寸应与工件被加工表面形状与大小相适应，如图 2-3-7 所示。一般来说粗齿锉刀用于锉削铜、铝等软金属及加工余量大、精度要求低和表面粗糙度要求不高的工件；细齿锉刀用于锉削钢、铸铁以及加工余量小、精度要求高和表面粗糙度要求较高的工件；油光锉则用于最后修光工件表面。

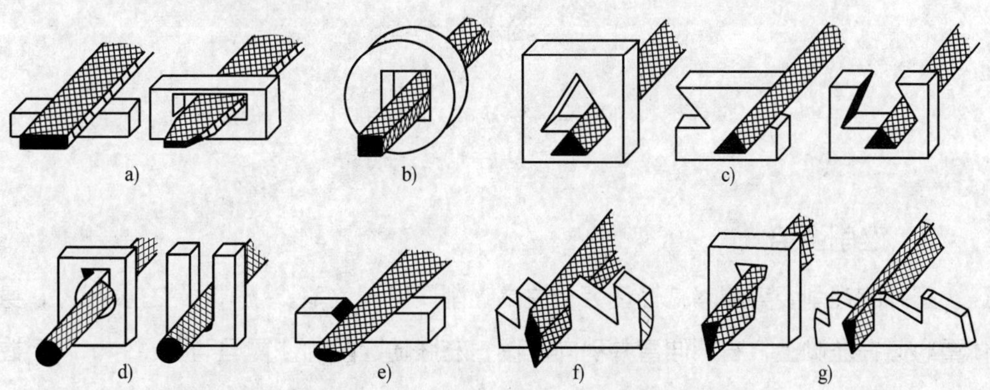

图 2-3-7　不同加工表面使用的锉刀

a）平锉　b）方锉　c）三角锉　d）圆锉　e）半圆锉　f）菱形锉　g）刀口锉

各种粗细规格的锉刀适宜的加工余量和所能达到的加工精度和表面粗糙度值，见表 2-3-2，供选择锉刀粗细规格时参考。

表 2-3-2 锉刀粗细规格的选用

锉刀粗细	适用场合		
	锉削余量 /mm	尺寸精度 /mm	表面粗糙度值 /μm
1 号（粗齿锉刀）	0.5 ~ 1	0.2 ~ 0.5	*Ra*100 ~ 25
2 号（中齿锉刀）	0.2 ~ 0.5	0.05 ~ 0.2	*Ra*25 ~ 6.3
3 号（细齿锉刀）	0.1 ~ 0.3	0.02 ~ 0.05	*Ra*12.5 ~ 3.2
4 号（双细齿锉刀）	0.1 ~ 0.2	0.01 ~ 0.02	*Ra*6.3 ~ 1.6
5 号（油光锉）	0.1 以下	0.01	*Ra*1.6 ~ 0.8

二、锉削操作

1. 锉刀握法

锉刀的握法正确与否，对锉削质量、锉削力量的发挥和人体疲劳程度都有一定的影响。大于 250 mm 的板锉，用右手握紧手柄，柄端顶住掌心，拇指放在柄的上部，其余四指满握手柄。左手用中指、无名指捏住锉刀的前端，拇指根部压在锉刀头上，食指、小手指自然收拢，如图 2-3-8 所示。

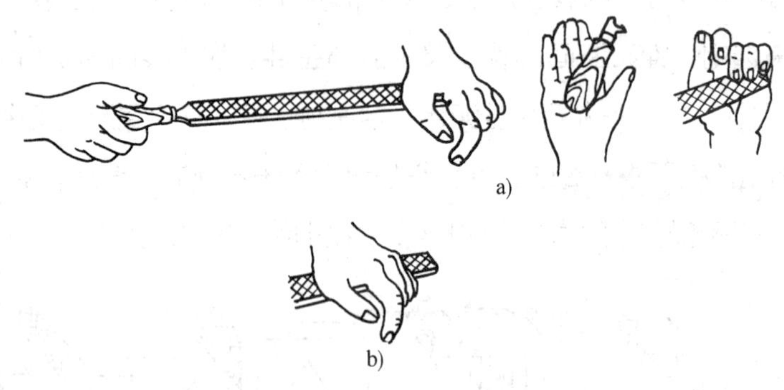

图 2-3-8 较大锉刀的握法

a）锉刀的一般握法 b）左手的握法

2. 锉削姿势

正确的锉削姿势能够减轻疲劳，提高锉削质量和效率。锉削时站立要自然，身体重心落在左脚上，右膝伸直并稍向前倾，左膝随锉削的往复运动而屈伸。两手握住锉刀放在工件上面，左臂弯曲，小臂与工件锉削面的左右方向保持平行，右小臂与工件锉削面的前后方向保持基本平行，如图 2-3-9 所示。

锉削过程中，身体和手臂的运动情况如图 2-3-10 所示。开始时，身体向前倾斜 10° 左右，右肘尽量向后收缩；最初 1/3 行程时，身体前倾到 15° 左右，左膝稍有弯曲；锉至 2/3 时，右肘向前推进锉刀，身体逐渐倾斜到 18° 左右；锉最后 1/3 行程时，右肘继续推进锉刀，身体则随锉削时的反作用力自然地退回到 15° 左右；锉削行程结束后，手和身体都恢复到原来姿势，同时将锉刀略提起退回。当锉刀收回将近结束时，开始第二次锉削。

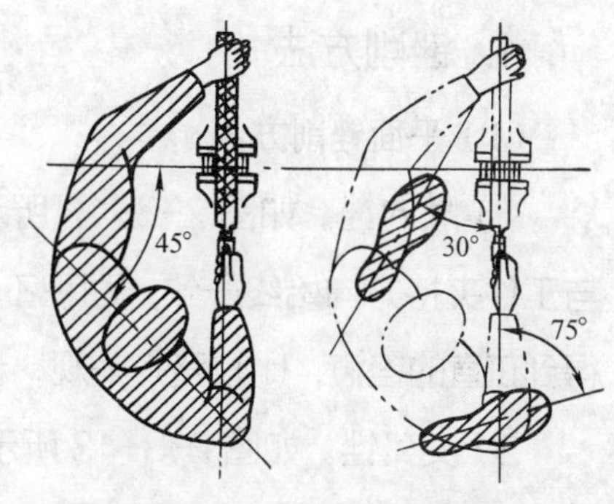

图 2-3-9　锉削站立姿势

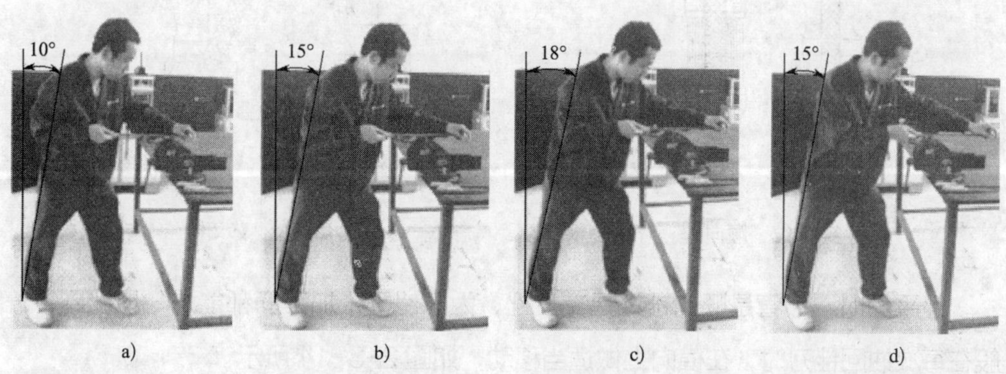

图 2-3-10　锉削动作

3. 锉削力和锉削速度

（1）锉削力

要锉出平直的平面，必须使锉刀保持平直的锉削运动。为此，锉削时应以工件作为支点，掌握两端力的平衡，即右手的压力要随锉刀推动而逐渐增加，左手的压力要随锉刀推动而逐渐减小，如图 2-3-11 所示。回程时不加压力，以减少锉齿的磨损。

（2）锉削速度

一般控制在 40 次 /min 以内，推出时稍慢，回程时稍快，动作协调自如。

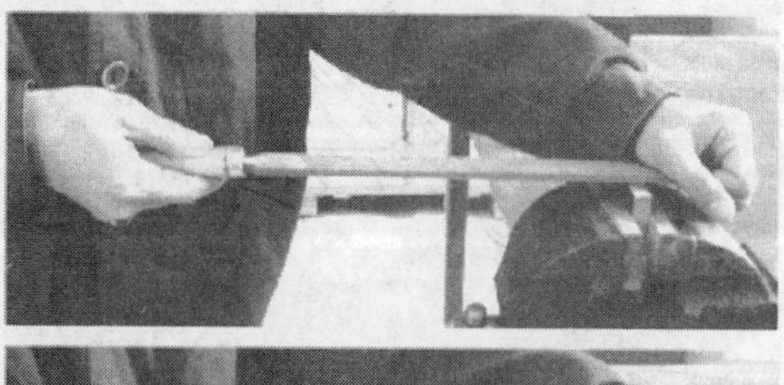

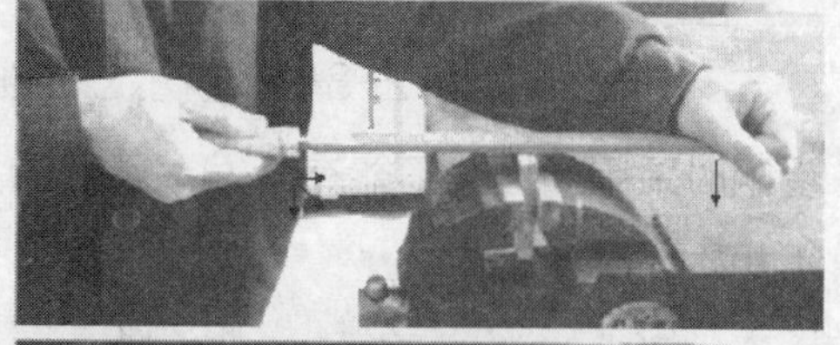

图 2-3-11　锉削平面时两手的用力

4. 锉削方法

（1）平面锉削方法

1）顺向锉。如图 2-3-12 所示，顺向锉是最普通的锉削方法。锉刀运动方向与工件夹持方向始终一致，面积不大的平面和最后锉光都采用这种方法。顺向锉可得到正直的锉痕，比较整齐美观，精锉时常采用。

2）交叉锉。如图 2-3-13 所示，锉刀运动方向与工件夹持方向约呈 35°，且锉痕交叉。交叉锉时锉刀与工件接触面增大，锉刀容易掌握平稳。交叉锉一般适用于粗锉。

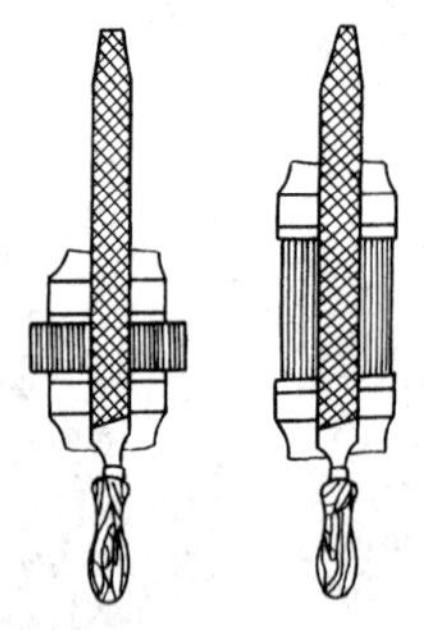

图 2-3-12　顺向锉

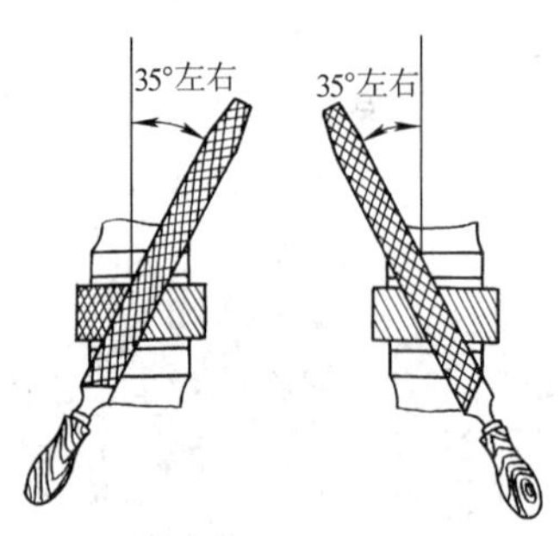

图 2-3-13　交叉锉

锉平面时，不管是顺向锉还是交叉锉，为了使整个加工面都能均匀地锉到，一般在每次抽回锉刀时，在横向上做适当移动，如图 2-3-14 所示。

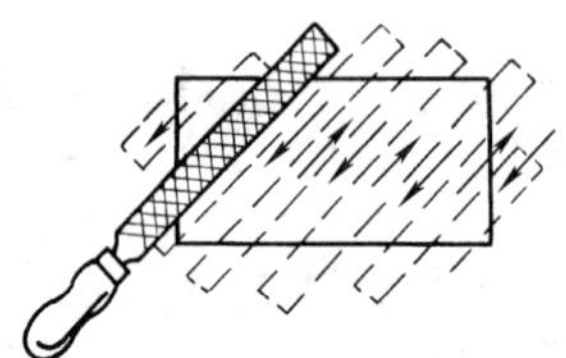
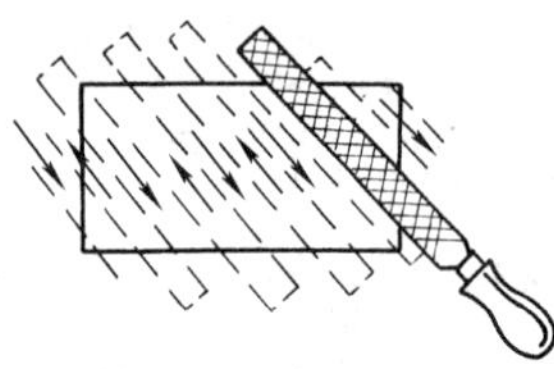

图 2-3-14　锉刀作横向移动

3）推锉。如图 2-3-15 所示，推锉一般用来锉削狭长平面或使用顺向锉法锉刀受阻时采用。推锉不能充分发挥手臂的力量，故锉削效率低，只适用于加工余量较小和修整尺寸的场合。

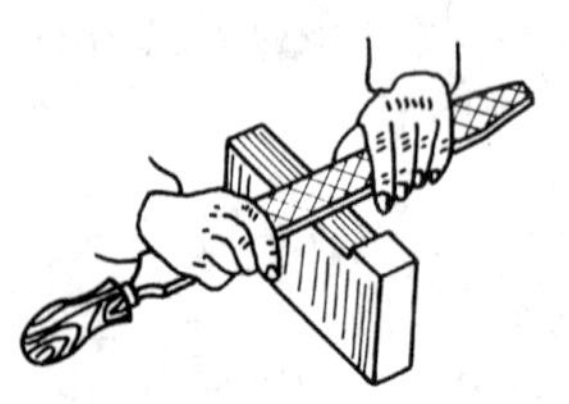

图 2-3-15　推锉

（2）曲面锉削方法

1）外圆弧面锉削

①顺着圆弧锉削，如图 2-3-16a 所示。锉刀做前进运动的同时绕工件的圆弧中心做上下摆动，右手下压的同时左手上提。这种方法效率不高，只适用于精锉外圆弧面。

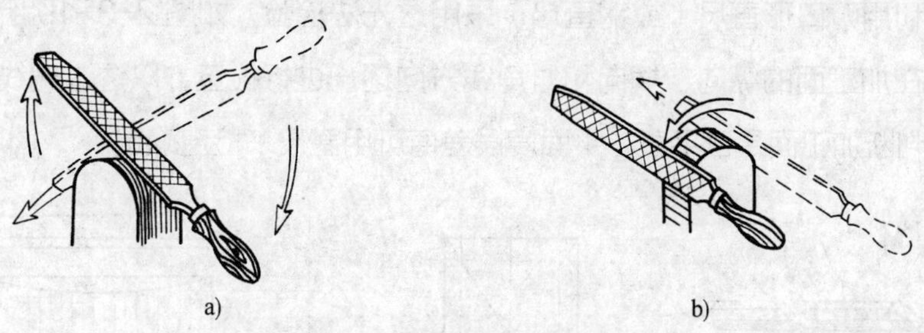

图 2-3-16 外圆弧面锉削

a）顺着圆弧面锉削 b）对着圆弧面锉削

②对着圆弧面锉削，如图 2-3-16b 所示。锉刀做直线推进的同时绕圆弧面中心做圆弧摆动，待圆弧面接近尺寸时再用顺着圆弧面锉削的方法精锉成形，这种方法适用于圆弧面的粗加工。

2）内圆弧面锉削。采用圆锉、半圆锉。锉削时锉刀要同时完成三个运动：前进运动、顺圆弧面向左或向右移动、绕锉刀中心线转动。只有三个运动协调完成，才能锉好内圆弧面，如图 2-3-17 所示。

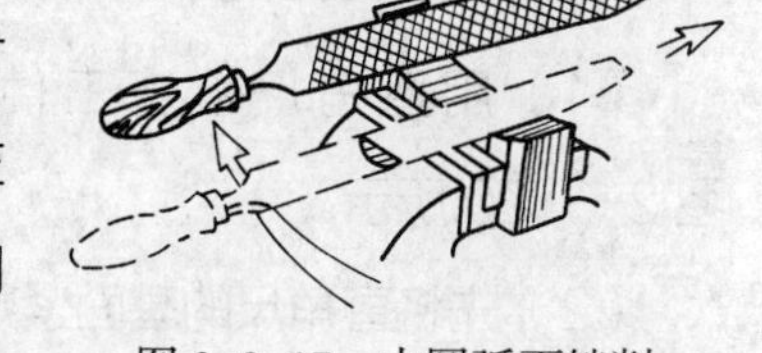

图 2-3-17 内圆弧面锉削

3）球面锉削。球面锉削是外圆弧面锉削方法中的顺向锉与横向锉的有机结合，锉削时要同时完成三个运动，即锉刀的前进、转动和摆动，如图 2-3-18 所示。

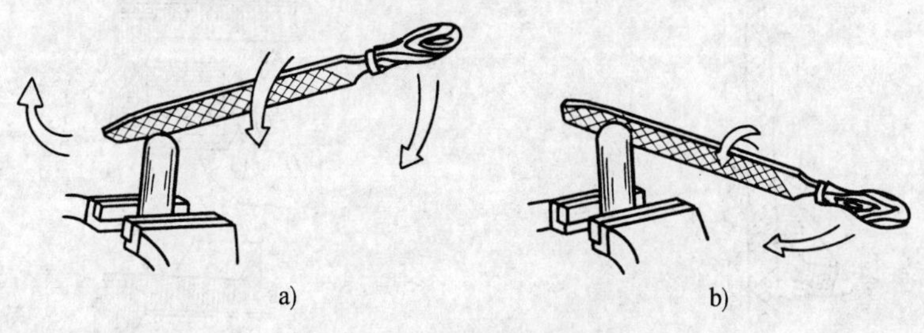

图 2-3-18 球面锉削

a）顺向锉削圆弧面 b）横向锉削圆弧面

5. 锉削的操作要点

（1）锉削时要保持正确的操作姿势和锉削速度。锉削速度一般为 40 次 /min 左右。

（2）锉削时两手用力要平衡，回程时不要施加压力，以减少锉齿的磨损。

三、锉削质量检测

1. 平面度检测

通常利用刀口形直尺（或钢直尺）采用透光法检验，如图 2-3-19 所示。用刀口形直尺在加工面的纵向、横向和对角线方向逐一进行检查，以透过光线的均匀度及强弱来判断加工面是否平直。平面度误差值可用塞尺来检查确定。

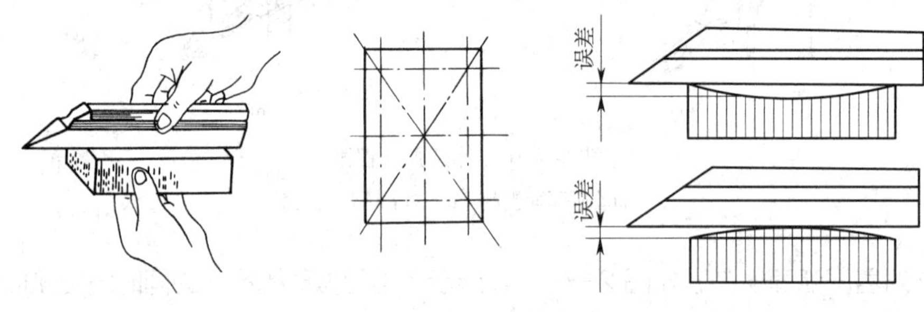

图 2-3-19　平面度检测

2. 垂直度检测

（1）用直角尺检查工件垂直度前，应先用锉刀将工件的锐边倒钝，如图 2-3-20 所示。

（2）先将直角尺的基面紧贴工件的测量基准面，然后逐步轻轻地向下移动，使直角尺的测量面与工件的被测表面接触，如图 2-3-21a 所示。眼睛平视观察透光情况，以此来判断工件被测面与基准面是否垂直。检查时，角尺不可斜放，如图 2-3-21b 所示。

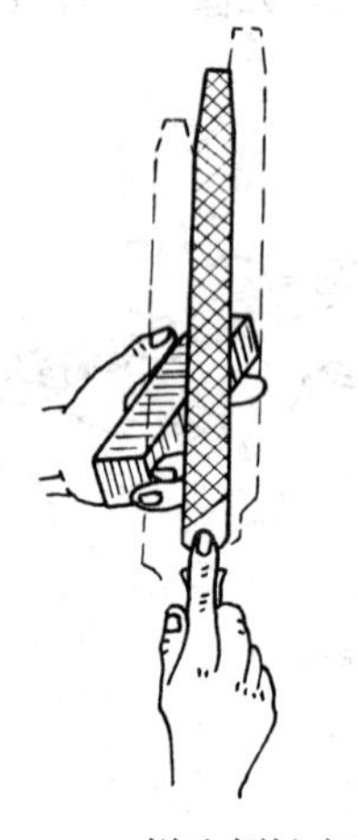

图 2-3-20　锐边倒钝方法

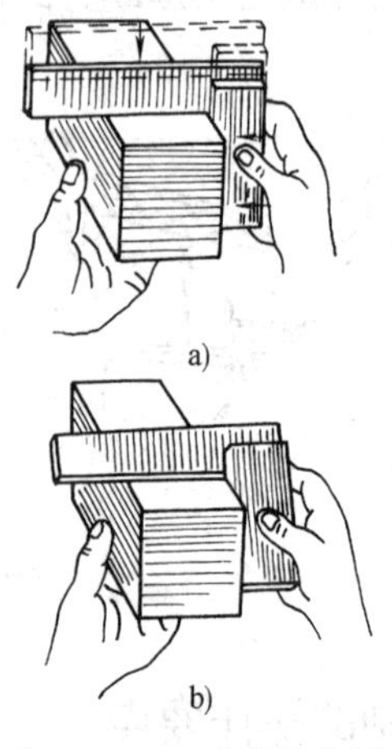

图 2-3-21　垂直度检测

a）正确　b）不正确

（3）在同一平面上改变不同的检查位置时，角尺不可在工件表面上拖动，以免磨损角尺而影响直角尺本身的精度。

3. 表面粗糙度检测

一般用眼睛观察即可，也可用表面粗糙度比较样板进行对照检测。表面粗糙度要求较高时，可以用表面粗糙度仪检测。

四、技能训练

底板 1 的锉削

1. 训练内容

完成如图 2-3-22 所示底板 1 的锉削加工。

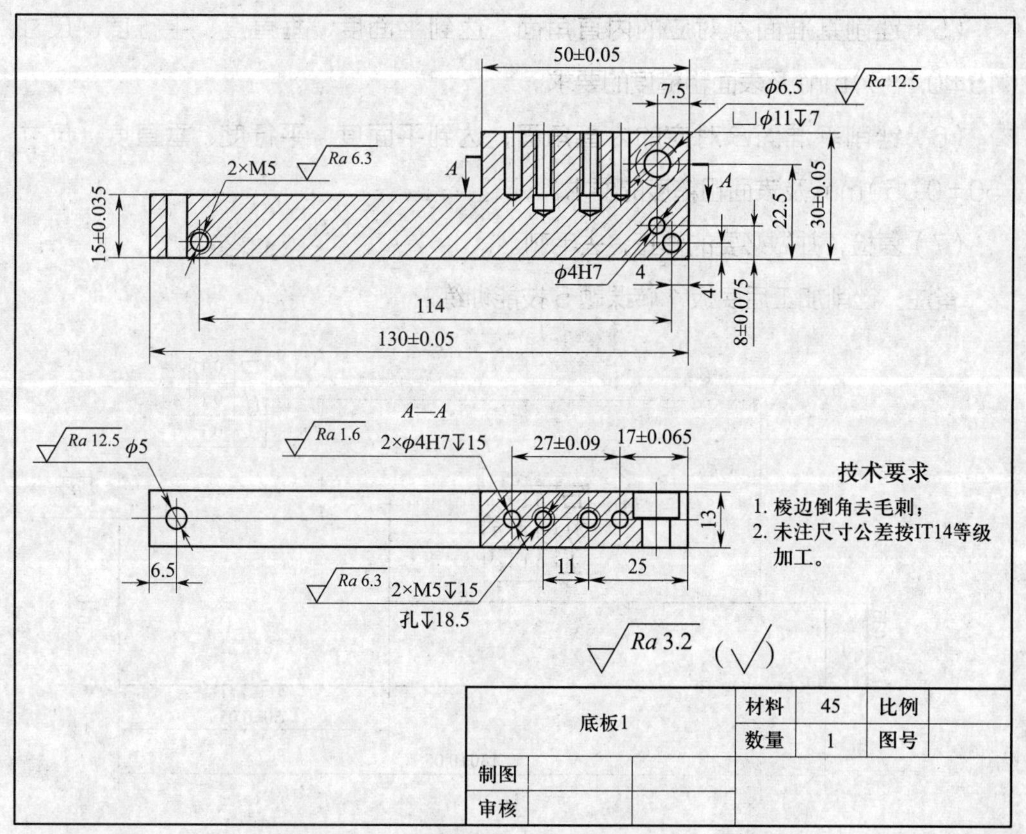

底板1		材料	45	比例	
		数量	1	图号	
制图					
审核					

图 2-3-22　底板 1

2. 训练准备

（1）工具、量具：划针、样冲、平锉、软钳口、锉刀刷、高度游标卡尺、0 ~

25 mm 千分尺、25 ~ 50 mm 千分尺、50 ~ 75 mm 千分尺、125 ~ 150 mm 千分尺、游标卡尺、直角尺、刀口形直尺。

（2）材料及规格：由课题 2 锯削转来，45 钢，132 mm × 32 mm × 13 mm。

3. 操作步骤

（1）锉削基准面 *A*，达到平面度、表面粗糙度的要求，如图 2-3-23 所示。

（2）锉削基准面 *A* 对应的外轮廓面，达到平面度、平行度、垂直度、尺寸（30 ± 0.05）mm 及表面粗糙度的要求。

（3）锉削基准面 *B* 并与 *A* 面垂直，达到平面度、垂直度、表面粗糙度的要求，如图 2-3-23 所示。

（4）锉削基准面 *B* 对应的外轮廓面，达到平行度、平面度、垂直度、尺寸（130 ± 0.05）mm 及表面粗糙度的要求。

（5）锉削基准面 *A* 对应的内直角面，达到平面度、垂直度、平行度、尺寸（15 ± 0.035）mm 及表面粗糙度的要求。

（6）锉削基准面 *B* 对应的内直角面，达到平面度、平行度、垂直度、尺寸（50 ± 0.05）mm 及表面粗糙度的要求。

（7）复检，并做必要的修正，去毛刺。

备注：锉削加工后底板 1 转课题 5 技能训练。

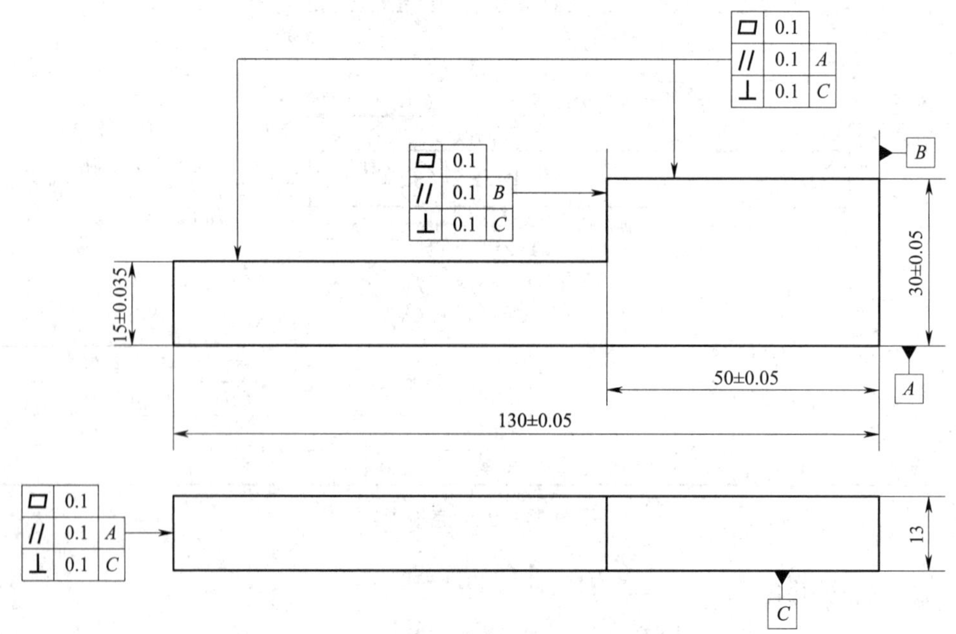

图 2-3-23　底板 1

4. 锉削注意事项

（1）基准面作为加工控制其余各面的尺寸、位置精度的基准，必须在达到规定的平面度要求后，才能加工其他面。

（2）用千分尺测量平面间的尺寸，应在工件四角和中间共测五点，读取工件测量尺寸，了解工件平面的平整情况，以便加工时控制尺寸，防止尺寸超差。

（3）锉刀是右手工具，应放在台虎钳的右面，放在钳台上时锉刀柄不可露出钳桌外面，以免掉落地上砸伤脚或损坏锉刀。

（4）没有装柄的锉刀、锉刀柄已裂开或没有锉刀柄箍的锉刀不可使用。

（5）锉削时锉刀柄不能撞击到工件，以免锉刀柄脱落造成事故。

（6）不能用嘴吹锉屑，也不能用手摸锉削表面。

（7）锉刀不可作撬棒或手锤用。

5. 评分标准（见表 2-3-3）

表 2-3-3　评分标准

序号	项目与技术要求		配分	评分标准	检测结果		得分
					学生自检	教师检测	
1	锉削	（30 ± 0.05）mm	10	超差不得分			
2		（130 ± 0.05）mm	10	超差不得分			
3		（15 ± 0.035）mm	10	超差不得分			
4		（50 ± 0.05）mm	10	超差不得分			
5		▱ 0.1（4 处）	12	一处超差扣 3 分			
6		⊥ 0.1 C（4 处）	16	一处超差扣 3 分			
7		// 0.1 A（2 处）	8	一处超差扣 4 分			
8		// 0.1 B（2 处）	8	一处超差扣 4 分			
9		表面粗糙度值 $Ra3.2\ \mu m$	6	升高一级不得分			
10	安全文明生产		10	违者不得分			

复习思考题

1. 什么叫锉削？锉刀一般由什么材料制成？锉刀的纹路有哪两种形式？

2. 锉刀的种类有哪些？

3. 锉刀的规格有哪两种？如何表示？

课题 4
综合训练（一）

一、止动座加工

1. 训练内容

完成如图 2-4-1 所示止动座的锉削加工。

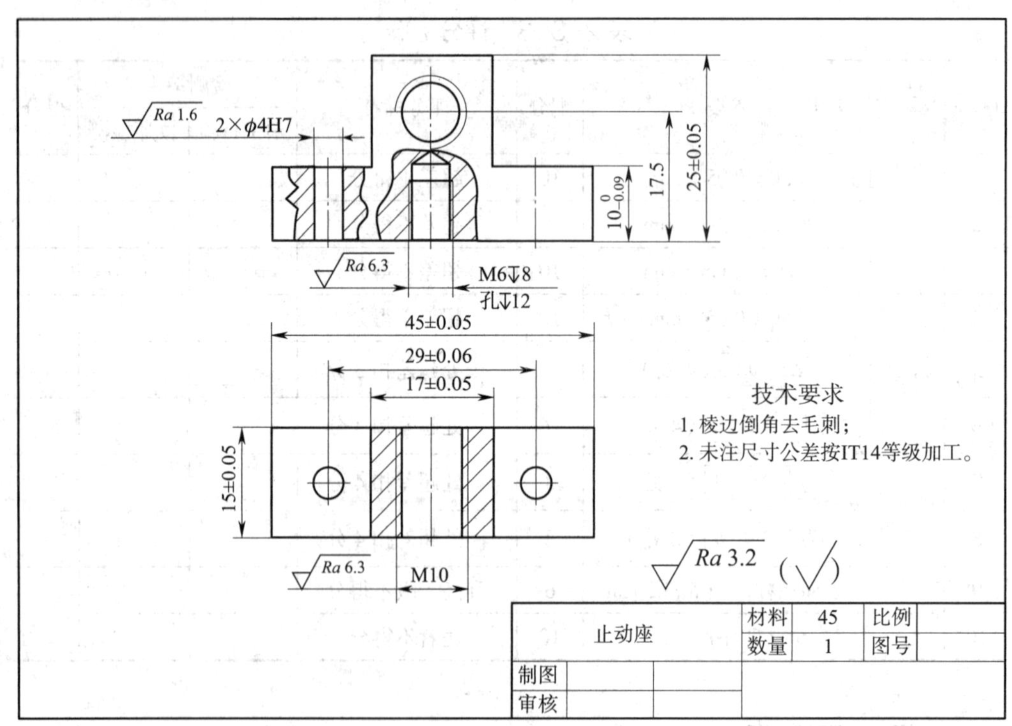

图 2-4-1 止动座

2. 训练准备

（1）工具、量具：锯弓、锯条、平锉、三角锉、软钳口、钢直尺、高度游标卡尺、游标卡尺、千分尺、刀口形直尺、90°刀口角尺。

（2）材料及规格：45 钢，46 mm × 26 mm × 16 mm。

3. 操作步骤

（1）检查来料尺寸是否符合图样要求。

（2）粗、精加工基准面 *C*，达到平面度 0.05 mm 的要求。加工面 1 达到尺寸（15 ± 0.05）mm 的要求，如图 2-4-2 所示。

（3）加工两基准面 *A*、*B*，达到面 *A* 和面 *B* 相互垂直，同时与基准面 *C* 垂直，达到精度要求后，以 *A*、*B* 两面为划线基准，按图样要求划出所需加工线。

（4）锯削左边直角，如图 2-4-3 所示，保证锯削面与基准面 *A* 的尺寸为（33 ± 0.5）mm，达到平面度 0.4 mm 的要求，同时锉削面留有 0.8 ~ 1.2 mm 的加工余量。

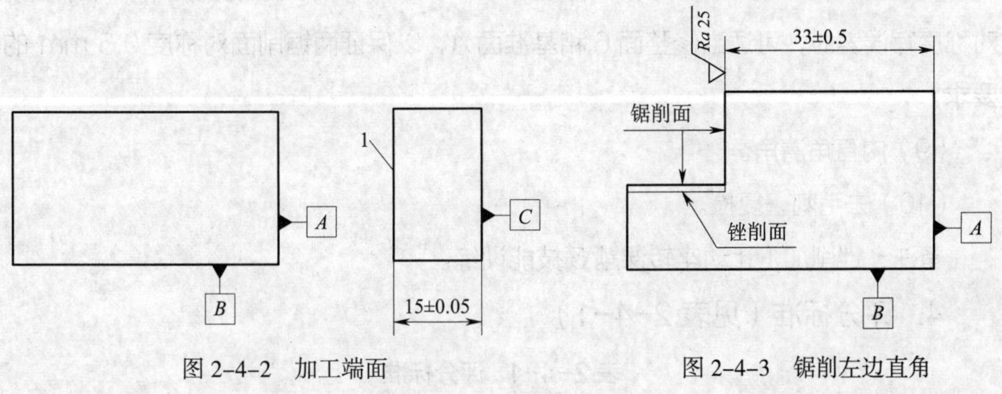

图 2-4-2　加工端面　　　　图 2-4-3　锯削左边直角

（5）以同样方法锯削右边直角，保证锯削尺寸（19 ± 0.4）mm、平面度 0.4 mm 的要求，如图 2-4-4 所示。

（6）粗、精锉削加工面 3 和面 4，达到 $10_{-0.09}^{\ 0}$ mm 的尺寸公差、平面度 0.05 mm 及与基准面 *B* 的平行度为 0.08 mm 的要求，如图 2-4-5 所示。

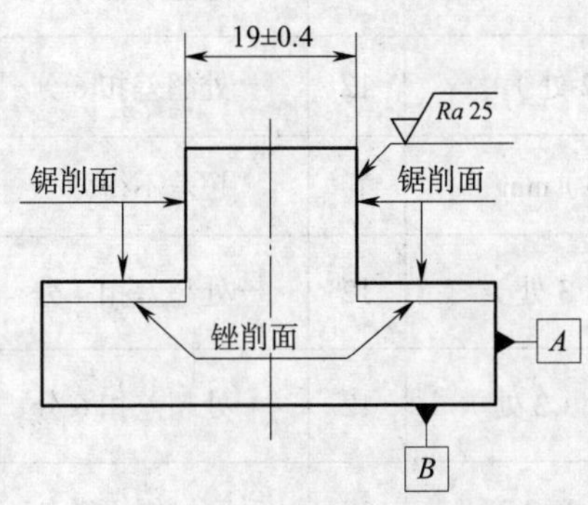

图 2-4-4　锯削右边直角

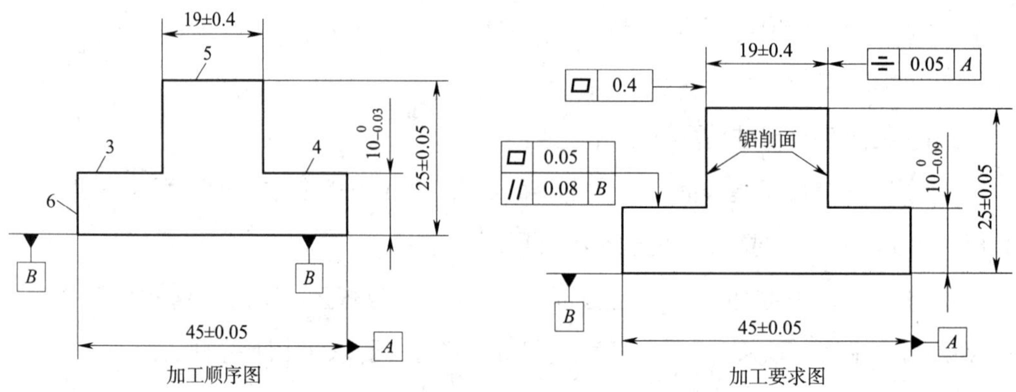

图 2-4-5 锉削

（7）粗、精加工面 5，达到（25±0.05）mm 尺寸的要求。

（8）粗、精锉削加工面 6，在保证（45±0.05）mm 尺寸的前提下，如果锯削对称度有误差时，可适当修整面 6 和基准面 *A*，以保证两锯削面对称度 0.5 mm 的要求。

（9）内直角清角。

（10）去毛刺，复检。

备注：锉削加工止动座转课题 5 技能训练。

4. 评分标准（见表 2-4-1）

表 2-4-1 评分标准

序号	项目与技术要求		配分	评分标准	检测结果		得分
					学生自检	教师检测	
1	锉削	（25 ± 0.05）mm	6	超差不得分			
2		（45 ± 0.05）mm	6	超差不得分			
3		$10^{0}_{-0.09}$（2 处）	12	一处超差扣 6 分			
4		（15 ± 0.05）mm	6	超差不得分			
5		▱ 0.05（3 处）	12	一处超差扣 4 分			
6		// 0.08 B（2 处）	12	一处超差扣 6 分			
7		表面粗糙度值 *Ra*3.2 μm	10	升高一级不得分			

续表

序号	项目与技术要求		配分	评分标准	检测结果		得分
					学生自检	教师检测	
8	锯削	（19 ± 0.4）mm	4	超差不得分			
9		⏥ 0.4（2 处）	12	一处超差扣 6 分			
10		⌯ 0.5 A	5	超差不得分			
11		表面粗糙度值 *Ra*25 μm	5	升高一级不得分			
12	安全文明生产		10	违者不得分			

二、调节螺栓 V 形槽的锉削加工

1. 训练内容

完成如图 2-4-6 所示调节螺栓 V 形槽的锉削加工。

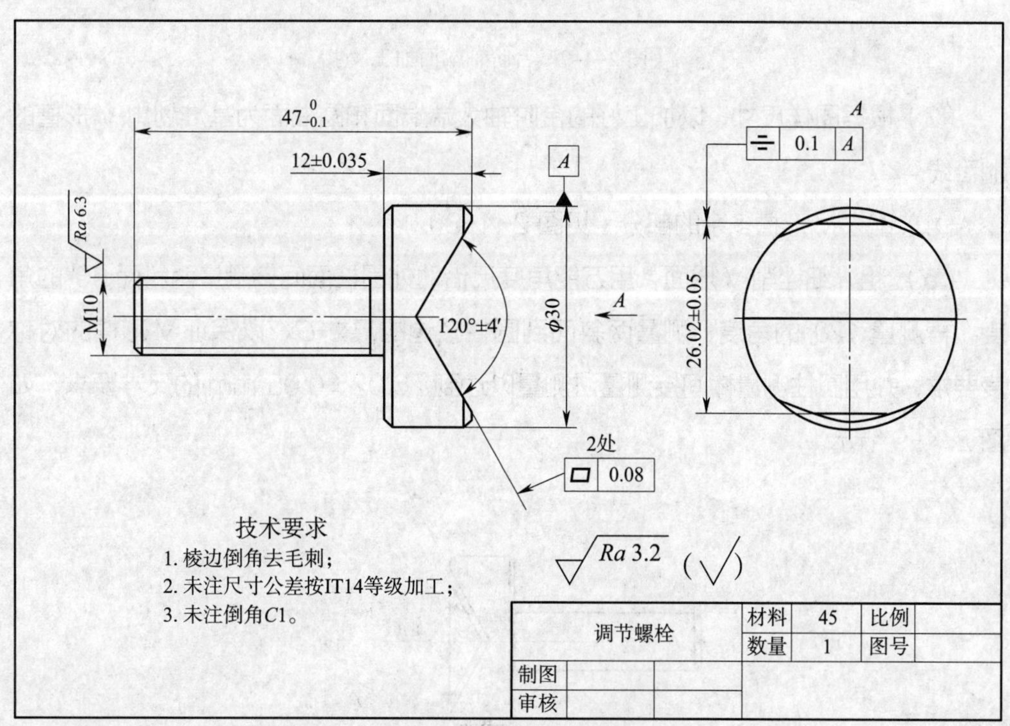

图 2-4-6　调节螺栓的加工

2. 训练准备

（1）工具、量具：划针、样冲、锯弓、锯条、平锉、三角锉、软钳口、高度游标卡尺、游标卡尺、刀口形直尺、直角尺、万能角度尺、圆柱测量棒。

（2）材料及规格：45 钢台阶轴，大端 ϕ30 mm、小端 ϕ10 mm、长度为 48 mm。

3. 操作步骤

（1）检查来料尺寸，各边缘修整去毛刺。

（2）精加工台阶轴大端 ϕ30 mm 的端面，检查平面度达 0.08 mm、保证 12 ± 0.035 mm 的尺寸。再以 ϕ30 mm 端面为基准加工台阶轴的长度尺寸至 $47_{-0.1}^{0}$ mm，并保证平面度 0.08 mm 的要求（见图 2-4-7）。

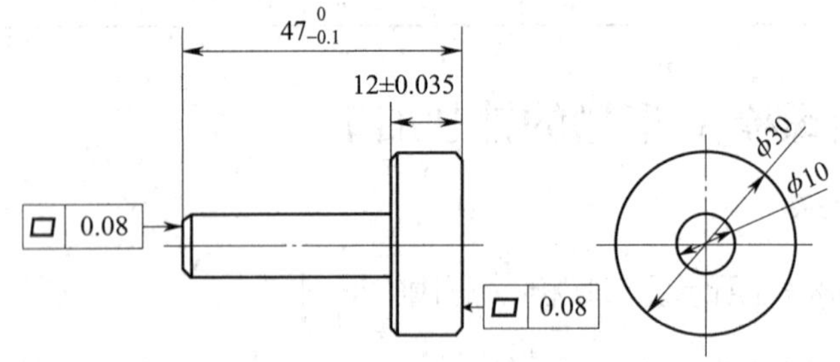

图 2-4-7　台阶轴端面加工

（3）根据图样尺寸，以加工好的台阶轴大端端面和圆柱面为基准划出 V 形槽的加工线。

（4）锯去 V 形槽多余的部分（见图 2-4-8）。

（5）粗、细锉削 V 形面，用万能角度尺借助外圆柱面间接测量两斜面 60°的角度，再测量 120°的角度，测量两斜面到圆柱棱边的尺寸 C，以保证 V 形槽的对称度要求，并用圆柱测量棒间接测量法测量以达到 26.02 ± 0.05 mm 的尺寸要求，如图 2-4-9 所示。

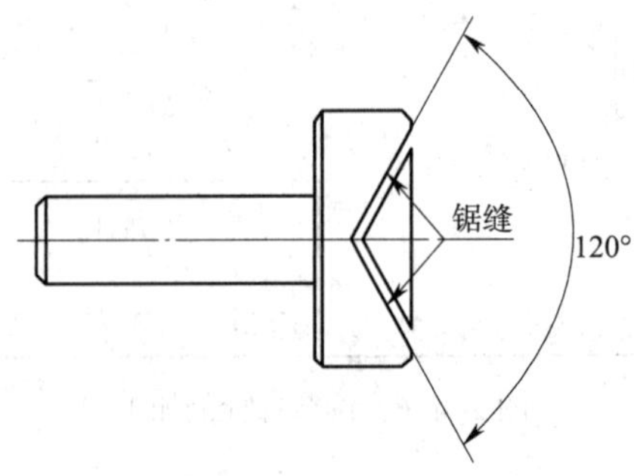

图 2-4-8　锯削 V 形槽

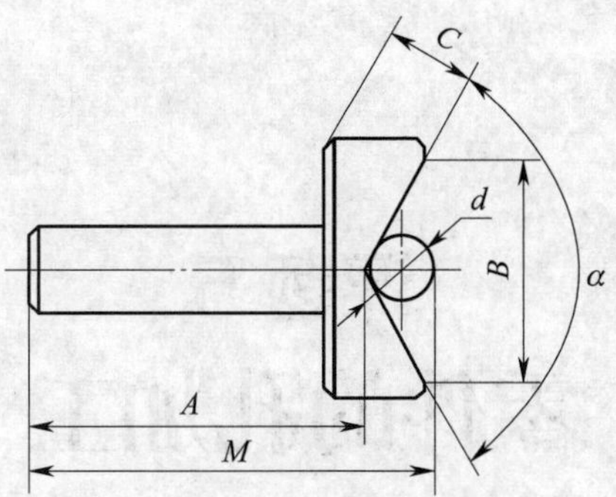

图 2-4-9 用圆柱测量棒间接测量

测量尺寸 M 与 V 形尺寸及圆柱测量棒直径 d 之间的关系如下：

$$A=47-\frac{B}{2}\cot\frac{\alpha}{2}$$

$$M=A+\frac{d}{2}/\sin\frac{\alpha}{2}+\frac{d}{2}$$

式中 M——间接工艺控制尺寸，mm；

B——图样技术要求尺寸，mm；

d——圆柱测量棒直径，mm；

α——V 形面的角度值，°。

（6）复检，倒棱，去毛刺。

备注：调节螺栓件转课题 6 螺纹加工技能训练。

4. 评分标准（见表 2-4-2）

表 2-4-2 评分标准

序号	项目与技术要求		配分	评分标准	检测结果		得分
					学生自检	教师检测	
1	锉削	（12 ± 0.035）mm	20	超差不得分			
2		$47^{0}_{-0.1}$ mm	20	超差不得分			
3		（26.02 ± 0.05）mm	20	超差不得分			
4		120° ± 4′	10	超差不得分			
5		⌯ 0.1 A	10	超差不得分			
6		表面粗糙度值 Ra3.2 μm	10	每处超差扣 2 分			
7	安全文明生产		10	违者不得分			

课题 5
零件的孔加工

一、钻床

钻床是零件手工加工中常用的孔加工机床。在钻床上可完成钻孔、扩孔、锪孔、铰孔和攻螺纹等多项操作，如图 2-5-1 所示。常用的钻床有台式钻床、立式钻床和摇臂钻床等。

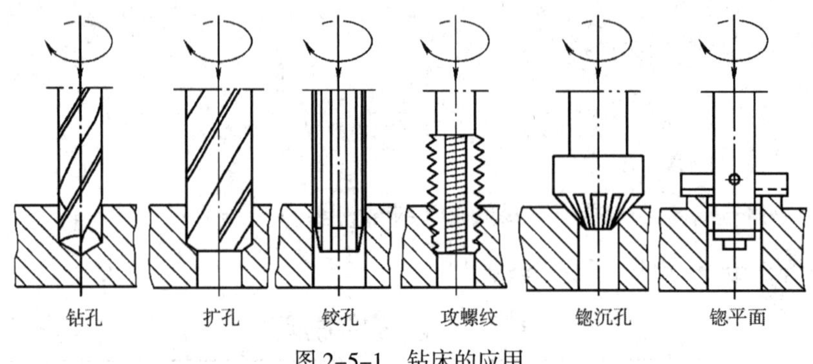

图 2-5-1　钻床的应用

1. Z4112 台式钻床

台式钻床简称台钻，是一种小型钻床，适用于在小型工件上钻、扩直径为 12 mm 以下的孔。台钻结构简单，操作方便、灵活，易于维修，应用较为广泛。图 2-5-2 所示为常用的 Z4112 型台钻。

（1）Z4112 型钻床技术参数

最大钻孔直径	ϕ12 mm
立柱直径	ϕ70 mm
主轴最大行程	100 mm
主轴中心线至立柱表面距离	193 mm

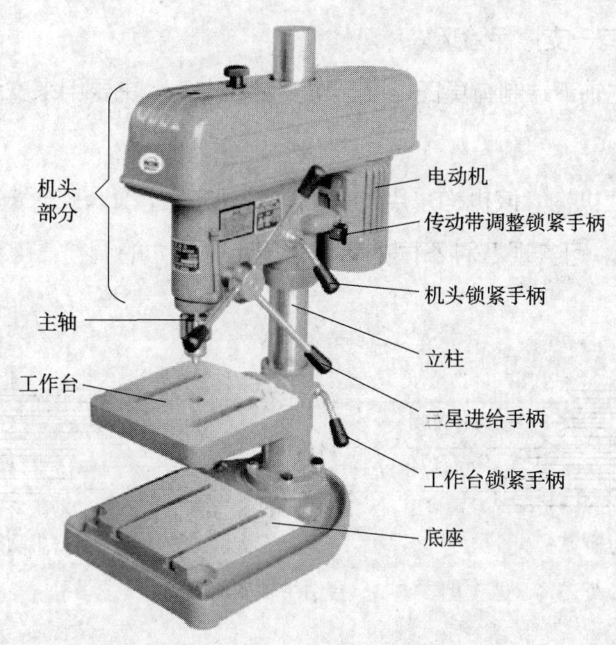

图 2-5-2　Z4112 型台钻

主轴端至工作台最大距离	332 mm
主轴端至底座最大距离	565 mm
主轴锥度	莫氏 B16
主轴转速范围	480 ~ 4 100 r/min
主轴转速级数	5 级
电动机功率	0.37 kW
工作台面尺寸	256 × 256 mm
底座工作台面尺寸	528 × 360 mm
总高	1 037 mm

（2）Z4112 型钻床的结构

如图 2-5-2 所示，Z4112 型台钻主要由底座、立柱、工作台、机头、主轴、电动机、主轴变速机构、进给机构以及电气控制部分等组成。

1）底座（下工作台）。中间有两条 T 形槽，用来固定工件或夹具。

2）立柱。立柱截面为圆形，用来支承工作台和机头。

3）工作台。工作台主要用来安放被加工工件，它可沿立柱上下移动，并能绕立柱转动到任意位置，同时工作台自身还可左右倾斜 45°。

4）机头。机头安装在立柱上，它可沿立柱上下调整所需高度，并能绕立柱转动。在机头下面有一支撑保险环。

5）主轴。主轴下端制有莫氏锥度，可安装钻夹头，主要用来安装孔加工刀具及传递扭矩。

6）主轴变速机构。该机构采用的是塔轮变速方法，如图 2-5-3 所示。通过改变 V 形带的位置，可实现 5 种不同的转速。皮带张紧力的调整靠电动机前后移动来完成。

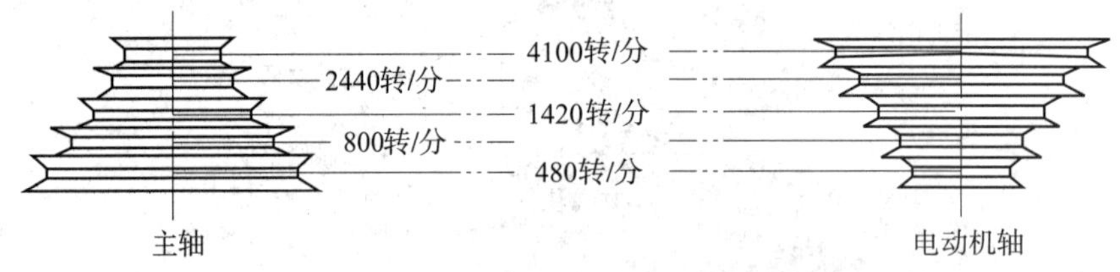

图 2-5-3　台钻主轴变速机构

7）进给机构。台钻通常只有手动进给。如图 2-5-4 所示，三星进给手柄带动齿轮轴转动，再由齿轮轴带动与其啮合的主轴套筒产生移动。在主轴套筒下端的侧面装有进给标尺。在齿轮轴的另一端装有弹簧，使主轴自动抬起复位。

8）电气控制部分。在机头的侧面装有控制开关，可使主轴正转或停车。

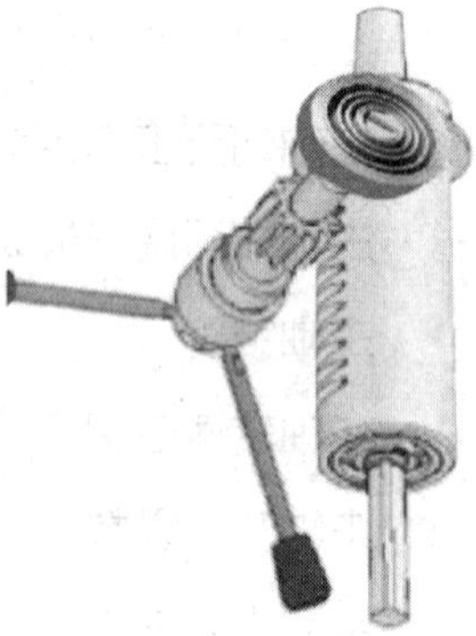

图 2-5-4　台钻进给机构

（3）Z4112 型台钻的传动系统

主运动：电动机→主动带轮→V 带→从动带轮→主轴，实现主轴的旋转运动。

进给运动：进给手柄→同轴齿轮→主轴套筒→主轴，实现主轴的轴向进给运动。

（4）台式钻床使用时注意事项

1）操作前必须穿好工作服，扎好袖口，严禁戴手套，女生发辫应挽在帽子内。

2）对设备各部件进行检查后方可使用。

3）钻小件时，应用专用工具夹持，不准用手拿着或按着钻孔。

4）钻孔时应按照逐渐增压和减压的原则进行，以免用力过猛造成事故。

5）调整钻床速度、行程、装夹工具和工件时，必须在停车状态下操作。

6）钻头上绕有长屑时，要停车清除，禁止用口吹、手拉，应使用刷子或铁钩清除。

7）凡两人或两人以上在同一台机床工作时，必须有一人负责安全，统一指挥，防止发生事故。

8）工作完成后，关闭钻床电源，擦净钻床，清扫工作场地。

2. Z525B 立式钻床

立式钻床简称立钻，是一种中型钻床，其结构较为复杂，可实现自动进给，具有变速方便、性能全等特点，并配备了冷却系统，使用范围广。它适用于在单件、小批量生产中对中、小型工件进行孔加工。图 2-5-5 所示为 Z525B 型立钻。

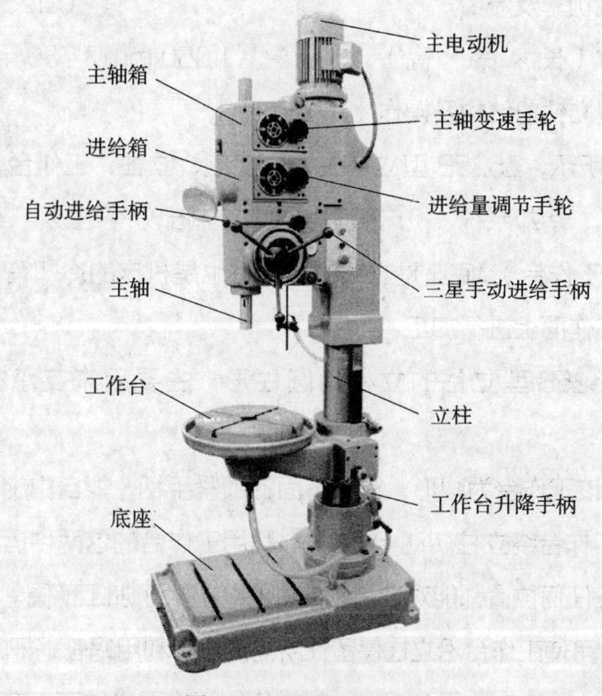

图 2-5-5 Z525B 型立钻

（1）Z525B 型钻床技术参数

最大钻孔直径	ϕ25 mm
主轴锥孔	莫氏 3 号
主轴最大行程	200 mm
主轴中心线至立柱表面距离	315 mm
主轴端面至工作台最大距离	415 mm
主轴端面至底座最大距离	965 mm
主轴转速范围	85 ~ 1 500 r/min
主轴转速级数	6 级

主轴进给量范围	0.13 ~ 0.52 mm/r
主轴进给量级数	4 级
工作台移动行程	385 mm
工作台尺寸	ϕ400 mm
底座工作面尺寸	440 mm×500 mm
主电动机功率	1.5 kW
冷却泵电动机功率及流量	0.125 kW、22 L/min
机床外形尺寸（长 × 宽 × 高）	1 050 mm×730 mm×2 300 mm

（2）Z525B 型立钻的结构及操作

如图 2-5-5 所示，Z525B 型立钻主要由底座、立柱、工作台、主轴、主轴变速机构、进给机构、冷却系统、机床照明和电气控制部分等组成。

1）底座（下工作台）。底座是立钻的基础，也是机床的冷却箱，较大型工件还可直接放在底座工作面上进行加工。

2）立柱。Z525B 型立钻的立柱为圆柱形，主要用来支承机床的所有零、部件。

3）工作台。该工作台为圆形，松开下面的锁紧手柄，能自由旋转。松开后面的锁紧手柄，可使工作台绕立柱转动 ±180°。利用工作台的这两种运动，能使固定在工作台上的工件在任何位置都能对准主轴的中心，扩大了加工范围。同时，通过转动工作台升降手柄，可使工作台沿立柱停留在所需高度（利用蜗轮蜗杆的自锁功能）。

4）主轴。主轴是钻床的重要部件，对其旋转精度要求较高。在主轴的下端有内锥孔，以便于安装刀具或辅具。

5）主轴变速机构。转动主轴变速手轮可以使主轴方便地获得 6 种不同的转速。但变速前必须停车，以免损坏传动链中的零件。

6）进给机构。该立钻可实现手动和自动进给。采用自动进给时，首先将进给量调节手轮转到所需的进给量挡位，再将端盖拉出，压下自动进给手柄，即可实现自动进给，如图 2-5-6 所示。若需要控制钻孔深度，可调节安装在刻度盘上的撞块位置，当撞块随刻度盘转动并碰到自动进给手柄座后，使自动进给手柄抬起，自动进给停止。转动三星手动进给手柄还可以随时增大进给量或终止自动进给。

7）冷却系统。冷却液由安装在底座上的冷却泵直接供给，冷却液可循环使用。

8）照明。照明采用 24 V 安全电压。

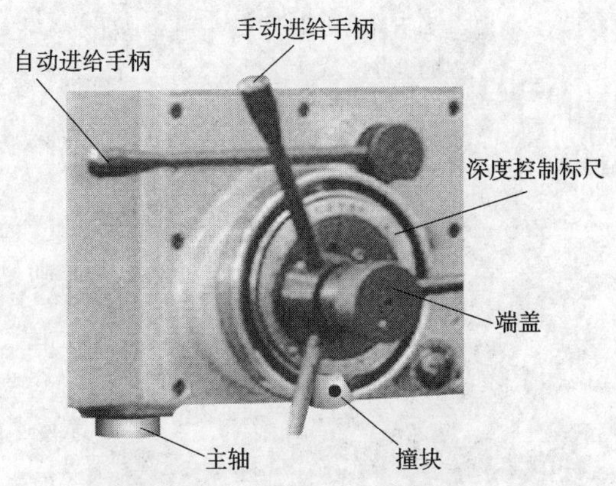

图 2-5-6　Z525B 型立钻进给机构

9）电气控制部分。该立钻有正转、反转和停止按钮，主轴的正、反转是靠改变电动机的转向来实现的。冷却泵由转换开关单独控制。

（3）立式钻床操作注意事项

1）立钻使用前必须先空转试车，在机床各机构都正常工作时，方可操作。

2）开机前应检查钻夹头钥匙或斜铁是否插在主轴上，确认无误方可开机操作。

3）变换主轴转速或机动进给量时，必须在停车后进行调整。

4）严禁在主轴旋转情况下检测工件。

5）调整工作台位置后，必须将工作台锁紧。

6）工作完成后须将手柄置于非工作位置，工作台降至最低位置，并切断电源。

3. 摇臂钻床

摇臂钻床简称摇臂钻，它是零件手工加工常用的一种较大型的钻削加工设备，内部结构复杂。目前，该类钻床大部分将机械、液压和电气控制融为一体，其自动化程度较高。适用于在中、大型零件上进行钻孔、扩孔、铰孔、锪平面及攻螺纹等操作，在有工艺装备的条件下，还可以进行镗孔，用途广泛。图 2-5-7 所示为 Z3050×16（Ⅰ）型摇臂钻床。

（1）Z3050×16（Ⅰ）型摇臂钻的特点

1）使用范围广，通用化程度较高。

2）采用液压预选变速机构，可节省辅助时间。

3）主轴正转、停车（制动）、变速、空挡等动作，用一个手柄控制，操纵轻便。

4）主轴箱、摇臂、内外柱采用液压驱动的菱形块夹紧机构，夹紧可靠。

5）有完善、可靠的安全保护装置。

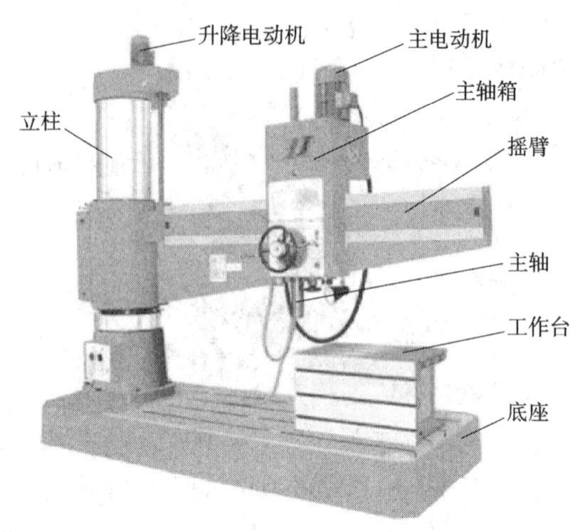

图 2-5-7　Z3050×16（Ⅰ）型摇臂钻床

（2）Z3050×16（Ⅰ）型摇臂钻的技术参数

最大钻孔直径	ϕ50 mm
主轴锥孔	莫氏 5 号
主轴最大行程	315 mm
主轴中心线至立柱母线距离	最大 1 600 mm；最小 350 mm
主轴端面至底座工作面距离	最大 1 220 mm；最小 320 mm
主轴箱水平移动距离	1 250 mm
摇臂升降距离	580 mm
摇臂升降速度	1.2 m/min
摇臂回转角度	±180°
主轴转速范围	25 ~ 2 000 r/min
主轴转速级数	16 级
主轴进给量范围	0.04 ~ 3.2 mm/r
主轴进给量	16 级
刻度盘每转钻孔深度	122 mm
立柱外径	350 mm
主轴允许最大扭矩	500 N · m
主轴允许最大进给抗力	18 kN
主电动机功率	4 kW
摇臂升降电动机功率	1.5 kW

液压夹紧电动机功率　　0.75 kW
冷却泵电动机功率　　0.125 kW
机床轮廓尺寸（长 × 宽 × 高）　2500 mm×1040 mm×2 840 mm
机床质量　　3 600 kg

图 2-5-8　Z3050 × 16（Ⅰ）型摇臂钻操纵系统

（3）Z3050 × 16（Ⅰ）型摇臂钻的操作方法

Z3050 × 16（Ⅰ）型摇臂钻的操纵系统主要集中在主轴箱的前面和下面，其位置如图 2-5-8 所示。

1）主轴的启动。按下主电动机按钮，指示灯亮时，主电动机启动。将主轴操纵手柄转至正转（向前）或反转（向后）位置上，主轴即顺时针或逆时针方向转动，中间位置为停止，如图 2-5-9a 所示。

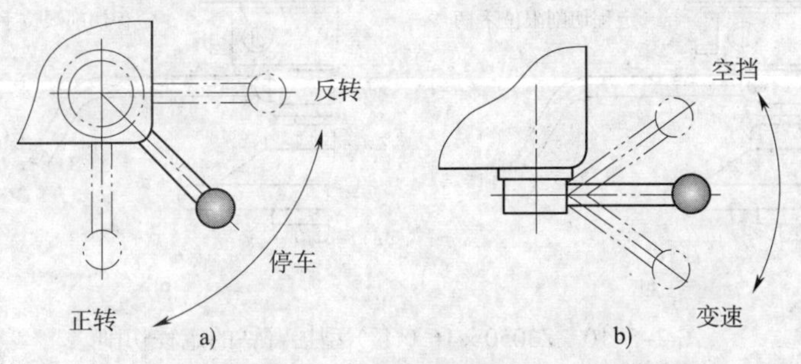

图 2-5-9　Z3050 × 16（Ⅰ）型摇臂钻的主轴操纵手柄
a）主轴转向　b）空挡与变速

2）主轴的空挡。如图 2-5-9b 所示，将主轴操纵手柄向上抬起，即可用手轻便转动主轴，如再启动主轴，须先将主轴操纵手柄压至变速位置（离合器接通），再将主轴操纵手柄转至正转或反转位置上。

3）主轴转速及进给量的变换。转动预选变速或进给手轮，调整到所需的转速及进给量，然后将主轴操纵手柄压至变速位置，即可实现转速或进给量的变换。在主轴运转过程中，也可以进行转速或进给量预选。本机床有三级高转速及三级大进给量，为保证机械和操作者的安全，特设有互锁装置，不能同时选用。

4）主轴的进给。该摇臂钻可以实现机动进给、手动进给、微动进给以及定程切削。

①机动进给。将机动进给手柄压下，然后将主轴操纵手柄转至所需位置，再将手动进给手柄向外拉出，机动进给即被接通。

②手动进给。在正常位置时转动手动进给手柄，即可实现手动进给。

③微动进给。将机动进给手柄向上抬起，再将手动进给手柄向外拉出，转动微进给手轮，即可实现微动进给。

④定程切削。将定程切削限位手柄拉出，转动刻度盘微调旋钮至图 2-5-10a 所示位置，使刻度盘上的蜗轮蜗杆脱开啮合，可转动刻度盘至所需钻孔深度值与箱体上的副尺“0”线大致对齐，再转动刻度盘微调旋钮至图 2-5-10b 所示位置（180°），此时刻度盘上的蜗轮蜗杆已经啮合，进行微调，直至与“0”线准确对齐。并用另一端的锁紧旋钮将刻度盘微调旋钮顶紧，推进定程切削限位手柄，接通机动进给。当钻孔深度达到所需值时，机动进给手柄自动抬起，断开机动进给，完成定程切削。

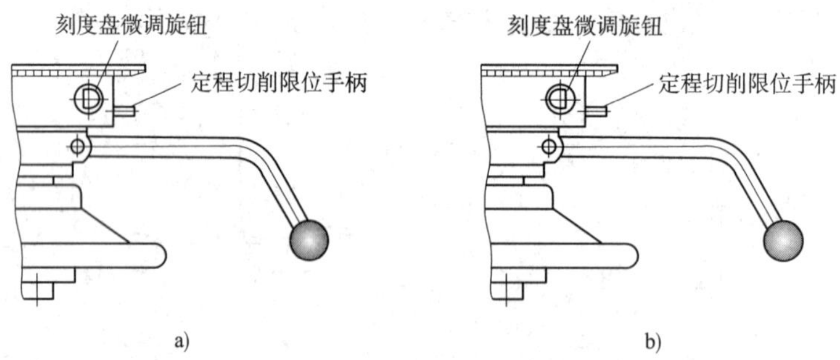

图 2-5-10　Z3050×16（Ⅰ）型摇臂钻的定程切削

a）操纵位置（一）　b）操纵位置（二）

⑤主轴箱和立柱的锁紧与松开。主轴箱和立柱的锁紧或松开，既可同时进行，又可单独进行，通过转动锁紧旋钮至所需位置，然后按压锁紧按钮或松开按钮即可。

⑥摇臂升降。摇臂升降分别由升、降按钮控制。

⑦主轴箱沿摇臂导轨移动。直接转动主轴箱移动手轮，即可将主轴箱移动到所需位置。

（4）摇臂钻床使用注意事项

1）主轴机动进给时，手动进给手柄同时会旋转，请操作者注意与此手柄保持距离。

2）在锁紧状态下，可直接按压升、降按钮。机床能自动完成松开一升降一再锁紧。

3）摇臂和主轴箱位置调整结束后，都必须锁紧，以防止钻孔时产生摇晃而发生事故。

4）在摇臂回转范围内，不得有障碍物。机床运转过程中，禁止其他人员进入工作区域。

二、钻床附具

1. 钻夹头

钻夹头是与钻具相连，用来夹持柄类工具的附具，是钻床的主要附具之一。钻夹头安装在钻床主轴端部，用三个可同心移动的卡爪夹紧钻头或其他工具，其规格用最大夹持直径来表示。钻夹头从结构上分主要有扳手式和手紧式两大类，如图 2-5-11 所示。由于扳手钻夹头具有结构简单、零部件易加工、价格便宜、性能可靠等优点，所以其用途较广。

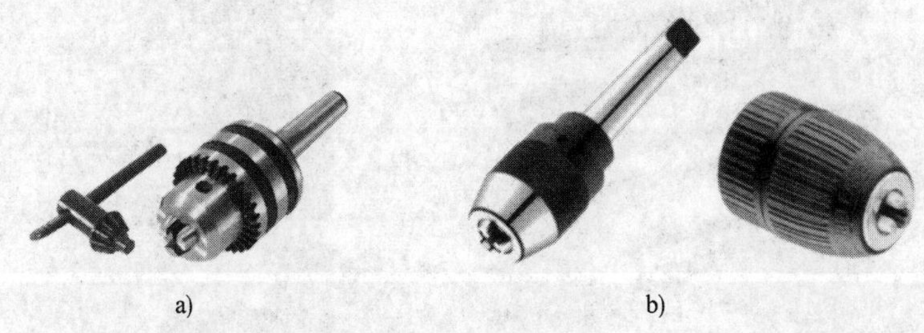

a)　　b)

图 2-5-11　钻夹头

a）扳手式　b）手紧式

扳手钻夹头按其用途可分为轻型、中型和重型。连接形式有螺纹连接和锥孔连接两种，螺纹连接的钻夹头主要用在手电钻上，锥孔连接的主要用在各类钻床上。在钻床上常采用锥孔连接的重型扳手钻夹头，可以承受高速切削（如 J2113H-B16 型钻夹头），主要用来装夹 13 mm 以内的直柄钻头，其结构如图 2-5-12 所示。

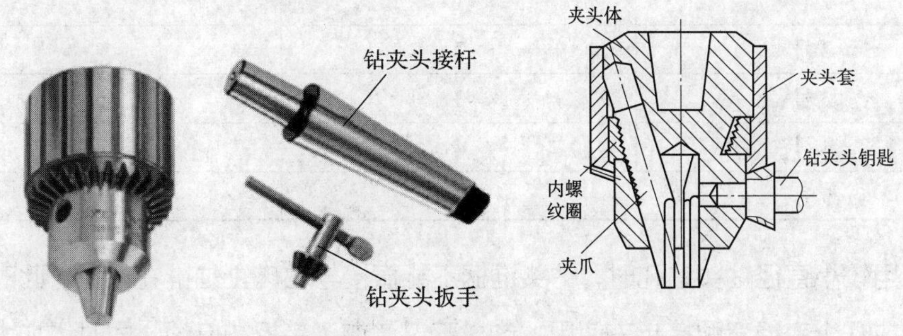

图 2-5-12　重型扳手钻夹头

夹头体的上端有一锥孔，用于连接钻夹头接杆或台钻主轴。钻夹头中的三个夹爪用来夹紧钻头的直柄，当带有小圆锥齿轮的扳手（钻钥匙）带动夹头套上的大圆锥齿轮转动时，与夹头套紧配的内螺纹圈也同时旋转。此内螺纹圈与三个夹爪上的外螺纹相配，于是三个夹爪便伸出或缩进，钻头直柄被夹紧或放松。

2. 变径套

变径套是内外锥面具有不同锥度号的锥套（又称钻头套或钻套），其外锥体与钻床主轴锥孔连接，内锥孔与刀具或其他附件连接。变径套主要用来装夹直径为13 mm 以上的锥柄钻头，由于它采用的是莫氏锥度，其锥度较小，利用摩擦原理，可以传递一定的扭矩，且配合定位精度高，拆卸方便，如图 2-5-13a 所示。

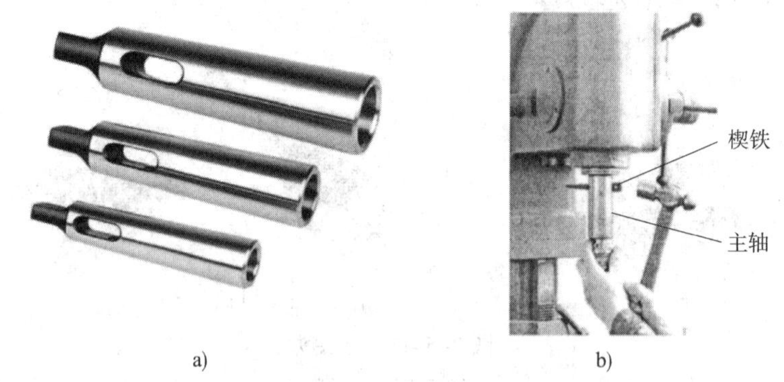

图 2-5-13　钻头变径套及拆卸方法

a）变径套　b）拆卸方法

标准钻头变径套共有五种，使用时应根据钻头锥柄莫氏锥度的号数和钻床主轴锥孔选用相应的变径套，见表 2-5-1。

表 2-5-1　钻头套标号与内外锥度

钻头套标号	内锥孔（莫氏锥度）	外圆锥（莫氏锥度）
1 号	1	2
2 号	2	3
3 号	3	4
4 号	4	5
5 号	5	6

当用较小直径钻头钻孔时，钻头锥柄不能直接与钻床主轴锥孔相配，此时需要将一个或几个变径套配接起来使用。这样不仅增加了装拆的麻烦，同时也加大了钻床主轴与钻头的同轴度误差值。为此可采用非标钻头变径套，即外圆锥与钻床主轴锥孔一致，内锥孔与钻头锥柄一致。如在 Z3050×16（Ⅰ）型摇臂钻上使用的“内3/ 外 5”非标钻头变径套等。

图 2-5-13b 所示为用楔铁将钻头从钻床主轴锥孔中拆下的方法。拆卸时楔铁带圆弧的一边要放在上面，否则会把钻床主轴（或变径套）上的长圆孔挤坏，同时要用手握住钻头或在钻头与钻床工作台之间垫上木板，以防钻头跌落而损坏钻头或工作台。

3. 快换钻夹头

在钻床上加工同一工件时，往往需要调换直径不同的钻头或其他孔加工刀具。如用普通的钻夹头或变径套来装夹刀具，需多次停车换刀，既不方便，又浪费时间，而且容易损坏刀具和变径套，甚至影响到钻床的精度。这时可采用如图 2-5-14 所示的快换钻夹头。

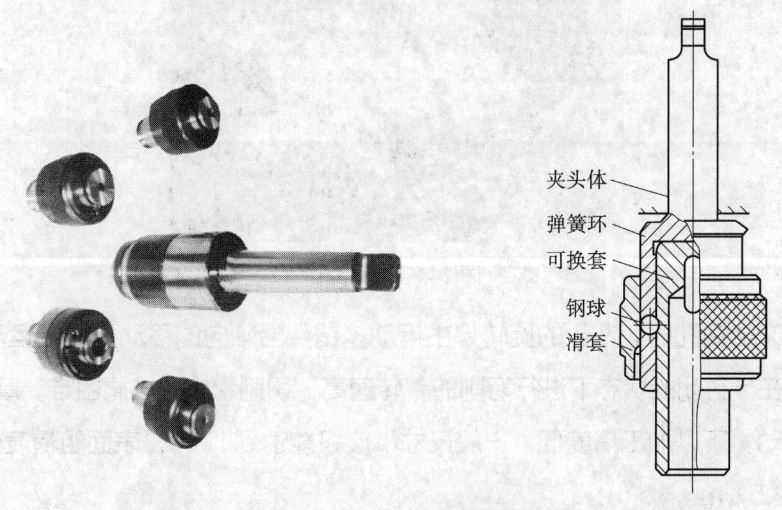

图 2-5-14 快换钻夹头

夹头体的莫氏锥柄装在钻床主轴锥孔内。可换套根据孔加工的需要备有很多个，并预先装好所需的刀具，可换套的外圆表面有两个凹坑，钢球嵌入时便可传递动力。当需要更换刀具时，不必停车，只要用手把滑套向上推，两粒钢球就因受离心力作用而贴于滑套端部的大孔表面。此时另一只手就可把装有刀具的可换套取出，把另一个可换套插入，放下滑套，两粒钢球被重新压入可换套的凹坑内，带动钻头继续旋转。弹簧环的作用是限制滑套上下的位置。由此可见，使用快换钻夹头可做到不停车换装刀具，从而大大提高了生产效率，也降低了操作者的劳动强度。

三、孔加工

孔加工是零件手工加工的重要操作技能之一，孔加工的方法主要有两类：一类是用麻花钻、中心钻等在实体材料上加工出孔；另一类是用扩孔钻、锪钻或铰刀等对工件上已有的孔进行再加工。

1. 钻孔

用钻头在实体材料上加工出孔的方法，称为钻孔，如图 2-5-15 所示。钻孔常在各类钻床上进行。常用的钻床有台式钻床、立式钻床和摇臂钻床，分别用来加工不同规格的孔。

图 2-5-15　钻孔

在钻床上钻孔时，钻头的旋转是主运动，钻头沿轴向的移动是进给运动。钻削时钻头是在半封闭的状态下进行切削的，转速高，切削量大，排屑困难，摩擦严重，钻头易抖动，所以加工精度低，一般尺寸精度只能达到 IT10，表面粗糙度值 *Ra* 只能达到 12.5 μm。

（1）麻花钻

钻头的种类较多，如麻花钻、扁钻、深孔钻、中心钻等。其中，麻花钻（俗称钻头）是指容屑槽由螺旋面构成的钻头，钻体部分形状像麻花一样，它是常用的主要钻孔刀具。麻花钻的规格用直径表示（靠近钻尖处测量），主要用来在实体材料上钻削直径在 100 mm 以下的孔。麻花钻工作部分用 W6Mo5Cr4V2 或其他同等性能的普通高速钢（代号：HSS）制造，热处理淬火后硬度可达 62.5 ~ 66.5HRC。也可用高性能高速钢（代号：HSS-E）制造，淬火后硬度可达 64 ~ 68HRC。焊接麻花钻柄部用 45 钢或同等性能的其他钢材制造。

1）麻花钻的组成。麻花钻由钻柄和钻体部分组成，结构如图 2-5-16 所示。

①钻柄。钻柄是钻头上用于夹固和传动的部分，用以定心和传递动力，有直柄和锥柄两种。一般直径小于 13 mm 的钻头做成直柄，用钻夹头夹持；直径大于 13 mm 的做成锥柄，通过莫氏锥度（或变径套）与钻床主轴锥孔连接，具体规格见表 2-5-2。在莫氏锥柄的小端有一扁尾，以备嵌入锥孔的槽中，作顶出钻头之用。

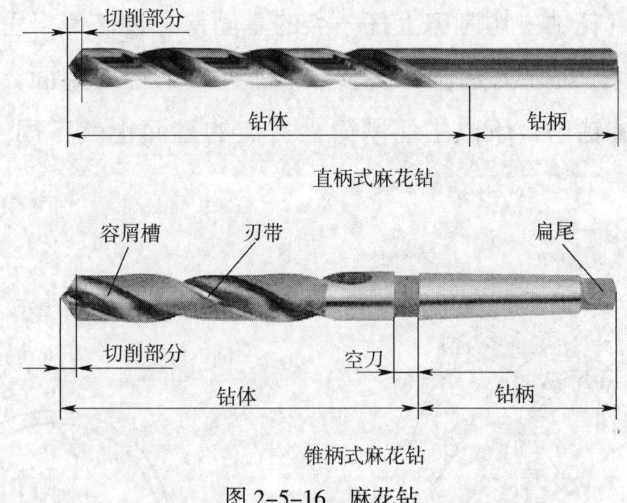

图 2-5-16　麻花钻

表 2-5-2　莫氏锥柄的大端直径及钻头直径（摘自 GB/T 1438.1—2008）mm

莫氏圆锥号	1	2	3	4	5	6
大端直径 d_1	12.240	17.980	24.051	31.542	44.731	63.760
钻头直径 d_0	14.00 以下	14.25 ~ 23.00	23.25 ~ 31.75	32.00 ~ 50.50	51.00 ~ 76.00	77.00 ~ 100.0

②钻体。麻花钻的钻体包括切削部分（又称钻尖）、由两条刃带形成的导向部分及空刀。切削部分是指由产生切屑的诸要素（主切削刃、横刃、前刀面、后刀面、刀尖）所组成的工作部分，它承担着主要的切削工作，如图 2-5-17 所示。

麻花钻的导向部分用来保持麻花钻钻孔时的正确方向并修光孔壁，在麻花钻刃磨时可作为切削部分的后备。两条容屑槽的作用是形成切削刃，便于容屑、排屑和切削液输入。

空刀是钻体上直径减小的部分，它的作用是在磨制麻花钻时作空刀槽使用，通常麻花钻的规格、材料及商标也打印在此处。

2）标准麻花钻切削角度

①确定麻花钻切削角度的辅助平面。为了确定麻花钻的切削角度，需要引进几个辅助平面：基面、切削平面、正交平面（此三者互相垂直）和柱剖面。

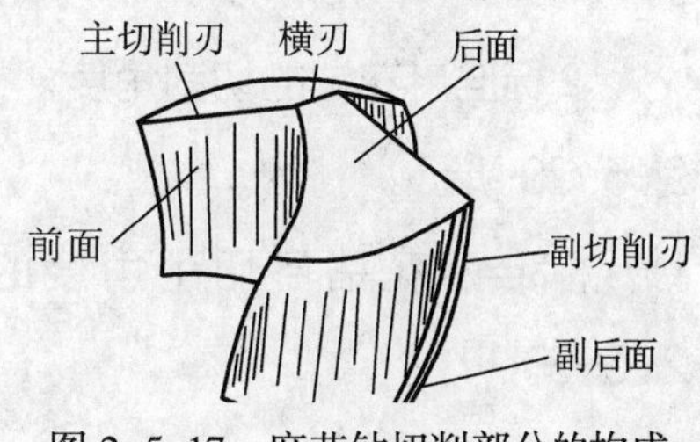

图 2-5-17　麻花钻切削部分的构成

a. 基面。麻花钻主切削刃上任一点的基面是通过该点且垂直于该点切削速度方向的平面，实际上是通过该点与钻心连线的径向平面。由于麻花钻两主切削刃不通过钻心，所以主切削刃上各点的基面也就不同，如图 2-5-18 所示。

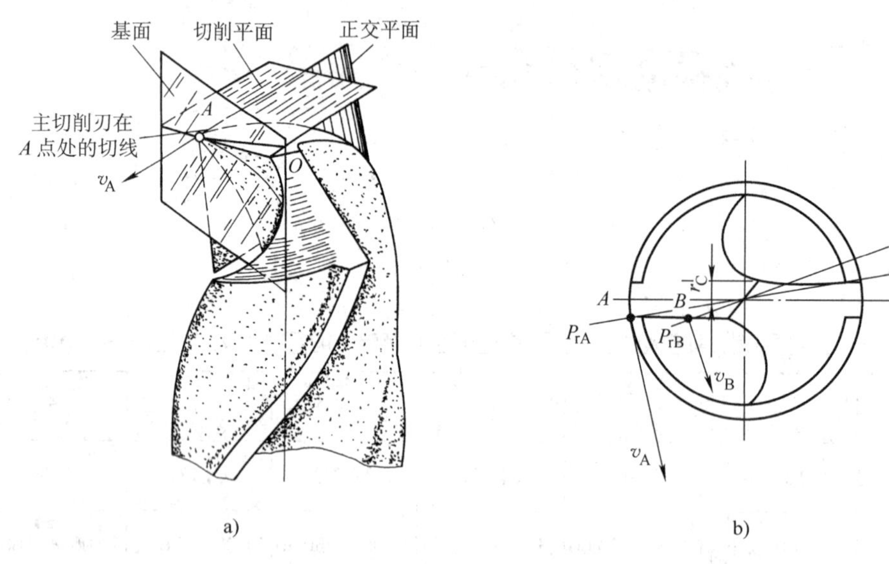

图 2-5-18 麻花钻辅助平面

b. 切削平面。麻花钻主切削刃上任一点的切削平面是由该点的切削速度方向与该点切削刃的切线所构成的平面。标准麻花钻主切削刃为直线，其切线就是钻刃本身。切削平面即为该点切削速度与钻刃构成的平面，如图 2-5-18 所示。

c. 正交平面。通过主切削刃上任一点并垂直于基面和切削平面的平面，如图 2-5-18 所示。

d. 柱剖面。通过主切削刃上任一点作与麻花钻轴线平行的直线，该直线绕麻花钻轴线旋转所形成的圆柱面的切面，如图 2-5-19 所示。

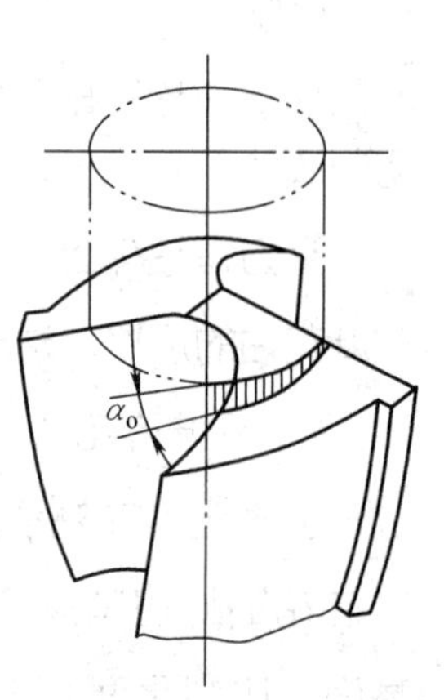

图 2-5-19 柱剖面

②标准麻花钻的切削角度。标准麻花钻的切削角度如图 2-5-20 所示。

标准麻花钻各切削角度的定义、作用及特点见表 2-5-3。

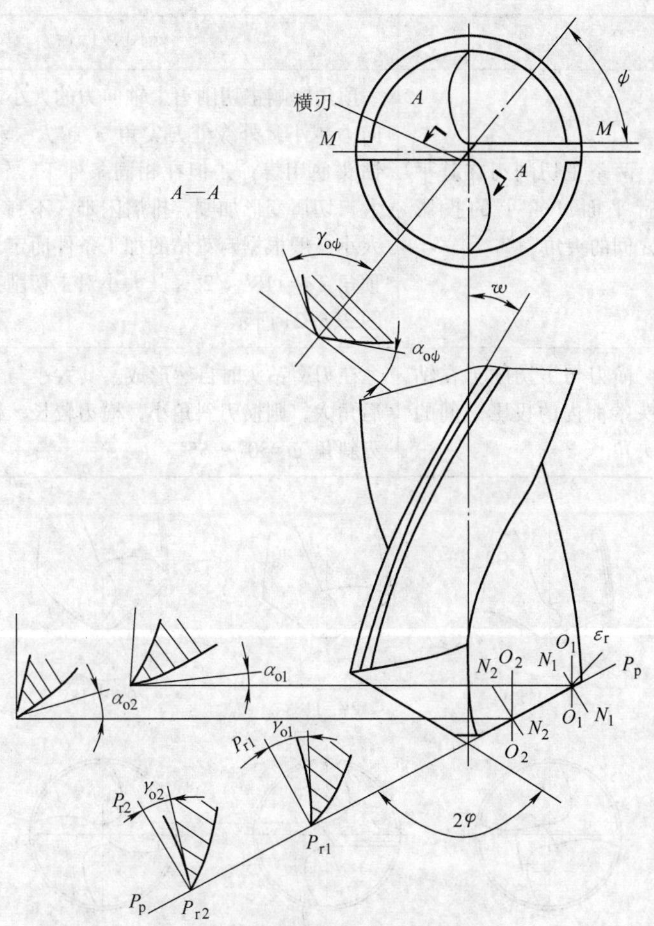

图 2-5-20　标准麻花钻的切削角度

表 2-5-3　标准麻花钻各切削角度的定义、作用及特点

切削角度	定义	作用及特点
前角 γ_o	在正交平面（图 2-5-20 中 N_1-N_1 或 N_2-N_2）内，前面与基面之间的夹角	前角大小决定切屑在前面上的摩擦阻力大小。前角越大，切削越省力。主切削刃上各点的前角不同：近外缘处最大，可达 γ_o=30°；自外向内逐渐减小，在钻心至 D/3 范围内为负值；横刃处 γ_o=-54° ~ -60°；接近横刃处的前角 γ_o=-30°
主后角 α_o	在柱剖面（图 2-5-20 中 O_1-O_1 或 O_2-O_2）内，后刀面与切削平面之间的夹角	主后角的作用是减小麻花钻后面与切削面间的摩擦。主切削刃上各点的主后角也不同：外缘处较小，自外向内逐渐增大。直径 D=15 ~ 30 mm 的麻花钻，外缘处 α_o=9° ~ 12°；钻心处 α_o=20° ~ 26°；横刃处 α_o=30° ~ 36°

续表

切削角度	定义	作用及特点
顶角 2 ϕ	两条主切削刃在其平行平面 *M*-*M* 上的投影之间的夹角	顶角影响主切削刃上轴向力的大小。顶角越小，轴向力越小，外缘处刀尖角 ε 越大，利于散热和提高钻头使用寿命。但在相同条件下，钻头所受扭矩增大，切屑变形加剧，排屑困难，不利于润滑。顶角的大小一般根据麻花钻的加工条件而定。标准麻花钻的顶角 2ϕ=118° ±2°，其大小对主切削刃形状的影响如图 2-5-21 所示
横刃斜角 ψ	横刃与主切削刃在钻头端面内的投影之间的夹角	在刃磨钻头时自然形成。其大小与主后角有关。主后角大，则横刃斜角小，横刃较长。标准麻花钻的横刃斜角 ψ=50° ~ 55°

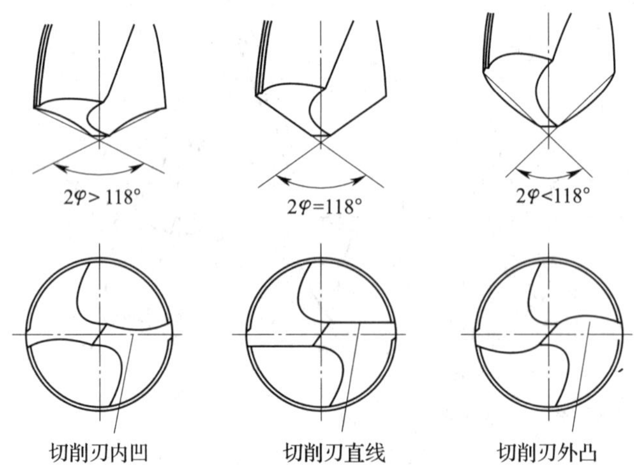

图 2-5-21　顶角对主切削刃形状的影响

3）标准麻花钻的缺点

①横刃较长，横刃处前角为负值。切削中，横刃处于挤刮状态，产生很大的轴向力，钻头易抖动，导致不易定心。

②主切削刃上各点的前角大小不一样，致使各点切削性能不同。由于靠近钻心处的前角是负值，切削为挤刮状态，切削性能差，产生热量大，钻头磨损严重。

③棱边处的副后角为零。靠近切削部分的棱边与孔壁的摩擦比较严重，易发热磨损。

④主切削刃外缘处的刀尖角 ε（图 2-5-20 中主切削刃与副切削刃在剖面 *M*—*M* 上的投影之间的夹角）较小，前角很大，刀齿薄弱，而此处的切削速度最高，故产生的切削热最多，磨损极为严重。

⑤主切削刃长且全部参与切削。增大了切屑变形，排屑困难。

4）标准麻花钻的修磨。为改善标准麻花钻的切削性能，提高钻削效率和刀具使用寿命，通常要对其切削部分进行修磨。刃磨钻头常在砂轮机上进行，砂轮的粒度为 46# ~ 80#，硬度为中等。一般是按钻孔的具体要求，有选择地对麻花钻进行修磨，见表 2-5-4。

表 2-5-4　标准麻花钻的修磨

修磨措施	修磨要求及效果	图示
磨短横刃并增大靠近钻心处的前角	这是最基本的修磨方式。修磨后横刃的长度“b”为原来的 1/3 ~ 1/5，以减小轴向抗力和挤刮现象，提高钻头的定心作用和切削的稳定性。同时，在靠近钻心处形成内刃，内刃斜角 τ=20° ~ 30°，内刃处前角 γ_τ=0° ~ −15°，切削性能得以改善。一般直径在 5 mm 以上的麻花钻均须修磨横刃	γ_τ τ b 内刃
修磨主切削刃	主要是磨出第二顶角 $2\varphi_0$（70° ~ 75°）。在麻花钻外缘处磨出过渡刃（f_0=0.2d），以增大外缘处的刀尖角，改善散热条件，增加刀齿强度，提高切削刃与棱边相交处的耐磨性，延长钻头使用寿命，减少孔壁的残留面积，有利于减小孔的表面粗糙度值	$2\varphi_0$ ε f_0 2φ
修磨棱边	在靠近主切削刃的一段棱边上，磨出副后角 α_{o1}=6° ~ 8°，并保留棱边宽度为原来的 1/3 ~ 1/2，以减少对孔壁的摩擦，延长钻头使用寿命	0.1~0.2 1.5~4 α_{o1}=6°~8°
修磨前面	修磨外缘处前面，可以减小此处的前角，提高刀齿的强度。钻削黄铜时，可以避免“扎刀”现象	A A A—A

续表

修磨措施	修磨要求及效果	图示
修磨分屑槽	在两个后面或前面上磨出几条相互错开的分屑槽，使切屑变窄，以利于排屑。直径大于 $\phi 15$ mm 的钻头都可磨出分屑槽	分屑槽 在后面上磨分屑槽 分屑槽 在前面上磨分屑槽

（2）群钻

群钻是利用标准麻花钻经合理刃磨而成的高生产率、高加工精度、适应性强、使用寿命长的新型钻头。在生产实践中，群钻钻型不断改进、扩展，现已形成一整套加工不同材料和适应不同工艺特性的钻型系列。其中标准群钻应用最为广泛，它又是演变成其他钻型的基础。

1）标准群钻。如图 2-5-22 所示，主要用来钻削碳钢和各种合金钢。标准群钻的修磨要求见表 2-5-5。

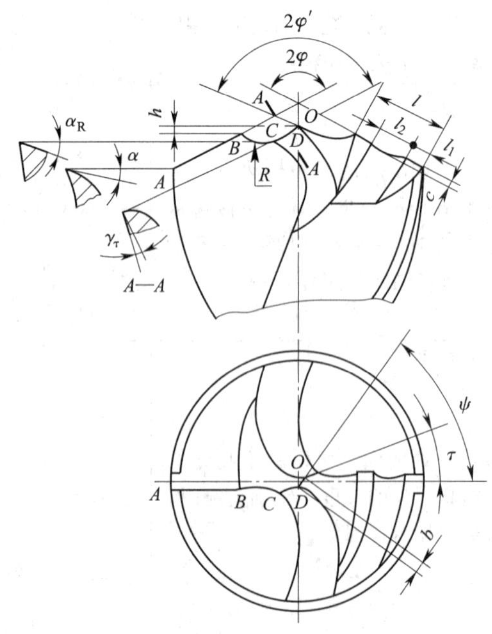

图 2-5-22　标准群钻

表 2-5-5　标准群钻的修磨

修磨措施	修磨要求及效果
磨出月牙槽	在后面上对称磨出，形成凹形圆弧刃，把主切削刃分成三段，即外直刃、圆弧刃、内直刃，如图 2-5-22 所示。磨出外圆弧刃，增大了靠近钻心处前角，减少了挤刮现象，使切削省力；主切削刃分成三段，有利于分屑、断屑和排屑；钻孔时圆弧刃在孔底上切削出一道圆环筋，加强了定心作用；磨出月牙槽还降低了钻尖高度，横刃可磨得较短而不致影响钻尖强度
磨短横刃	使横刃为原来的 1/7 ~ 1/5，同时使新形成的内直刃上的前角也大大增加，以减少轴向抗力，加强定心作用，提高切削能力
磨出单边分屑槽	在一条外刃上磨出凹形分屑槽，利于排屑

由表 2-5-5 可见，标准群钻的刃形特点是“三尖、七刃、两种槽”。三尖是由于磨出月牙槽，主切削刃形成三个尖；七刃是两条外直刃、两条圆弧刃、两条内直刃、一条横刃；两种槽是月牙槽和单边分屑槽。

2）钻薄板的群钻。在薄板类工件上钻孔时，不能使用标准麻花钻。这是因为麻花钻的钻尖较高，当钻尖钻穿孔时，钻头立即失去定心作用，同时轴向抗力又突然减小，加上工件弹动，会造成孔不圆或孔口毛边很大，甚至扎刀或折断钻头。钻薄板群钻的修磨要求见表 2-5-6。

表 2-5-6　钻薄板群钻的修磨

修磨措施	修磨要求及效果	图示
两主切削刃磨成圆弧形切削刃	形成三尖。此时，钻尖高度磨低，切削刃外缘磨出锋利的两个刀尖，与钻心处钻尖的高度差 h 为 0.5 ~ 1.5 mm，加强了定心作用，当钻尖钻穿工件时，轴向抗力不会突然减小	$2\varphi'$　ε_r　h　R　A　A　α_{oR}　h'　$A—A$　$\gamma_{o\tau}$　ϕ　τ　b
磨短、磨尖横刃	使钻心处的切削刃更锋利，提高定心作用	

（3）中心钻

中心钻用于孔加工的预制精确定位，引导麻花钻进行孔加工，减少误差。

1）中心钻种类及用途

①常用中心钻有 A 型和 B 型两种，其形状及相应参数如图 2-5-23 所示。

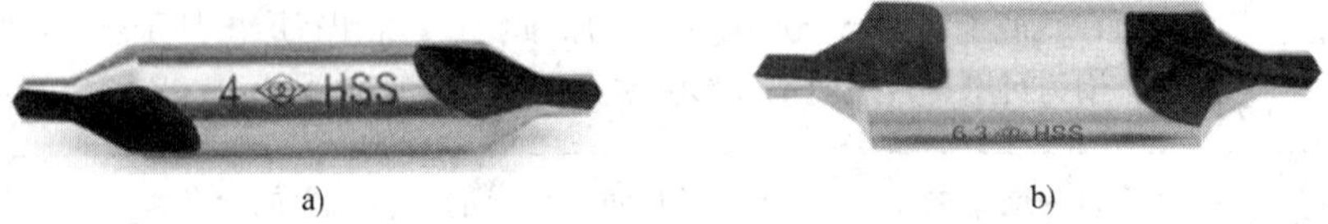

图 2-5-23　常用中心钻

a）A 型中心钻　b）B 型中心钻

②中心钻钻孔的形式。A 型中心孔由 A 型中心钻钻削而成，由圆柱和圆锥部分组成，如图 2-5-24 所示。圆锥角为 60°，用于加工中心孔。中心钻前面的圆柱部分为中心钻公称尺寸，以毫米为单位。

B 型中心孔由 B 型中心钻钻削而成，它是在 A 型中心孔的端部多了一个 120°的圆锥保护孔，目的是保护 60°锥孔，中心钻可多次使用。

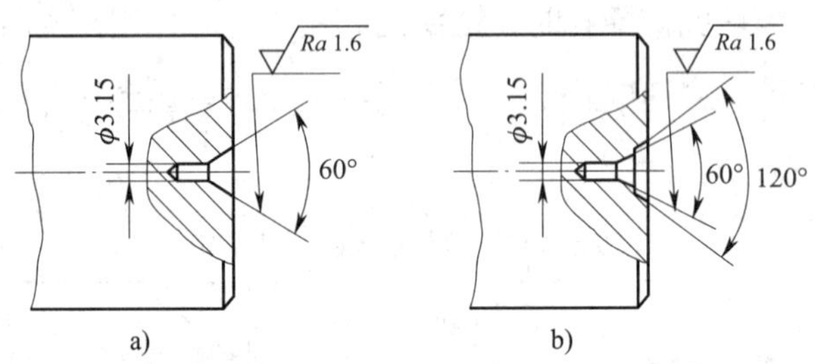

图 2-5-24　中心钻钻孔的形式

a）A 型中心孔　b）B 型中心孔

2）特殊型中心钻。特殊型中心钻有 C 型和 R 型两种，其相应的钻孔形式如图 2-5-25 所示。

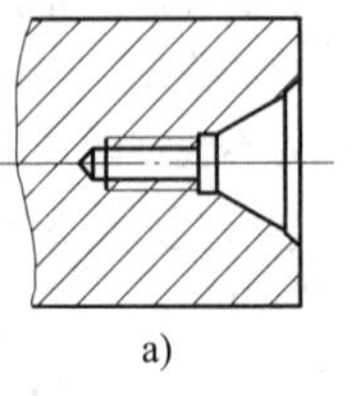

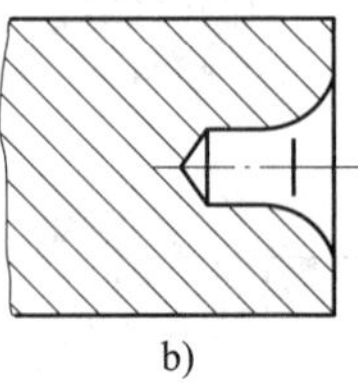

图 2-5-25　C 型、R 型中心孔

a）C 型　b）R 型

C 型中心孔是在 B 型中心孔里面增加有一个比圆柱孔还要小的内螺纹，它用于工件之间的紧固连接和保护中心孔。

R 型中心孔是在 A 型中心孔的基础上，将圆锥母线改为圆弧形，减小中心孔和顶尖的接触面积，减小摩擦力，提高定位精度。

3）中心钻装夹。首先，根据加工需要选择合适的中心钻。其次，用钻夹头钥匙逆向旋转夹头外套使三爪张开，装上中心钻，伸出长度为中心钻长度的 1/3，然后用钻夹头钥匙顺时针方向转动钻夹头外套和三爪，夹紧中心钻，如图 2-5-26 所示。

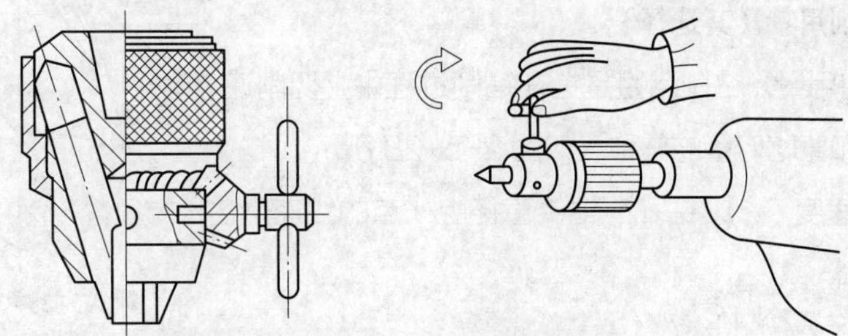

图 2-5-26　钻夹头钥匙的使用及装夹中心钻

4）中心孔的钻削方法

①根据图样的要求选择不同种类和不同规格的中心钻，钻中心孔的深度时，一般 A 型中心孔可钻出 60°锥度的 1/3 ~ 2/3，B 型中心孔必须要将 120°的保护锥钻出。

②钻中心孔，由于在工件轴线上钻削，钻削线速度低，必须选用 500 ~ 1 000 r/min 的转速，进给量要小。

③工件端面必须加工平整，不允许出现小凸头，以保证中心钻和轴线同轴。

④中心钻起钻时，进给速度要慢，钻入工件时要用毛刷加注切削液并及时退屑冷却。钻完后中心钻应在中心孔中停留 2 ~ 3 s，然后退出，使中心孔光、圆、准确。

（4）阶梯钻

1）阶梯钻的作用。阶梯钻主要用于 3 mm 以内的薄钢板钻孔加工，一支钻头可以代替多支钻头使用，根据需要加工不同直径的孔，并可实现大孔一次性加工完成，不需要更换钻头和钻定位孔等，如图 2-5-27 所示。

图 2-5-27　阶梯钻

2）阶梯钻的材料。阶梯钻材质主要为高速钢、硬质合金等，加工精度要求高，根据加工情况的不同可以进行表面涂层处理，以延长刀具使用寿命，增强刀具耐用性。

3）阶梯钻的应用。可用于汽车加工、航空航天、钣金加工、电器安装维修等行业，携带方便，可满足高空作业配合手电钻等工具使用。

4）阶梯钻的类型

①根据槽形可以分为直槽、螺旋槽和圆弧槽阶梯钻。

②根据刃数可以分为单刃、双刃、三刃、四刃及多刃阶梯钻。

（5）钻削用量及其选择

1）钻削用量。钻削用量是指在钻削过程中，切削速度、进给量和背吃刀量的总称，如图 2-5-28 所示。

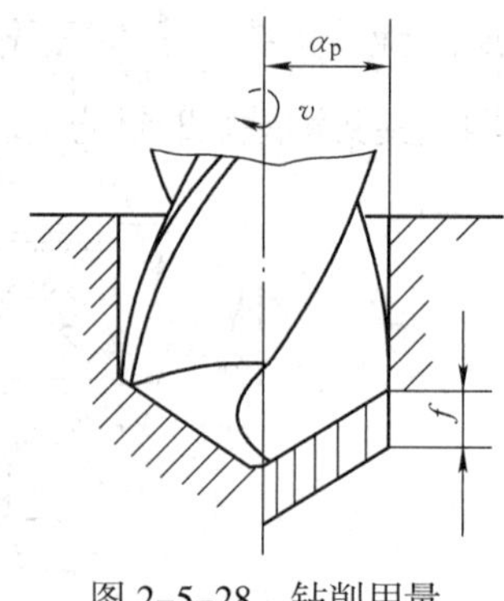

图 2-5-28　钻削用量

①切削速度（v）。钻孔时钻头直径上一点的线速度。可由下式计算：

$$v=\frac{\pi Dn}{1\,000}$$

式中　v——切削速度，m/min；

D——钻头直径，mm；

n——钻床主轴转速，r/min。

例　钻头直径为 20 mm，以 450 r/min 的转速钻孔，其切削速度是多少?

解：$v=\pi Dn/1\,000=3.14\times20\times450/1\,000=28.26$（m/min）

答：钻头的切削速度为 28.26 m/min。

②进给量（f）。主轴每转一周，钻头相对工件沿主轴轴线的相对移动量，单位是 mm/r。

③背吃刀量（a_p）。已加工表面与待加工表面之间的垂直距离。钻削时，$a_p=D/2$（mm）。

2）钻削用量的选择。钻孔时，由于背吃刀量已由钻头直径决定，所以只需选择切削速度和进给量。

对钻孔生产率的影响，切削速度 v 和进给量 f 是相同的；对钻头使用寿命的影响，切削速度 v 比进给量 f 大；对孔的表面粗糙度的影响，进给量 f 比切削速度 v 大。综合以上影响因素，钻削用量的选用原则是：在允许范围内，尽量先选较大的进给量 f，当 f 受到表面粗糙度和钻头刚度的限制时，再考虑选较大的切削速度 v。

3）钻削用量的选择方法

①背吃刀量的选择。直径小于 30 mm 的孔可根据要求的孔径和孔深一次钻出；直径为 30 ~ 80 mm 的孔可分两次钻削，先用（0.5 ~ 0.7）D（D 为要求的孔径）的钻头钻底孔，然后用直径为 D 的钻头将孔扩大至要求尺寸。这样可以提高钻孔质量，减少轴向力，保护机床和刀具等。

②进给量的选择。当孔的尺寸精度、表面粗糙度要求较高时，应选较小的进给量；钻小孔、深孔时，由于钻头细而长，强度低、刚度差、易扭断，应选较小的进给量。

③钻削速度的选择。当钻头的直径和进给量确定后，钻削速度应选取合理的数值，一般根据经验选取。孔深较大时，应取较小的切削速度。

具体选择钻削用量时，应根据钻头直径、钻头材料、工件材料、加工精度及表面粗糙度等方面的要求，合理选取。

（6）钻孔操作要领

1）麻花钻的刃磨与检查

①麻花钻刃磨。一般情况下，麻花钻采用手工刃磨，常在砂轮机上进行。砂轮的粒度为 46# ~ 80#，硬度为中软级（K、L）的氧化铝砂轮。

刃磨时，右手握住钻头头部，左手握住柄部，主切削刃保持水平，麻花钻轴线在水平面内与砂轮轴线的夹角等于顶角 2φ 的一半。右手作为定位支点绕轴线转动，使麻花钻整个主后面都能磨到，并对砂轮施加压力，左手做上下弧形摆动，将麻花钻磨出正确的后角。刃磨时，两手动作的配合要协调、自然。由于麻花钻的后角在不同半径处是不相等的，所以摆动角度的大小也要随后角的大小而变化，如图 2-5-29 所示。刃磨过程中，要适时将麻花钻浸入水中冷却，防止切削部分过热而退火。

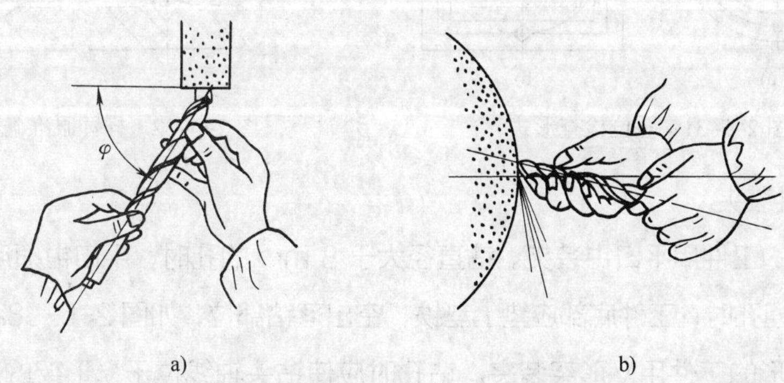

图 2-5-29　钻头刃磨时与砂轮的相对位置

a）在水平面内的夹角　b）略高于砂轮中心

②刃磨检验。如图 2-5-30 所示，用样板检验钻头的几何角度及两主切削刃的对称性。通过观察横刃斜角是否约为 55°来判断钻头后角。横刃斜角大，则后角小；横刃斜角小，则后角大。

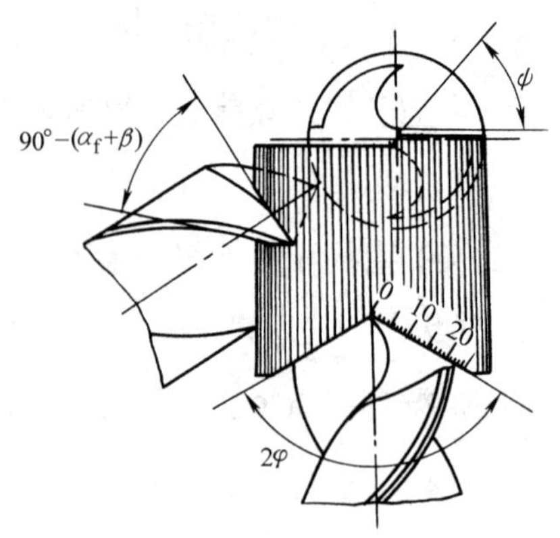

图 2–5–30　用校板检验麻花钻刃磨角度

2）钻孔前零件的划线。按钻孔位置尺寸要求，划出孔的中心线，并打上中心样冲眼，再按孔的大小划出孔的圆周线。对钻削直径较大的孔，应划出几个大小不等的检查圆，如图 2–5–31a 所示，以便钻孔时检查并校正钻孔位置。

当钻孔的位置精度要求较高时，可直接划出以孔中心线为对称中心的几个大小不等的方格，如图 2–5–31b 所示，作为钻孔时的检查线。然后将中心样冲眼冲大，以便准确落钻定心，如图 2–5–32 所示。

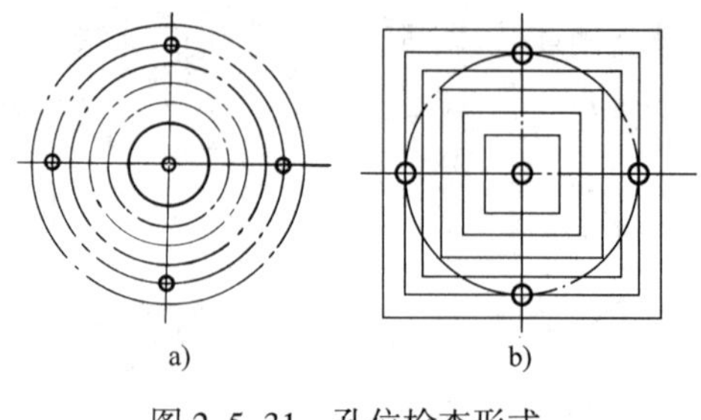

图 2–5–31　孔位检查形式

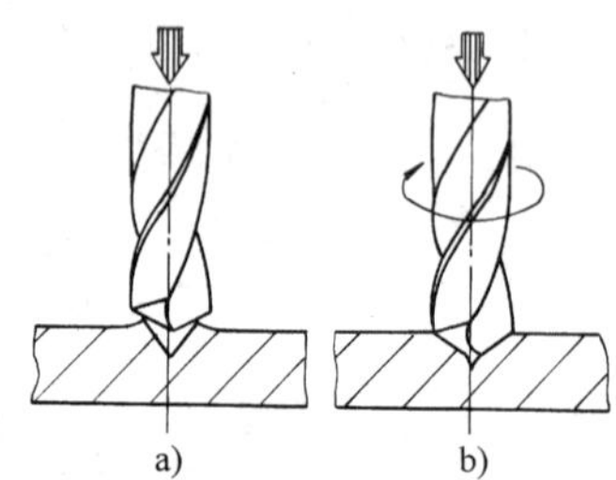

图 2–5–32　样冲眼准确落钻定心

3）工件装夹

①平整的工件用平口钳装夹。钻直径大于 8 mm 的孔时，平口钳须用螺栓、压板固定。钻通孔时，工件底部应垫上垫铁，空出落钻部位，如图 2–5–33a 所示。

②圆柱形的工件用 V 形架装夹。钻孔时应使钻头轴线位于 V 形架的对称中心，按工件划线位置进行钻孔，如图 2–5–33b 所示。

③压板装夹。对钻孔直径较大或不便用平口钳装夹的工件，可用压板夹持，如图 2–5–33c 所示。

④卡盘装夹。方形工件钻孔，用四爪单动卡盘装夹，如图 2–5–33d 所示；圆形工件端面钻孔，用三爪自定心卡盘装夹，如图 2–5–33e 所示。

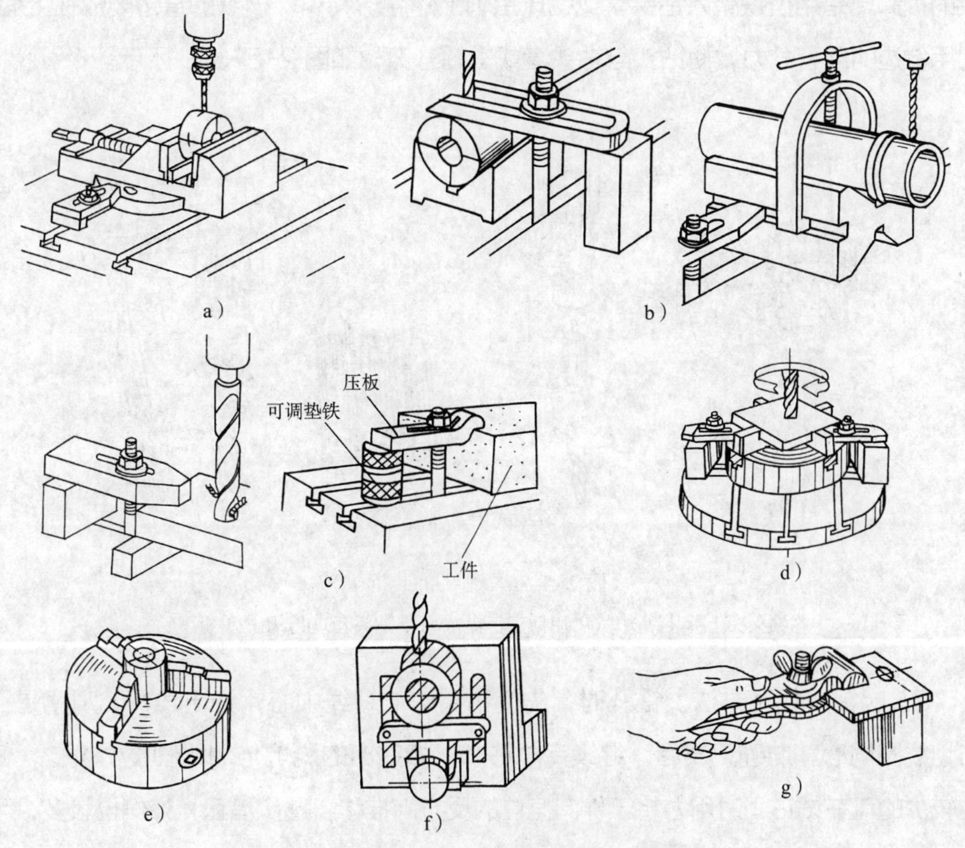

图 2-5-33　工件的钻削装夹

a）用平口钳装夹　b）用 V 形架装夹　c）用压板装夹　d）用四爪单动卡盘装夹

e）用三爪自定心卡盘装夹　f）用角铁装夹　g）用手虎钳装夹

⑤角铁装夹。底面不平或加工基准在侧面的工件用角铁装夹，如图 2-5-33f 所示。

⑥手虎钳装夹。在小型工件或薄板件上钻小孔时，用手虎钳装夹，如图 2-5-33g 所示。

4）钻头的装拆

①直柄钻头的装拆。直柄钻头用钻夹头夹持。先将钻头柄塞入钻夹头的三爪内，其夹持长度不能小于 15 mm，然后用钻夹头钥匙旋转外套，使环形螺母带动三只卡爪移动，作夹紧或放松动作，如图 2-5-34a 所示。

②锥柄钻头的装拆。锥柄钻头的柄部锥体与钻床主轴锥孔直接连接，连接时必须将钻头锥柄及主轴锥孔擦干净，且使矩形舌部的长向与主轴上的腰形孔中心线方向一致，利用加速冲力一次装接，如图 2-5-34b 所示。当钻头锥柄小于主轴锥孔时，则需加过渡套连接，如图 2-5-34c 所示。对钻头套内的钻头和钻床主轴的钻

头的拆卸，是用楔铁敲入钻头套或钻床主轴上的腰形孔内，楔铁的直边要放在上面，利用斜边的向下分力，使钻头与钻头套或主轴分离，如图 2-5-34d 所示。

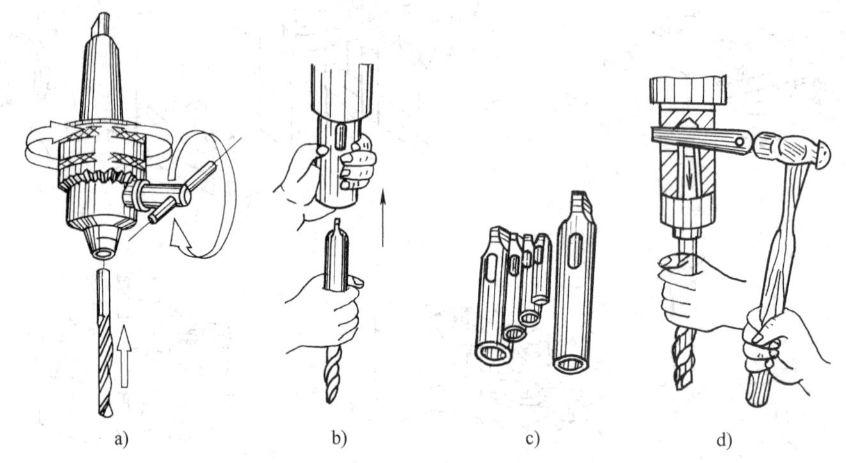

图 2-5-34　钻头的装拆

a）在钻夹头上拆装钻头　b）用钻头套装夹　c）钻头套　d）用楔铁拆下钻头

5）起钻及找正方法。钻孔时，先使钻头对准划线中心，钻出浅坑，观察是否与划线圆同心，准确无误后，继续完成钻削。如钻出的浅坑与划线圆发生偏位，偏位较少的可在试钻同时用力将工件向偏位的反方向推移，逐步借正；如偏位较多，可在借正方向打上几个样冲眼，如图 2-5-35a 所示。或用油槽錾錾出几条小槽，如图 2-5-35b 所示，以减少此处的钻削阻力，达到找正目的。如钻削孔距要求较高的孔时，两孔要边试钻、边测量、边借正，不可先钻好一个孔再来借正第二孔的位置。

6）手动进给操作。当起钻达到钻孔的位置要求后，即可压紧工件完成钻孔。手动进给时，进给力不应使钻头产生弯曲现象，以免孔轴线歪斜，如图 2-5-36 所示。钻小直径孔或深孔时进给量要小，并要经常退钻排屑，以免切屑阻塞而扭断钻头。当钻孔深度达到钻头直径的 3 倍时，一定要退钻排屑。孔将钻透时，进给力必须减小，以防进给量突然过大，增大切削抗力，造成钻头折断或使工件随着钻头转动造成事故。

（7）钻孔时的切削液

合理选择切削液，可减小切削过程中的切削热、机械摩擦和降低切削温度，减小工件热变形及表面粗糙度值，并能延长刀具使用寿命，提高加工质量和生产效率。

1）切削液的作用

①冷却作用。切削液可带走切削时产生的大量热量，改善切削条件，起到冷却工件和刀具的作用。

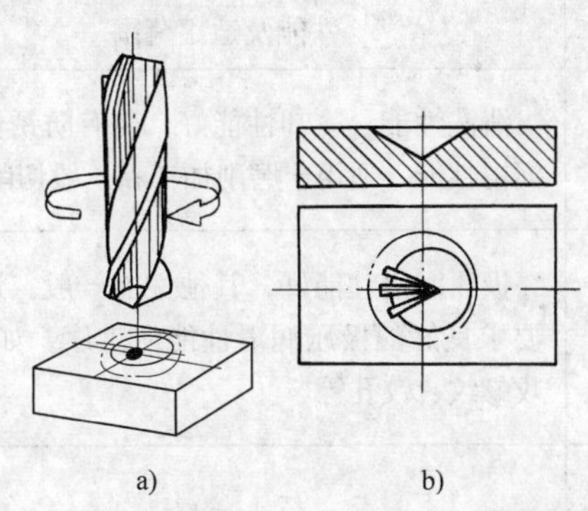

图 2-5-35　用样冲眼、錾槽来借正钻偏的孔

a）借正方向打样冲眼　b）借正方向錾槽

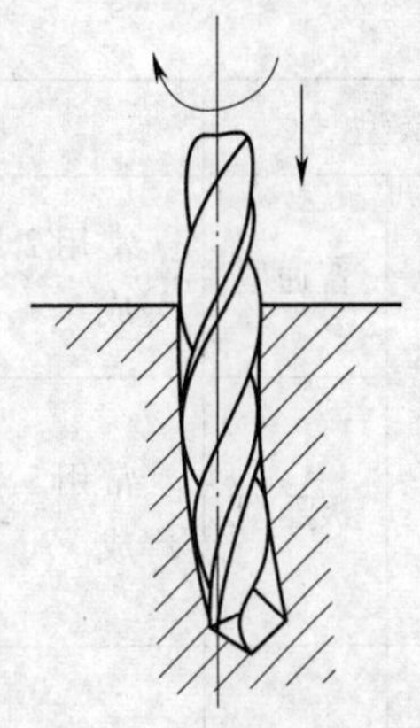

图 2-5-36　钻头弯曲使孔轴线歪斜

②润滑作用。切削液可以渗透到工件表面与刀具后面之间及前面与切屑之间的微小间隙中，减小工件、切屑与刀具的摩擦。

③清洗作用。切削液有一定的压力和流量，可把附着在工件和刀具上的细小切屑冲掉，防止拉毛工件，起到清洗作用。

④防锈作用。切削液中加入防锈剂，可保护工件、刀具，使机床免受腐蚀，起到防锈作用。

2）切削液的种类。切削液主要有以冷却为主的水溶性切削液和以润滑为主的油溶性切削液两种。切削液的分类及适用范围见表 2-5-7。

表 2-5-7　切削液的分类及适用范围

类型			主要组成	性能及适用范围
水溶性切削液	水溶液	普通型	在水中添加亚硝酸钠等水溶性防锈添加剂，加入碳酸钠或磷酸三钠，使溶液微带碱性	冷却性能、清洗性能好，有一定的防锈性能，但润滑性能差。适用于粗磨、粗加工
		防锈型	在普通型水溶液中再加表面活性剂、油性添加剂	冷却性能、清洗性能、防锈性能好，兼有一定的润滑性能，透明性较好。适用于对防锈性要求高的精加工
		极压型	在普通型水溶液中再加极压添加剂	有一定的极压润滑性。适用于重切削和强力磨削
	乳化液	防锈型	常用 1 号乳化油加水稀释成	防锈性能好，冷却性能、润滑性能一般。清洗性能稍差。适用于防锈性要求较高的工序及一般的车、铣、钻等加工。但由于乳化液对环境污染较大，正逐步被淘汰

续表

类型			主要组成	性能及适用范围
水溶性切削液	乳化液	普通型	常用2号乳化油加水稀释成	清洗性能、冷却性能好，兼有防锈性能和润滑性能。适用于磨削加工和一般切削加工
		极压型	常用3号乳化油加水稀释成	极压润滑性能好，其他性能一般。适用于要求良好的极压润滑性能的工序，如拉削、攻螺纹、铰孔等
	合成切削液	多效型	由水、各种表面活性剂和化学添加剂组成	除具有良好的冷却、清洗、防锈、润滑性能外，还能防止对铜、铝等金属的腐蚀。适用于多种金属（黑色金属、铜、铝）的切削及磨削加工，也适用于极压切削或精密加工
油溶性切削液	矿物油		主要有L-M组金属加工用油、柴油、煤油等	润滑性能好，冷却性能差，化学稳定性好，透明性好。适用于流体润滑，可用于冷却、润滑系统合一的机床，如多轴自动车床、齿轮加工机床、螺纹加工机床等
	动植物油		主要有豆油、菜籽油、棉籽油、蓖麻油、猪油、鲸鱼油、蚕蛹油等	润滑性能比矿物油更好，但易腐败变质，冷却性能差，粘附在金属上不易清洗。适用于边界润滑，可用于攻螺纹、铰孔、拉削
	复合油		以矿物油为基础再加若干动植物油	润滑性能好，冷却性能差。适用于边界润滑，可用于攻螺纹、铰孔、拉削
	极压切削油		以矿物油为基础再加若干极压添加剂、油性添加剂及防锈添加剂等，最常用的有硫化切削油，含硫氯、硫磷或硫氯磷的极压切削液	极压润滑性能好，可代替动植物油或复合油，适用于要求良好极压润滑性能的工序，如攻螺纹、铰孔、拉削、滚齿、插齿以及难加工材料的加工

3）切削液的选择。钻孔属于粗加工，钻削过程中，钻头处于半封闭状态下工作，摩擦严重，散热困难。注入切削液是为了延长钻头使用寿命和提高切削性能，因此应以冷却为主。

钻孔时由于加工材料和加工要求不同，所用切削液的种类和作用也不一样。钻孔用切削液见表2-5-8。

表 2-5-8 钻孔用切削液

工件材料	切削液
各类结构钢	3% ~ 5% 乳化液，7% 硫化乳化液
不锈钢、耐热钢	3% 肥皂加 2% 亚麻油水溶液，硫化切削油
紫铜、黄铜、青铜	5% ~ 8% 乳化液
铸铁	5% ~ 8% 乳化液，煤油
铝合金	5% ~ 8% 乳化液，煤油，煤油与菜籽油的混合油
有机玻璃	5% ~ 8% 乳化液，煤油

在高强度材料上钻孔时，钻头前面要承受较大的压力，为减少摩擦和钻削阻力，可在切削液中增加硫、二硫化钼等成分，如硫化切削油。

在塑性、韧性较大的材料上钻孔，要求加强润滑作用，在切削液中可加入适当的动物油和矿物油。

孔的精度要求较高和表面粗糙度值要求很小时，应选用主要起润滑作用的切削液，如菜籽油、猪油等。

2. 扩孔

用扩孔工具扩大工件孔径的加工方法称为扩孔，如图 2-5-37 所示。

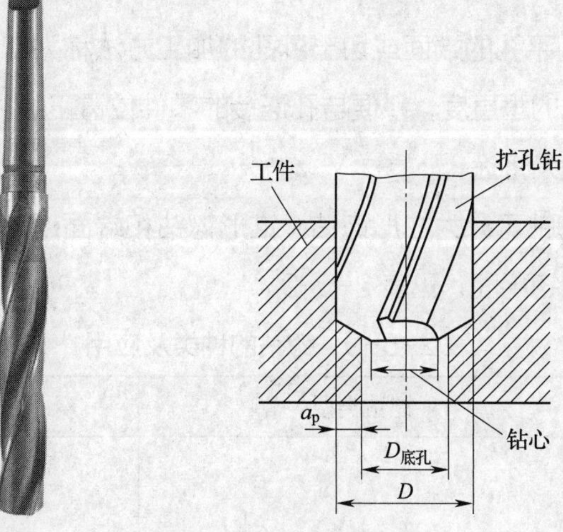

图 2-5-37 扩孔钻和扩孔

由图可知：扩孔时背吃刀量 a_p 为：

$$a_p=\frac{D-D_{底孔}}{2}$$

式中 D——扩孔后的直径，mm；

$D_{底孔}$——扩孔前的直径，mm。

（1）扩孔的特点

1）扩孔钻无横刃，避免了横刃切削所引起的不良影响。

2）背吃刀量较小，产生的切屑体积小，切屑容易排出，不易擦伤已加工面。

3）扩孔钻强度高、齿数多（整体式扩孔钻有 3 ~ 4 齿），因而导向性好、切削稳定，可使用较大切削用量（进给量一般为钻孔的 1.5 ~ 2 倍，切削速度约为钻孔的 1/2），提高了生产效率。

4）加工质量较高。一般公差等级可达 IT9，表面粗糙度值可达 *Ra*12.5 ~ 3.2 μm，常作为孔的半精加工及铰孔前的预加工。

（2）扩孔操作要点

1）扩孔钻多用于成批大量生产。小批量生产中常用麻花钻代替扩孔钻使用，此时，应适当减小钻头前角，以防止扩孔时扎刀。

2）用麻花钻扩孔时，扩孔前钻孔直径为 50% ~ 70% 的要求孔径；用扩孔钻扩孔时，扩孔前钻孔直径为 90% 的要求孔径。

3）钻孔后，在不改变工件与机床主轴相互位置的情况下，应立即换上扩孔钻进行扩孔，使钻头与扩孔钻的中心重合，保证加工质量。

3. 锪孔

用锪钻或锪刀刮平孔的端面或切出沉孔的加工方法称为锪孔。锪孔的目的是保证孔端面与孔中心线的垂直度，以便与孔连接的零件位置正确，连接可靠。

（1）锪钻的种类及用途

根据其应用，锪钻可分为柱形锪钻、锥形锪钻和端面锪钻，分别用来锪圆柱形沉孔、圆锥形沉孔和锪平面，见表 2-5-9。

表 2-5-9　锪钻的种类及应用

加工对象	锪钻类型	锪钻应用
圆柱形沉孔	柱形锪钻	主要用于锪圆柱形沉孔

续表

加工对象	锪钻类型	锪钻应用
圆锥形埋头孔	锥形锪钻	圆锥孔口 主要用于锪铆钉孔和螺钉孔，按锥形沉孔的要求再选锥形锪钻。角度有 60°、75°、90°、120°等
孔口和凸台平面	标准端面锪钻	端面锪平 主要用来锪平孔端面，也可用来锪平凸台平面

（2）锪孔操作要点

锪孔时刀具容易产生振动，使所锪出的端面或锥面出现振痕，特别是使用麻花钻改制的锪钻锪孔时，振痕更为严重。为此在锪孔时应注意以下几点：

1）锪孔时的进给量为钻孔的 2 ~ 3 倍，切削速度为钻孔的 1/3 ~ 1/2。精锪时可利用停车后的主轴惯性来锪孔，以减少振动而获得光滑表面。

2）使用麻花钻改制的锪钻时，尽量选用较短的钻头，并适当减小后角和外缘处前角，以防止扎刀和减少振动。

3）锪钢件时，应在导柱和切削表面间加注切削液进行润滑。

4. 铰孔

用铰刀从工件孔壁上切除微量金属层，以提高尺寸精度和表面粗糙度的加工方法，称为铰孔，如图 2-5-38 所示。铰刀是精度较高的多刃刀具，具有切削余量小、导向性好、加工精度高等特点。一般尺寸精度可达 IT7 级，表面粗糙度值可达 Ra3.2 ~ 0.8 μm。

图 2-5-38 铰孔

（1）铰刀

1）铰刀的组成。铰刀（以整体式圆柱铰刀为例）由柄部和刀体组成，如图 2-5-39 所示。刀体是铰刀的主要工作部分，它包含导锥、切削锥、校准部分和空刀。导锥用于将铰刀引入孔中，不起切削作用；切削锥承担主要的切削任务；校准部分有圆柱刃带，主要起定向、修光孔壁、保证铰孔直径等作用。为了减小铰刀和孔壁的摩擦，校准部分直径有倒锥度。铰刀齿数一般为 4 ~ 8 齿，为测量直径方便，多采用偶数齿。

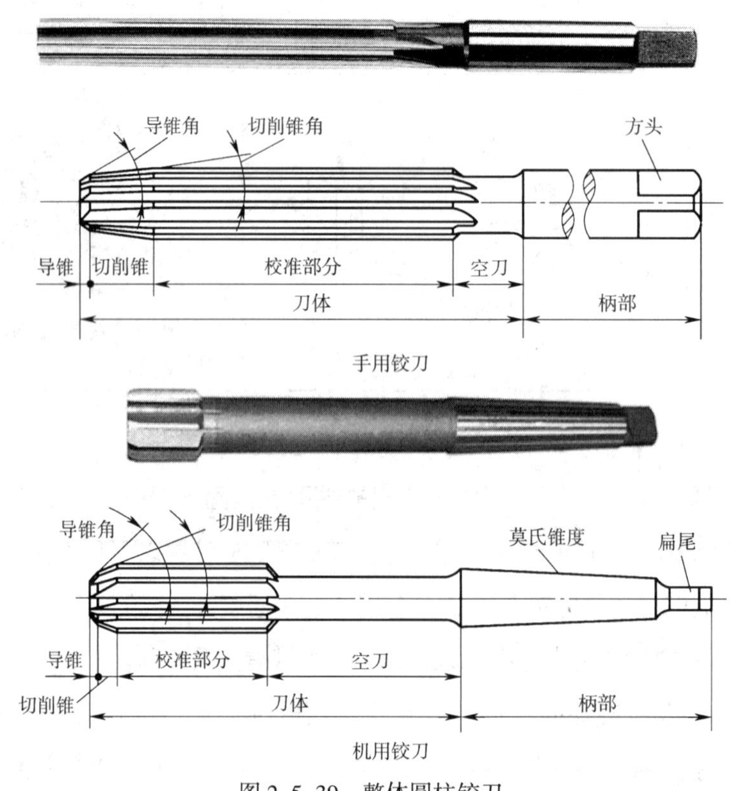

图 2-5-39　整体圆柱铰刀

2）铰刀的种类。铰刀常用高速钢或高碳钢制成，使用范围较广，其分类、结构特点与应用见表 2-5-10。铰刀的基本类型如图 2-5-40 所示。

表 2-5-10　铰刀的分类、结构特点与应用

分类		结构特点与应用
按使用方法	手用铰刀	柄部为方榫形，以便铰杠套入。其工作部分较长，切削锥角较小
	机用铰刀	工作部分较短，切削锥角较大

续表

分类			结构特点与应用
按结构	整体式圆柱铰刀		用于铰削标准直径系列的孔
	可调节手用铰刀		用于单件生产和修配工作中需要铰削的非标准孔
按外部形状	直槽铰刀		用于铰削普通孔
	锥铰刀	1∶10 锥铰刀	用于铰削联轴器上与锥销配合的锥孔
		莫氏锥铰刀	用于铰削 0 ~ 6 号莫氏锥孔
		1∶30 锥铰刀	用于铰削套式刀具上的锥孔
		1∶50 锥铰刀	用于铰削圆锥定位销孔
	螺旋槽铰刀		适于铰削有键槽的内孔
按切削部分材料	高速钢铰刀		用于铰削各种碳钢或合金钢
	硬质合金铰刀		用于高速铰削或对硬材料的铰削

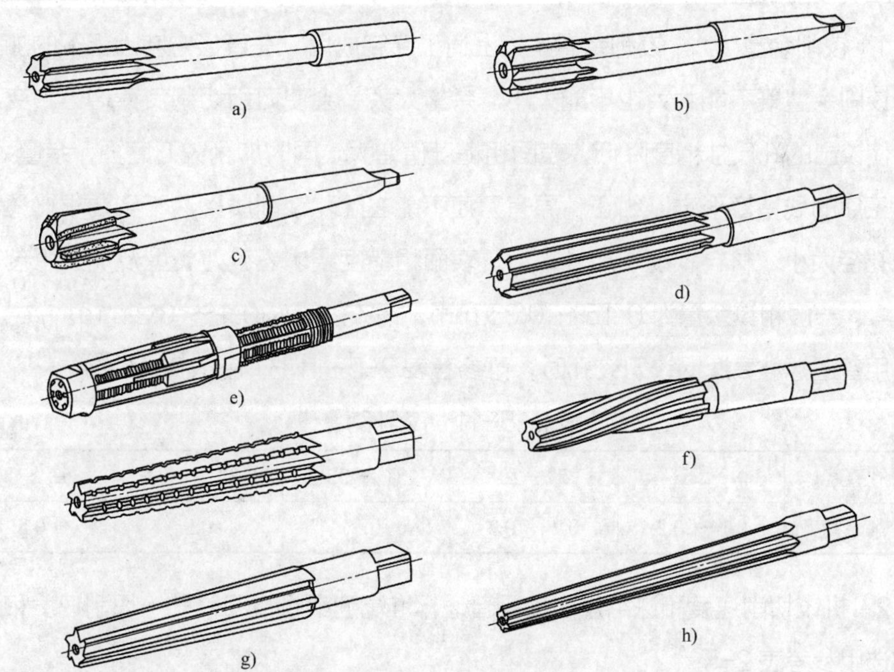

图 2-5-40　铰刀的基本类型

a）直柄机用铰刀　b）锥柄机用铰刀　c）硬质合金锥柄机用铰刀　d）手用铰刀　e）可调节手用铰刀　f）螺旋槽手用铰刀　g）直柄莫氏圆锥铰刀　h）手用 1∶50 锥铰刀

为了获得较高的铰孔质量，一般手用铰刀的齿距在圆周上不是均匀分布的，但为了便于制造和测量，不等齿距的铰刀常制成 180°对称的不等齿距。采用不等齿距的铰刀，铰削时切削刃不会在同一地点停歇而使孔壁产生凹痕，从而能将硬点切除，提高了铰孔质量。铰刀刀齿分布如图 2-5-41 所示。

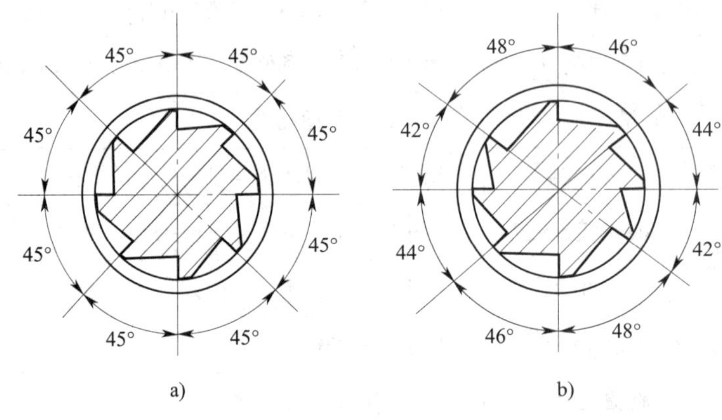

图 2-5-41　铰刀刀齿分布

a）等距分布　b）不等距分布

（2）铰削用量

1）铰削余量 $2a_p$。铰削余量是指上道工序完成后，在直径方向上留下的加工余量。铰削余量既不能太大也不能太小。余量太大，会使刀齿切削负荷增大、变形增大，使铰出的孔尺寸精度降低，表面粗糙度值增大，同时加剧铰刀磨损；余量太小，上道工序的残留变形难以纠正，原有刀痕不能去除，铰削质量达不到要求。通常应考虑孔径大小、材料软硬、尺寸精度、表面粗糙度要求、铰刀类型及加工工艺等多种因素。一般粗铰余量为 0.15 ~ 0.35 mm，精铰余量为 0.1 ~ 0.2 mm。

用普通标准高速钢铰刀铰孔时，可参考表 2-5-11 选取铰削余量。

表 2-5-11　铰削余量　　mm

铰孔直径	< 5	5 ~ 20	21 ~ 32	33 ~ 50	51 ~ 70
铰削余量	0.1 ~ 0.2	0.2 ~ 0.3	0.3	0.5	0.8

2）机铰切削速度和进给量。使用普通标准高速钢机铰刀铰孔，切削速度和进给量的选用参考表 2-5-12。

表 2-5-12　机铰切削速度和进给量的选用

工件材料	切削速度 v /m · min^{-1}	进给量 f /mm · r^{-1}
钢	4 ~ 8	0.4 ~ 0.8
铸铁	6 ~ 10	0.5 ~ 1
铜或铝	8 ~ 12	1 ~ 1.2

铰削时要使用适当的切削液，以减少摩擦、降低工件与刀具温度，防止产生积屑瘤及工件和铰刀的变形或孔径扩大的现象。

（3）铰孔用切削液选择

铰孔时的切屑细碎且易粘附在刀刃上，甚至挤在孔壁与铰刀之间而刮伤表面、扩大孔径。铰削时必须用适当的切削液冲掉切屑，减少摩擦并降低工件和铰刀温度，防止产生刀瘤。切削液选用时参考表 2-5-13。

表 2-5-13　铰孔时的切削液

加工材料	切削液
钢	1. 10% ~ 20% 乳化液 2. 铰孔要求高时采用 30% 菜籽油加 70% 肥皂水 3. 铰孔要求更高时，可采用茶油、柴油、猪油等
铸铁	1. 煤油 2. 低浓度乳化液
铝	煤油
钢	乳化液

（4）铰孔的操作要点

1）工件要夹正，两手用力要均衡，铰刀不得摇摆，按顺时针方向扳动铰杠进行铰削，避免在孔口处出现喇叭口或将孔径扩大。

2）手铰时，要变换每次的停歇位置，以消除铰刀常在同一处停歇而造成的振痕。

3）铰孔时，不论进刀还是退刀都不能反转。以防止铰刀刃口磨钝及切屑卡在刀齿后面与孔壁之间，将孔壁划伤。

4）铰削钢件时，要注意经常清除粘在刀齿上的切屑。

5）铰削过程中如果铰刀被卡住，不能用力扳转铰刀，以防损坏。应取出铰刀，清除切屑，加注切削液后再铰削。

6）机铰时，应使工件一次装夹进行钻、扩、铰，以保证孔的加工位置。铰孔完成后，要待铰刀退出后再停车，以防将孔壁拉出痕迹。

7）铰尺寸较小的圆锥孔时，可先以小端直径按圆柱孔精铰余量钻出底孔，然后用锥铰刀铰削。对尺寸和深度较大的圆锥孔，为减小切削余量，铰孔前可先钻出阶梯孔，如图 2-5-42 所示。然后再用锥铰刀铰削，铰削过程中要经常用相配的锥销来检查铰孔尺寸，如图 2-5-43 所示。

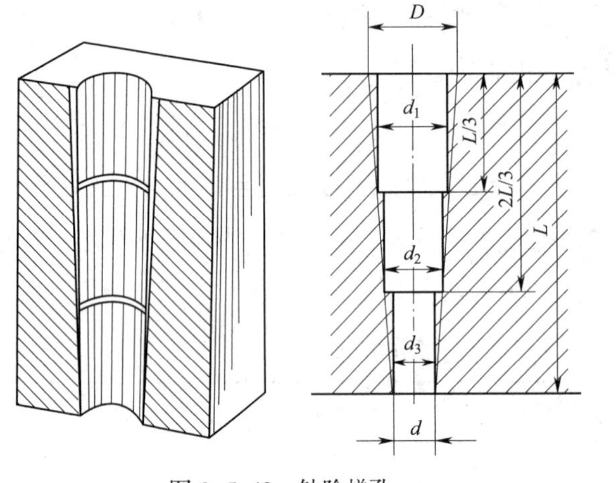

图 2-5-42　钻阶梯孔

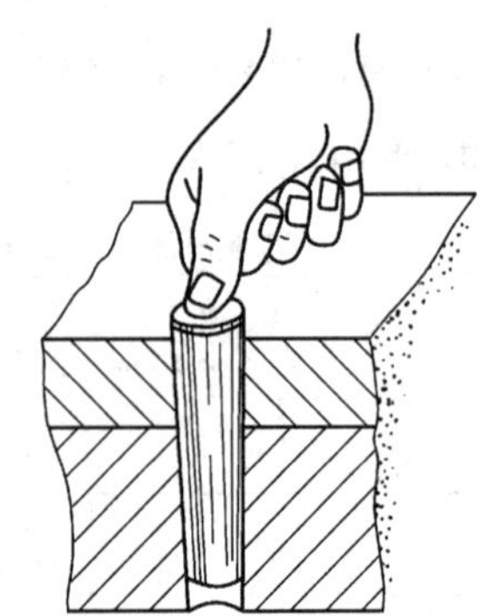
图 2-5-43　用锥销检查铰孔尺寸

5. 配钻与同钻铰孔

配钻铰孔是指通过已钻好、铰好的孔对另一零件进行钻孔、铰孔。同钻铰孔是指将有关零件夹紧成一体后，同时钻孔、铰孔。配钻与同钻铰孔适用于配钻孔较多的场合，比划线后再钻孔的精度要高，且能保证良好的装配关系。

螺孔及其过孔的加工质量对装配有很大的影响，为了保证其位置精度，大多采用配作。

（1）螺孔、螺钉孔及其过孔的配钻

1）直接引钻法

①通过已加工好的光孔配钻螺纹底孔。将两个零件按要求位置夹紧在一起，用与光孔直径相同的钻头，以光孔作引导，在待加工件上先钻一锥坑，再把两个件分开，以锥坑为准孔。当配作要求高时，可采用以下措施：

a. 钻锥坑钻头顶角取 105° ~ 110°，以利于引导钻头钻孔。

b. 钻锥坑时，当钻头接触到工件时缓慢进刀，达锥坑深度后略回升，再慢进刀 0.2 ~ 0.3 mm，可达到较高的同轴度要求。

②通过已加工螺孔配作过孔。将两个零件按要求位置夹紧在一起，用直径略小于螺孔顶径钻头，在待加工工件上钻孔，将两件分开，把小孔扩大到所需直径。

2）螺纹中心冲印孔法。根据已经加工的不通孔螺孔来配作时，可采用螺纹中心冲印孔。该中心冲锥尖经淬硬处理并与螺纹中心有同轴度要求。使用时将螺纹中心冲旋入已加工的螺孔内，用高度尺找平，将两工件按装配位置叠在一起并加压，使在待加工的各对应孔中心压出中心冲孔后钻孔，如图 2-5-44 所示。

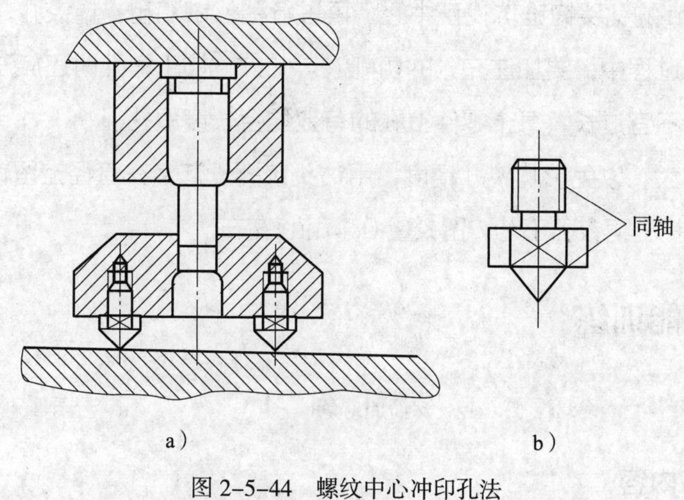

图 2-5-44　螺纹中心冲印孔法
a）用螺纹中心冲印孔位　b）螺纹中心冲

3）复印法。在已经加工好的光孔或螺孔的平面上涂一层红丹粉，将两零件按装配位置叠在一起，使在待加工的平面上印出孔印，据此钻中心孔。

（2）销孔的配钻铰

零件相互间的位置精度，常用圆柱销定位来保证，销钉孔的加工质量和销钉的定位准确程度，对装配质量有很大的影响。所以销钉孔的加工是在把装配调整好的各零件螺钉紧固在一起后进行的，使各定位件对应的销钉孔具有较高的同轴度要求。

若被固定件已淬硬，其销孔一般应预先加工好（用比该孔径小 0.1 ~ 0.2 mm 的钻头锪锥坑后），经该销作引导进行钻、铰；若被固定件未经淬硬，其销孔一般不预先加工出来，而是采用同钻铰加工。

对淬硬件用的销孔，为了减少变形的影响，可采用以下措施：

1）用硬质合金铰刀，对销孔精铰一次。

2）用埋金法，即在淬火前先将销孔扩大，淬火后用压入或无机黏结镶实心软钢，再在软钢上加工销孔。此法用于淬硬件上的不通销孔，更显优越性。

3）淬硬后磨削销孔。

4）根据用铸铁棒加研磨的实际尺寸，配制非标准销钉。

5）淬火前将销孔扩大，淬火后压入一空心销钉套，据此配作。

6）线切割销孔，程序一次编出，可互换。

为了保证销钉孔的加工质量，配钻铰销孔时，选用比已加工好的销钉直径小

0.1 ~ 0.2 mm 的钻头锪锥坑找正中心，再进行钻、锪和粗、精铰孔，所留余量要适当。在铰削过程中，要加注充分的切削液。此外，加工销孔时还应注意：销孔的有效配合长度不宜过长，每个零件上孔的有效配合长度取孔径 1 ~ 1.5 倍，其余部分的孔径可扩大，以免影响铰孔精度；用钻头铰孔工艺，在直径上留铰量 0.2 mm 左右；用钻头扩孔再铰孔工艺，留铰量 0.1 mm 左右。

四、技能训练

钻 孔 练 习

1. 训练内容

完成如图 2-5-45 所示止动座的钻孔加工。

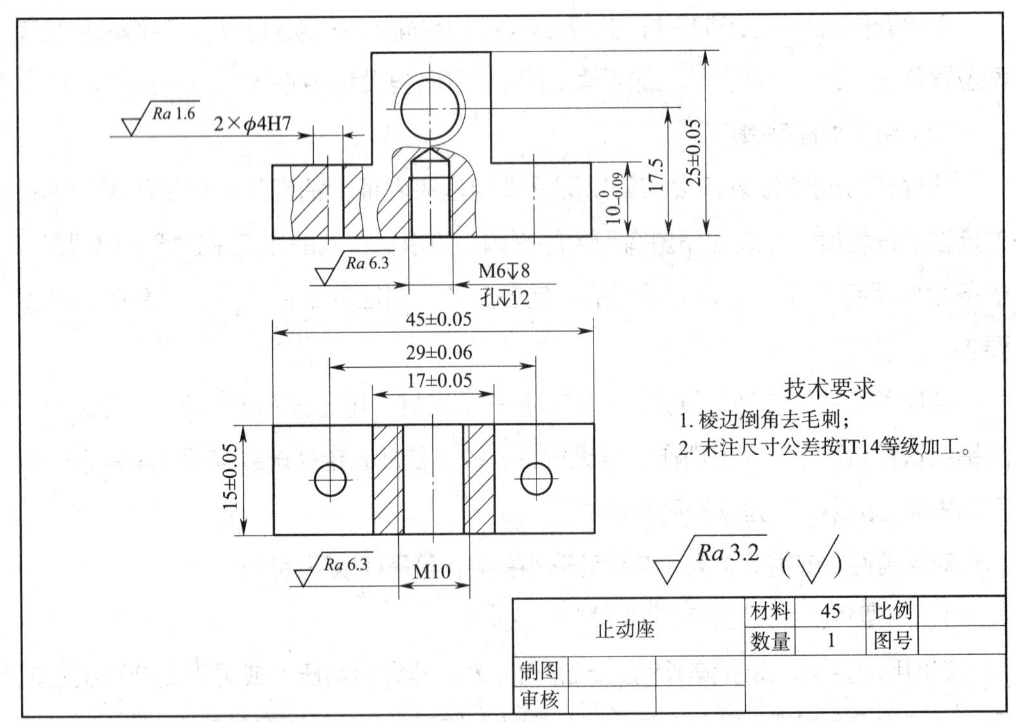

图 2-5-45 止动座的钻孔

2. 训练准备

（1）工具、量具：划针、划规、划线盘、样冲、手锤、平锉、钻头（ϕ3.8 mm、ϕ5 mm、ϕ8.5 mm）、钢直尺、游标卡尺、高度游标卡尺。

（2）材料：由课题 4 综合训练（一）止动座的加工转入。

3. 操作步骤

（1）检查来料尺寸是否符合图样要求，在工件划线位置上涂上划线涂料。

（2）将课题 4 综合训练（一）的止动座材料中两个锯削面锉削加工成 17 ± 0.05 mm 的尺寸。

（3）按图样要求划线，打样冲中心孔。

（4）根据图样要求选用麻花钻进行刃磨，主切削刃处的后角磨成 8° ~ 12°，顶角磨成 118° ±2°，顶角与麻花钻轴线对称，两主切削刃长度一致。

（5）依次钻削 ϕ3.8 mm、ϕ5 mm、ϕ8.5 mm 的底孔，并达到图样要求，如图 2-5-46 所示。

（6）去毛刺，全面精度检查，修整。

备注：孔加工后的止动座转课题 6 技能训练螺纹加工。

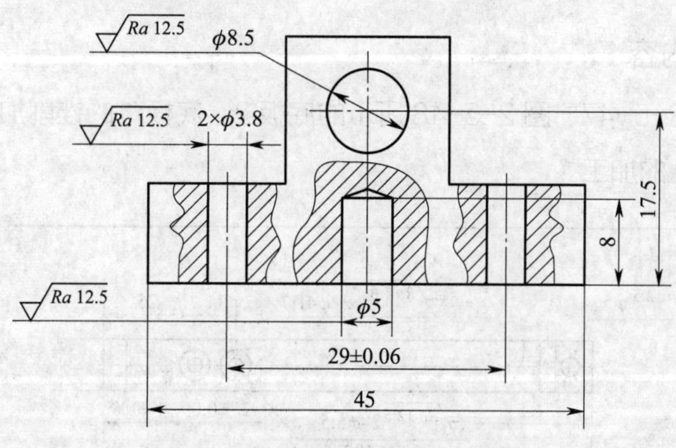

图 2-5-46　止动座的钻孔示意图

4. 钻孔时的注意事项

（1）接通开关待砂轮转动正常后，方可开始刃磨麻花钻。

（2）钻头刃磨姿势正确，并达到要求的几何形状和角度。

（3）用钻夹头装夹钻头时要用钻夹头钥匙，不可用扁铁和锤子敲击，以免损坏钻夹头和影响钻床主轴精度，同时必须做好装夹面的清洁工作。

（4）钻孔时进给力要适当，即将钻穿时进给力应减小，不可用力过猛，以免影响钻削质量。

（5）钻头用钝后应及时修磨锋利。

（6）注意操作安全。

5. 评分标准（见表 2-5-14）

表 2-5-14 评分标准

序号	项目与技术要求		配分	评分标准	检测结果		得分
					学生自检	教师检测	
1	钻孔	钻头刃磨姿势	20	不正确不得分			
2		ϕ3.8 mm 孔（2 处）	20	超差不得分			
3		ϕ5 mm 孔	10	超差不得分			
4		ϕ8.5 mm 孔	10	超差不得分			
5		29 ± 0.06	10	超差不得分			
6		表面粗糙度值 Ra25 μm	20	升高一级不得分			
7	安全文明生产		10	违者不得分			

钻孔、扩孔、锪孔、铰孔练习

1. 训练内容

完成如图 2-5-47、图 2-5-48 所示的底板 2、底板 1 的锉削加工和钻孔、扩孔、锪孔、铰孔的加工。

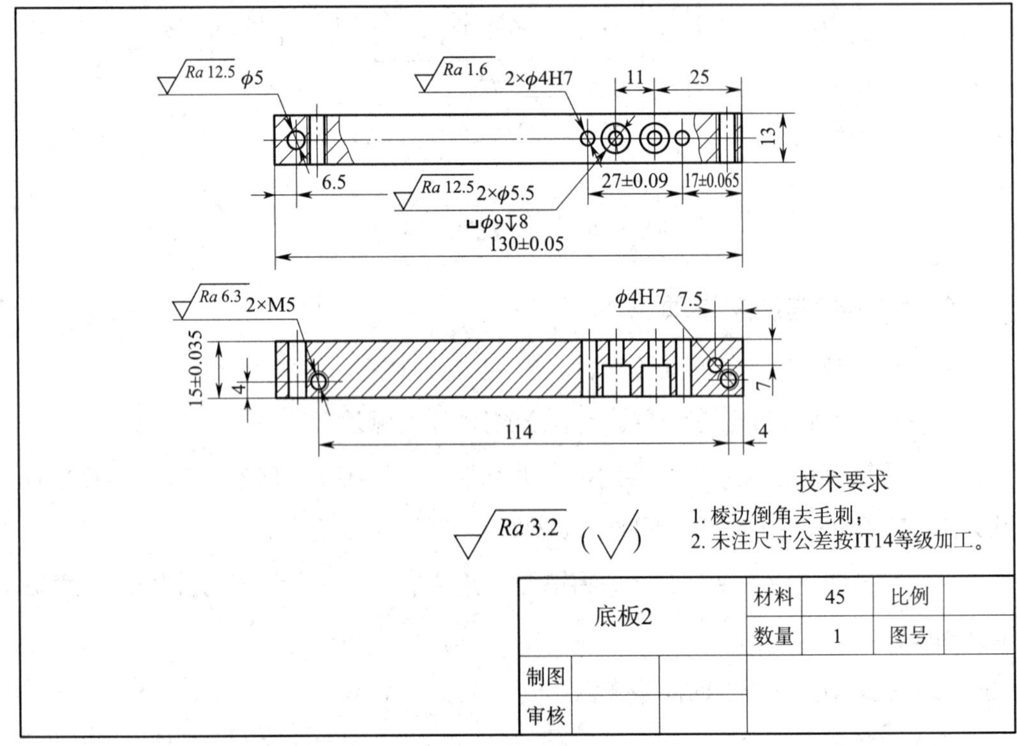

图 2-5-47 底板 2

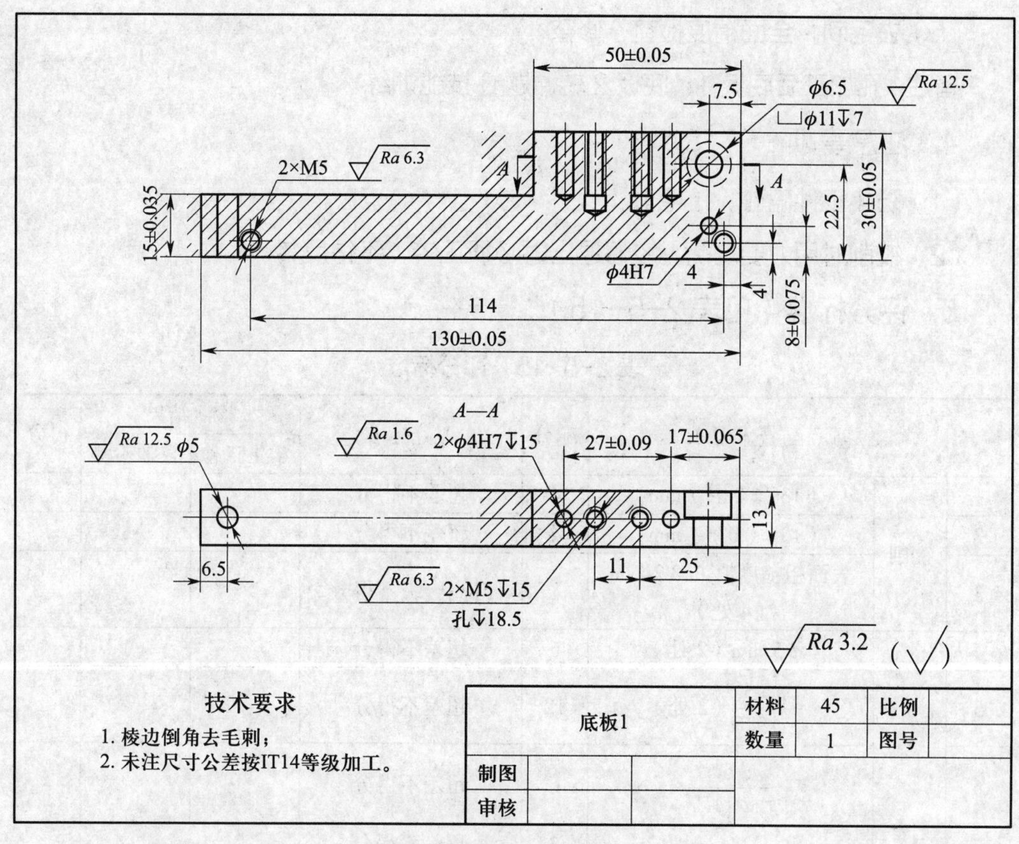

图 2–5–48　底板 1

2. 训练准备

（1）工具、量具：划规、样冲、手锤、平锉、圆锉、麻花钻、柱形锪钻、手用铰刀、铰杠、钢直尺、游标卡尺、高度游标卡尺。

（2）材料：由课题 2 和课题 3 转来。

3. 操作步骤

（1）加工底板 2 外轮廓基准面，完成尺寸（130 ± 0.05）mm、（15 ± 0.035）mm 符合图样要求。

（2）按底板 2 的图样划线钻 ϕ5 mm、2 ×ϕ5.5 mm 通孔，再用柱形锪钻在 2 ×ϕ5.5 mm 通孔孔口处锪出 ϕ9 mm 深 8 m 的沉孔。

（3）按底板 1 的图样划线钻 ϕ5 mm、ϕ6.5 mm 通孔，再用柱形锪钻在 ϕ6.5 mm 通孔孔口处锪出 ϕ11 mm 深 7 m 的沉孔。

（4）按底板 1、底板 2 图样要求，选择 ϕ3.8 mm 麻花钻钻底孔，孔口倒角后用手用铰刀铰削 ϕ4H7 销孔，并达到图样要求。

（5）去毛刺，全面精度检查，修整。

备注：孔加工后底板 1、底板 2 转课题 6 技能训练。

4. 注意事项

（1）防止工件磕碰、拉毛。

（2）铰削时用力要均衡，铰刀退出时必须正转，不得反转。

5. 评分标准（见表 2-5-15）

表 2-5-15 评分标准

序号	项目与技术要求		配分	评分标准	检测结果		得分
					学生自检	教师检测	
1	锉削	（130 ± 0.05）mm	4	超差不得分			
2		（15 ± 0.035）mm	4	超差不得分			
3		表面粗糙度值 *Ra*3.2 μm（4 处）	8	升高一级不得分			
4	钻孔、锪孔、铰孔	ϕ5 mm（2 处）	6	超差不得分			
5		$\frac{\phi 5.5}{\sqcup \phi 9 \downarrow 8}$（2 处）	12	超差不得分			
6		$\frac{\phi 5.5}{\sqcup \phi 11 \downarrow 7}$	6	超差不得分			
7		11 mm	3	超差不得分			
8		6.5 mm（2 处）	4	超差不得分			
9		表面粗糙度值 *Ra*6.3 μm（5 处）	5	升高一级不得分			
10		ϕ4H7（6 处）	12	超差不得分			
11		（17 ± 0.065）mm（2 处）	7	超差不得分			
12		（27 ± 0.09）mm（2 处）	7	超差不得分			
13		7.5 mm（2 处）	3	超差不得分			
14		7 mm（2 处）	3	超差不得分			
15		表面粗糙度值 *Ra*1.6 μm（6 处）	6	升高一级不得分			
16	安全文明生产		10	违者不得分			

6. 质量分析（见表 2-5-16、表 2-5-17）

表 2-5-16 钻孔时的质量分析

出现问题	产生原因
孔径大于规定尺寸	1. 钻头两主切削刃长度不等，高低不一致 2. 钻床主轴径向偏摆或工作台未锁紧有松动 3. 钻头本身弯曲或装夹不好，使钻头有过大的径向跳动现象

续表

出现问题	产生原因
孔壁粗糙	1. 钻头不锋利 2. 进给量太大 3. 钻头过短、排屑槽堵塞 4. 切削液选用不当或供应不足
钻孔偏移	1. 工件划线不正确 2. 钻头横刃太长定心不准，起钻过偏而没有校正
钻孔歪斜	1. 工件上与孔垂直的平面与主轴不垂直或钻床主轴与台面不垂直 2. 工件安装时，安装接触面上的切屑未清除干净 3. 工件装夹不牢，钻孔时产生歪斜，或工件有砂眼 4. 进给量过大使钻头产生弯曲变形
钻孔呈多角形	1. 钻头后角太大 2. 钻头两主切削刃长短不一，角度不对称
钻头工作部分折断	1. 钻头用钝仍继续钻孔 2. 钻孔时未经常退钻排屑，使切屑在钻头螺旋槽内阻塞 3. 孔将钻通时没有减小进给量 4. 进给量过大 5. 工件未夹紧，钻孔时产生松动 6. 在钻黄铜等软金属时，钻头后角太大，前角又没有修磨小造成扎刀
切削刃迅速磨损或碎裂	1. 切削速度太高 2. 没有根据工件材料硬度来刃磨钻头角度 3. 工件表面或内部硬度高或有砂眼 4. 进给量过大 5. 切削液不足

表 2-5-17 铰孔时的废品分析

废品形式	产生原因
粗糙度不达要求	1. 铰刀刃口不锋利或有崩裂，铰刀切削部分和修整部分不光洁 2. 切削刃上粘有积屑瘤，容屑槽内切屑粘积过多 3. 铰削余量太大或太小 4. 切削速度太高，以致产生积屑瘤 5. 铰刀退出时反转，手铰时铰刀旋转不平稳 6. 切削液不充足或选择不当 7. 铰刀偏摆过大
孔径扩大	1. 铰刀与孔的中心不重合，铰刀偏摆过大 2. 进给量和铰削余量太大 3. 切削速度太高，使铰刀温度上升，直径增大 4. 操作粗心（未仔细检查铰刀直径和铰孔直径）

续表

废品形式	产生原因
孔径缩小	1. 铰刀超过磨损标准，尺寸变小仍继续使用 2. 铰刀磨钝后还继续使用，造成孔径过度收缩 3. 铰钢料时加工余量太大，铰好后内孔弹性复原而孔径缩小 4. 铰铸铁时加了煤油
孔中心不直	1. 铰孔前的预加工孔不直，铰小孔时由于铰刀刚度差而未能使原有的弯曲度得到纠正 2. 铰刀的切削锥角太大，导向不良，使铰削时方向发生偏歪 3. 手铰时，两手用力不均
孔呈多棱形	1. 铰削余量太大和铰刀刀刃不锋利，使铰削时发生“啃切”现象，造成振动而出现多棱形 2. 钻孔不圆，铰孔时铰刀发生弹跳现象 3. 钻床主轴振摆太大

复习思考题

1. 麻花钻由哪几部分组成？各部分的主要作用是什么？

2. 在图 2-5-49 中标注出标准麻花钻切削部分的面、刃和切削角度。

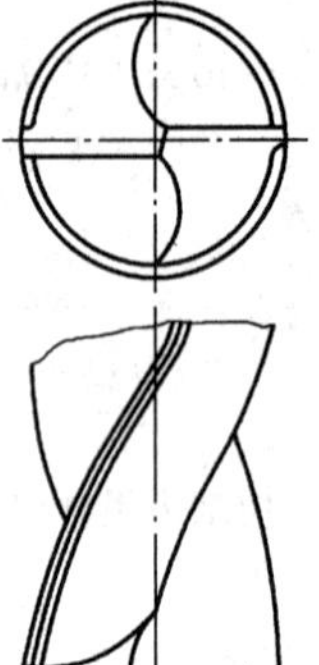

图 2-5-49

3. 试述麻花钻顶角、前角、后角和横刃斜角的定义。

4. 标准麻花钻头有哪些缺点？对钻削有何不良影响？

5. 何谓钻孔的切削速度、进给量和背吃刀量？选择钻削用量的原则是什么？

6. 在钢板上钻削 ϕ 12H10 孔。试回答下列问题：

（1）确定钻削用量选择顺序。

（2）选择合理的切削用量。

（3）计算此时钻床主轴转速。

（4）若 $2\varphi=120°$，钻透板厚为 30 mm 的工件需要多长时间？

（5）选择哪种切削液合适？

7. 标准群钻与标准麻花钻相比在结构上有何特点？

8. 操作钻床时的注意事项有哪些？

9. 扩孔有哪些特点？

10. 简述锪钻的种类和用途。

11. 铰刀由哪几部分组成？各部分的主要作用是什么？

12. 加工如图 2-5-50 所示工件上 ϕ40H8 的孔及 ϕ60 mm 的埋头孔。试写出加工工艺及所选用的刀具。

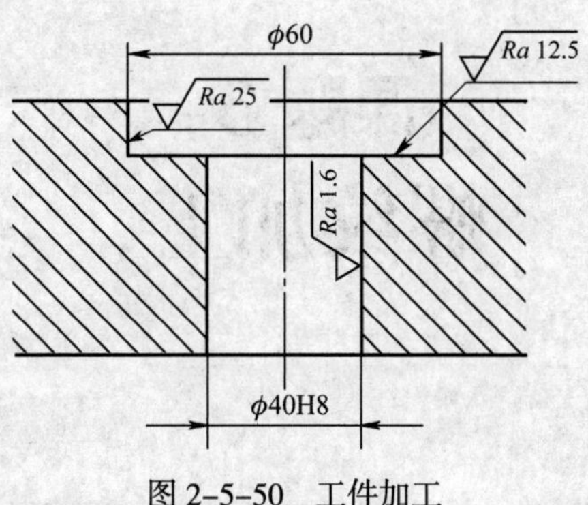

图 2-5-50　工件加工

课题 6
螺纹加工

螺纹的加工方法有很多，一般比较精密的螺纹都需要在车床上加工，而零件手工加工在装配与维修工作中只能加工三角螺纹（米制三角螺纹、英制三角螺纹、管螺纹），常用的加工方法是攻螺纹和套螺纹。普通螺纹直径与螺距见表 2-6-1。

表 2-6-1　普通螺纹直径与螺距（摘自 GB/T 193—2003）

公称直径 D、d/mm			螺距 P/mm	
第 1 系列	第 2 系列	第 3 系列	粗牙	细牙
4			0.7	0.5
5			0.8	
6			1	0.75
8			1.25	1、0.75
10			1.5	1.25、1、0.75
12			1.75	1.25、1
	14		2	1.5、1
		15		1.5、1
16			2	1.5、1
20	18		2.5	2、1.5、1
24		25	3	2、1.5、1
	27		3	2、1.5、1
30			3.5	（3）、2、1.5、1
36			4	3、2、1.5
		40		3、2、1.5
42	45		4.5	4、3.2、1.5
48			5	4、3.2、1.5
		50		3、2、1.5

一、攻螺纹

用丝锥在孔中切削出内螺纹的加工方法称为攻螺纹，如图 2-6-1 所示。

图 2-6-1　攻螺纹

1. 攻螺纹用的工具

（1）丝锥

丝锥分手用丝锥和机用丝锥，如图 2-6-2 所示。手用丝锥一般用合金工具钢或轴承钢制造，机用丝锥用高速钢制造。

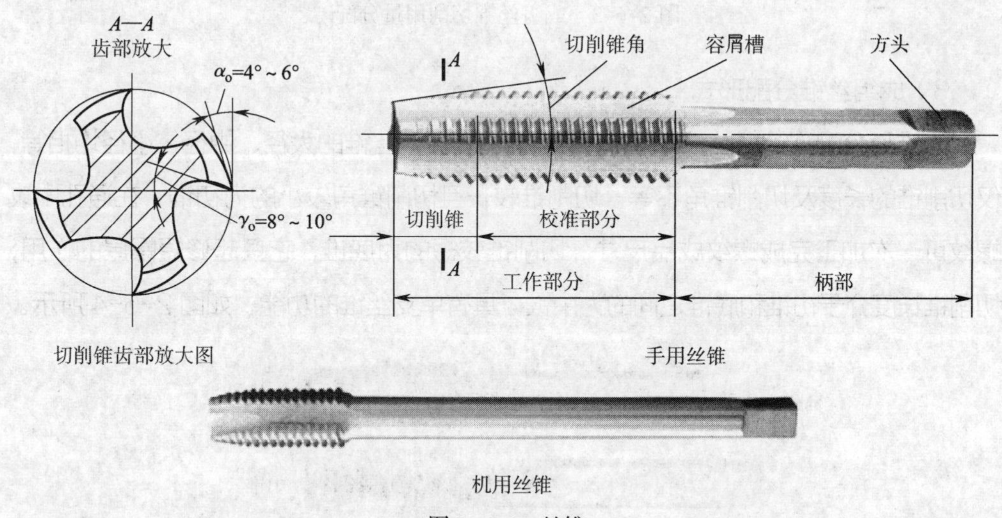

图 2-6-2　丝锥

1）丝锥的结构。丝锥由柄部和工作部分组成。柄部起夹持和传动作用。在工作部分沿轴向开有几条容屑槽，以形成锋利的切削刃，前段为切削锥，起切削和引导作用；后段为校准部分，有完整的牙型，用来修光和校准已切出的螺纹，并引导丝锥沿轴向前进。为了减小牙侧的摩擦，在校准部分的直径上略有倒锥。

2）成组丝锥。攻螺纹时，为了减小切削力和延长丝锥寿命，一般将整个切削工作量分配给几支丝锥来承担。通常 M6 ~ M24 的丝锥每组有两支；M6 以下及 M24 以上的丝锥每组有三支；细牙螺纹丝锥为两支一组。成组丝锥切削量的分配形式有锥形分配和柱形分配两种，如图 2-6-3 所示。

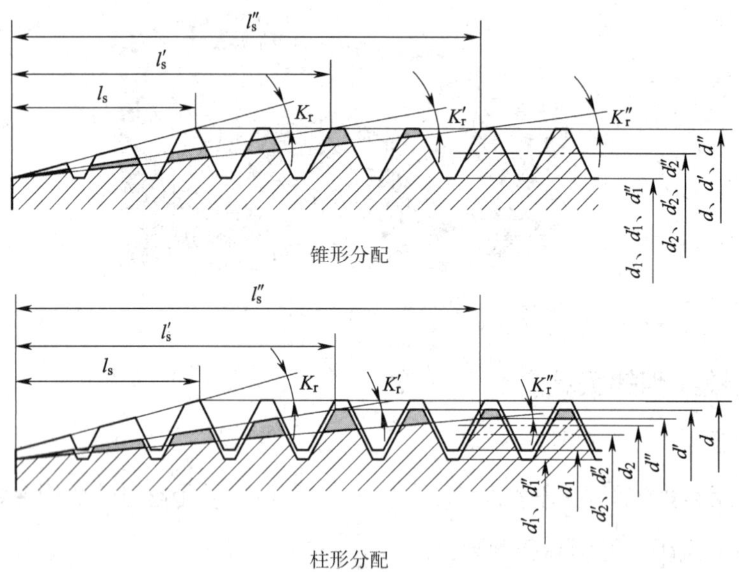

图 2-6-3　成组丝锥切削用量分配

3）成组丝锥分配形式

①锥形分配（等径丝锥）。在成组丝锥中，各支丝锥的大径、中径、小径均相等，仅切削锥的长度及切削锥角不等。切削锥较长且切削锥角较小的为初锥，在通孔中攻螺纹可一次加工完成螺纹成品尺寸；切削锥较短的为底锥，它只起修短螺尾的作用；切削锥长度介于初锥和底锥之间的为中锥，具有单支丝锥的功能，如图 2-6-4 所示。

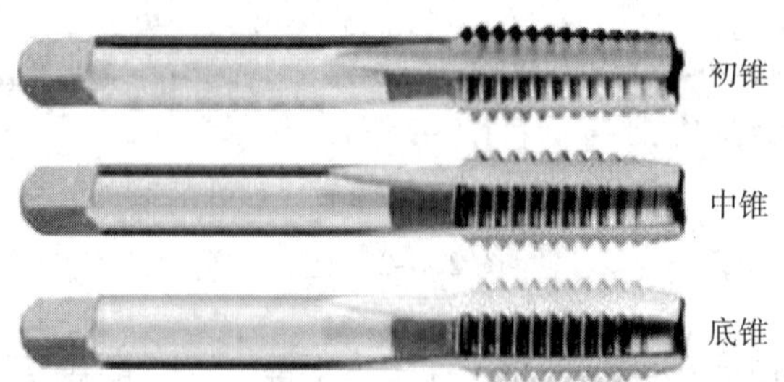

图 2-6-4　锥形分配

②柱形分配（不等径丝锥）。在成组丝锥中，各支丝锥的大径、中径、小径以及切削锥长度和切削锥角均不相等。其中切削锥较长，且切削锥角较小的为第一粗锥

（头锥），它的校准部分不具备完整螺纹牙型，在加工螺纹时起粗加工作用；切削锥较短的为精锥，它的校准部分具有完整螺纹牙型，起最后精加工作用；切削锥长度介于第一粗锥和精锥之间的为第二粗锥（二锥），起第二次粗加工作用。这种丝锥的切削量分配比较合理，切削省力，各支丝锥磨损量差别小，寿命长，攻制的螺纹表面粗糙度值小。通常三支一组的丝锥按 6 : 3 : 1 分担切削量；两支一组的丝锥按 7.5 : 2.5 分担切削量。如图 2-6-5 所示。

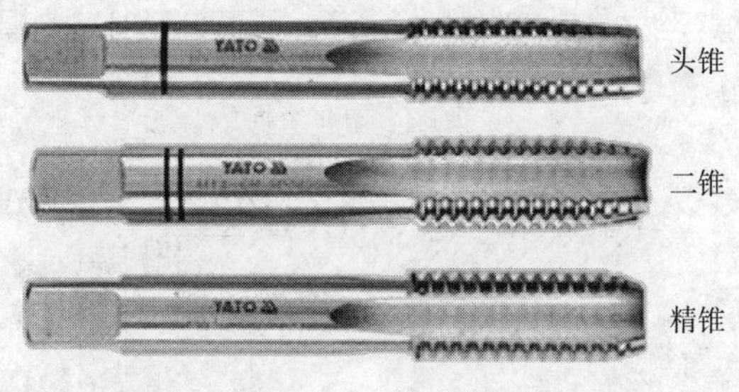

图 2-6-5　柱形分配

（2）铰杠

铰杠是手工攻螺纹时用来夹持丝锥的工具。铰杠分普通铰杠（如图 2-6-6）和丁字形铰杠（图 2-6-7）两类。每类铰杠又有固定式和可调式两种。

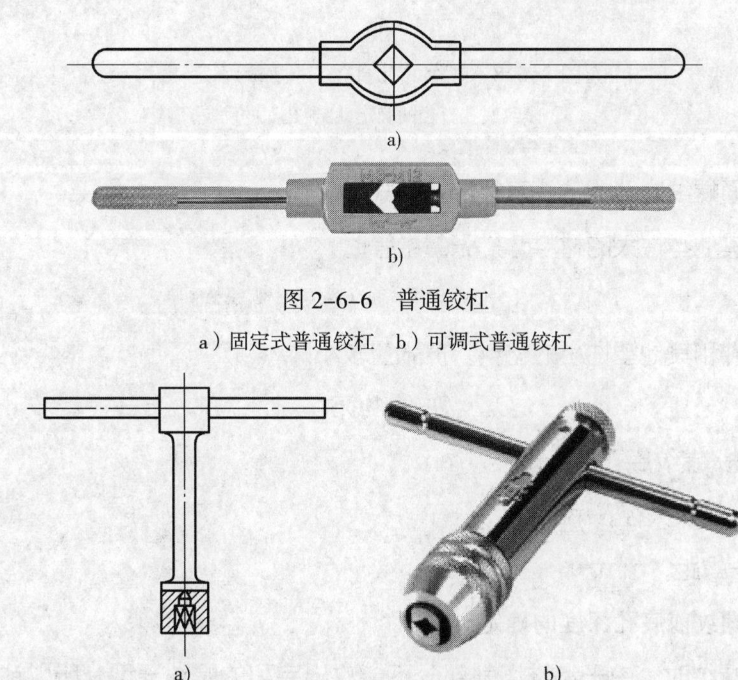

图 2-6-6　普通铰杠

a）固定式普通铰杠　b）可调式普通铰杠

图 2-6-7　丁字形铰杠

a）固定式　b）可调式

2. 攻螺纹前底孔直径与孔深的确定

（1）攻螺纹前底孔直径的确定

攻螺纹时，丝锥对金属层有较强的挤压作用，使攻出螺纹的小径小于底孔直径。此时，如果螺纹牙顶与丝锥牙底之间没有足够的容屑空间，丝锥就会被挤压出来的材料箍住，易造成崩刃、折断和螺纹烂牙。因此攻螺纹之前的底孔直径应稍大于螺纹小径，如图 2-6-8a 所示。一般应根据工件材料的塑性和钻孔时的扩张量来考虑，使攻螺纹时既有足够的空隙容纳被挤出的材料，又能保证加工出来的螺纹具有完整的牙型。

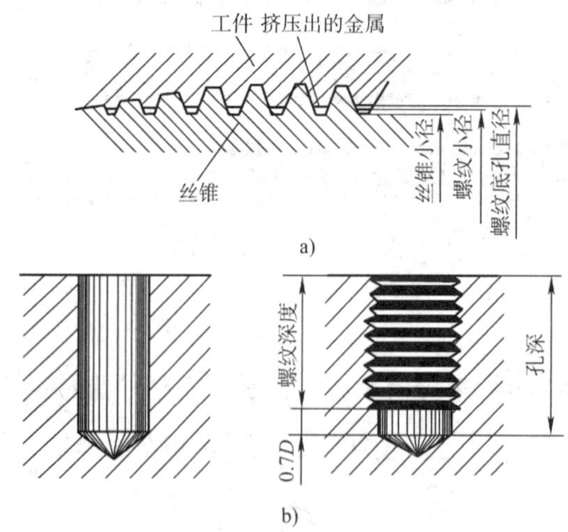

图 2-6-8　螺纹底孔直径与孔深的确定

a）螺纹底孔直径的确定　b）孔深的确定

加工普通螺纹底孔的钻头直径计算公式：

对钢和其他塑性大的材料，扩张量中等时，

$$D_{孔}=D-P$$

对铸铁件和其他塑性小的材料，扩张量较小时，

$$D_{孔}=D-(1.05\sim1.1)P$$

式中　$D_{孔}$——螺纹底孔钻头直径，mm；

D——螺纹大径，mm；

P——螺距，mm。

（2）攻螺纹前底孔深度的确定

攻盲孔螺纹时，由于丝锥切削部分不能攻出完整的螺纹牙型，所以钻孔深度要大于螺纹的有效长度，如图 2-6-8b 所示。

钻孔深度的计算公式为：

$$H_{深}=h_{有效}+0.7D$$

式中 $H_{深}$——底孔深度，mm；

$h_{有效}$——螺纹有效长度，mm；

D——螺纹大径，mm。

普通螺纹、英制螺纹、圆柱管螺纹及圆锥管螺纹底孔的钻头直径可分别从表2-6-2、表2-6-3、表2-6-4中选用。

表2-6-2 普通螺纹攻螺纹前钻底孔的钻头直径 mm

螺纹直径 D	螺距 P	钻头直径 d	
		铸铁、青铜、黄铜	钢、可锻铸铁、紫铜、层压板
2	0.4	1.6	1.6
	0.25	1.75	1.75
2.5	0.45	2.05	2.05
	0.35	2.15	2.15
3	0.5	2.5	2.5
	0.35	2.65	2.65
4	0.7	3.3	3.3
	0.5	3.5	3.5
5	0.8	4.1	4.2
	0.5	4.5	4.5
6	1	4.9	5
	0.75	5.2	5.2
8	1.25	6.6	6.7
	1	6.9	7
	0.75	7.1	7.2
10	1.5	8.4	8.5
	1.25	8.6	8.7
	1	8.9	9
	0.75	9.1	9.2
12	1.75	10.1	10.2
	1.5	10.4	10.5
	1.25	10.6	10.7
	1	10.9	11
14	2	11.8	12
	1.5	12.4	12.5
	1	12.9	13
16	2	13.8	14
	1.5	14.4	14.5
	1	14.9	15

续表

螺纹直径 D	螺距 P	钻头直径 d	
		铸铁、青铜、黄铜	钢、可锻铸铁、紫铜、层压板
18	2.5	15.3	15.5
	2	15.8	16
	1.5	16.4	16.5
	1	16.9	17
20	2.5	17.3	17.5
	2	17.8	18
	1.5	18.4	18.5
	1	18.9	19
22	2.5	19.3	19.5
	2	19.8	20
	1.5	20.4	20.5
	1	20.9	21
24	3	20.7	21
	2	21.8	22
	1.5	22.4	22.5
	1	22.9	23

表 2-6-3　英制螺纹、圆柱管螺纹攻螺纹前钻底孔的钻头直径

英制螺纹				圆柱管螺纹		
螺纹直径 / in	牙数 / in	钻头直径 /mm		螺纹直径 / in	牙数 / in	钻头直径 / mm
		铸铁、青铜、黄铜	钢、可锻铸铁			
3/16	24	3.8	3.9	1/8	28	8.8
1/4	20	5.1	5.2	1/4	19	11.7
5/16	18	6.6	6.7	3/8	19	15.2
3/8	16	8	8.1	1/2	14	18.9
1/2	12	10.6	10.7	3/4	14	24.4
5/8	11	13.6	13.8	1	11	30.6
3/4	10	16.6	16.8	1 1/4	11	39.2
7/8	9	19.5	19.7	1 3/8	11	41.6
1	8	22.3	22.5	1 1/2	11	45.1
1 1/8	7	25	25.2			
1 1/4	7	28.2	28.4			
1 1/2	6	34	34.2			
1 3/4	5	39.5	39.7			
2	4 1/2	45.3	45.6			

表 2-6-4 圆锥管螺纹攻螺纹前钻底孔的钻头直径

55°圆锥管螺纹			60°圆锥管螺纹		
公称直径 /in	牙数 /in	钻头直径 /mm	公称直径 /in	牙数 /in	钻头直径 /mm
1/8	28	8.4	1/8	27	8.6
1/4	19	11.2	1/4	18	11.1
3/8	19	14.7	3/8	18	14.5
1/2	14	18.3	1/2	14	17.9
3/4	14	23.6	3/4	14	23.2
1	11	29.7	1	11 1/2	29.2
1 1/4	11	38.3	1 1/4	11 1/2	37.9
1 1/2	11	44.1	1 1/2	11 1/2	43.9
2	11	55.8	2	11 1/2	56

例 分别计算在钢件和铸铁件上攻 M10 螺纹时的底孔直径各为多少？若攻不通孔螺纹，其螺纹有效深度为 60 mm，求底孔深度为多少？若钻孔时，n=400 r/min，f=0.5 mm/r，求钻一个孔的切削时间最少为多少分钟？（$2\varphi=120°$，只计算钢件）。

解：查表 2-6-1 可得，M10　P=1.5

钢件攻螺纹底孔直径：

$$D_{孔}=D-P=10-1.5=8.5\ (\text{mm})$$

铸铁件攻螺纹底孔直径：

$$\begin{aligned}D_{孔}&=D-(1.05\sim1.1)P\\&=10-(1.05\sim1.1)\times1.5\\&=8.425\sim8.35\ (\text{mm})\end{aligned}$$

取 $D_{孔}$=8.4（mm）（按钻头直径标准系列取一位小数）

底孔深度：

$$\begin{aligned}H_{深}&=h_{有效}+0.7D\\&=60+0.7\times10\\&=67\ (\text{mm})\end{aligned}$$

钻孔时间 t：

$$t=H/nf$$

其中

$$H=H_{深}+h_{钻尖}$$

$$h_{钻尖}=\sqrt{3}D_{孔}/6$$

$$=1.732\times8.5/6$$

$$\approx2.45\ (\mathrm{mm})$$

所以 $$t=(67+2.45)/400\times0.5$$

$$\approx0.35\ (\mathrm{min})$$

3. 攻螺纹的方法

（1）攻螺纹的操作要点

1）按确定的攻螺纹的底孔直径和深度钻底孔，并将孔口倒角，倒角直径应稍大于螺纹大径，以便于丝锥顺利切入，并可防止孔口被挤压出凸边。

2）起攻时，可一手用手掌按住铰杠中部沿丝锥轴线用力加压，另一手配合做顺向旋进；或两手握住铰杠两端均匀施压，并将丝锥顺向旋进，保证丝锥中心线与孔中心线重合，如图 2-6-9 所示。

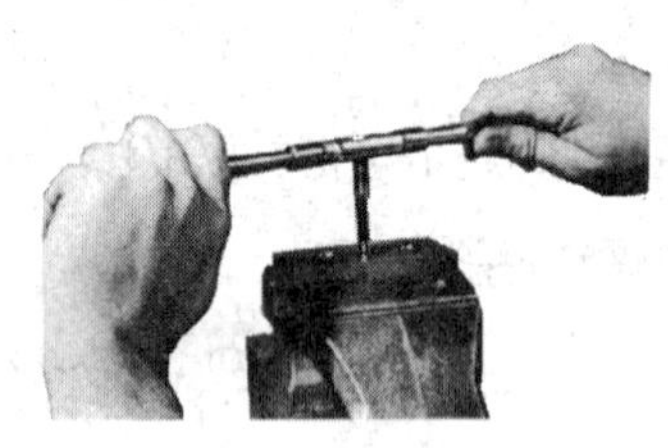

图 2-6-9　起攻方法

3）当丝锥攻入 1 ~ 2 圈时，应检查丝锥与工件表面的垂直度，并不断校正，如图 2-6-10 所示；丝锥的切削部分全部进入工件时，只需均匀转动铰杠。每正转 1/2 ~ 1 圈后倒转 1/4 ~ 1/2 圈，进行断屑和排屑。

4）攻螺纹时，必须以头锥、二锥、精锥顺序攻削至标准尺寸。

5）攻韧性材料螺孔时，要加合适的切削液。

（2）丝锥的修磨

当丝锥的切削部分磨损时，可以适量修磨其后面（见图 2-6-11a）。修磨时要注意保持各刃瓣的半锥角 φ 及切削部分长度的准确性和一致性。转动丝锥时，不要使另一刃瓣的刀齿碰到砂轮而磨坏。

图 2-6-10　检查丝锥与工件表面的垂直度

当丝锥校准部分磨损时，可用棱角修圆的片状砂轮修磨前面（见图 2-6-11b），并控制好前角 γ_o 的大小。

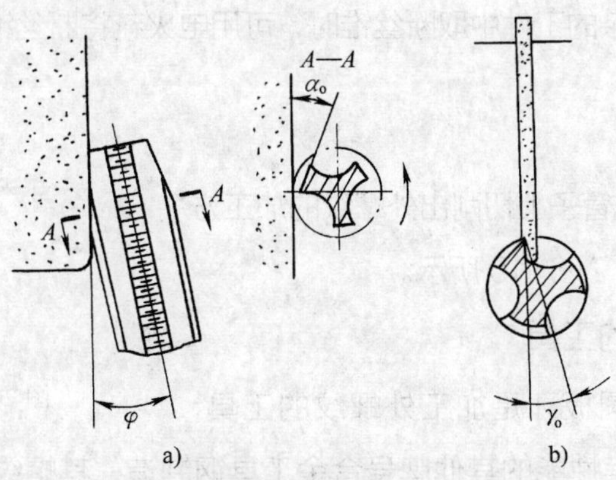

图 2-6-11　修磨丝锥

a）修磨丝锥后面　b）修磨丝锥前面

4. 取断丝锥的方法

在攻制螺纹时，常因操作不当造成丝锥断在孔内，不易取出。若盲目敲打强取将会损坏螺孔，甚至导致工件报废。应先清除螺孔内切屑及丝锥碎屑，加入适当的润滑油，根据折断情况采取不同的方法：

（1）当丝锥折断部分露出孔外时，可直接用钳子拧出。

（2）用冲头或尖錾抵在丝锥容屑槽内，轻轻地正反方向反复敲打，使之松动后用工具旋出（见图 2-6-12）。

（3）在带方榫的一段断丝锥上旋上两只螺母，用钢丝插入断丝锥和螺母间的空槽中，用铰杠顺着退转方向扳动方榫，旋出断丝锥（见图 2-6-13）。

（4）堆焊弯杆或螺母取断丝锥（见图 2-6-14）。

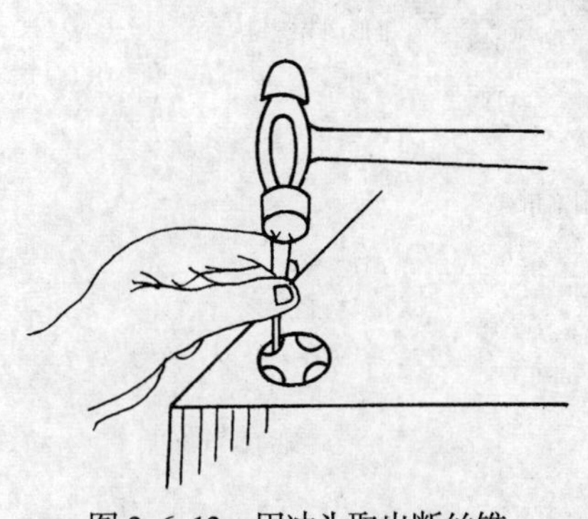

图 2-6-12　用冲头取出断丝锥

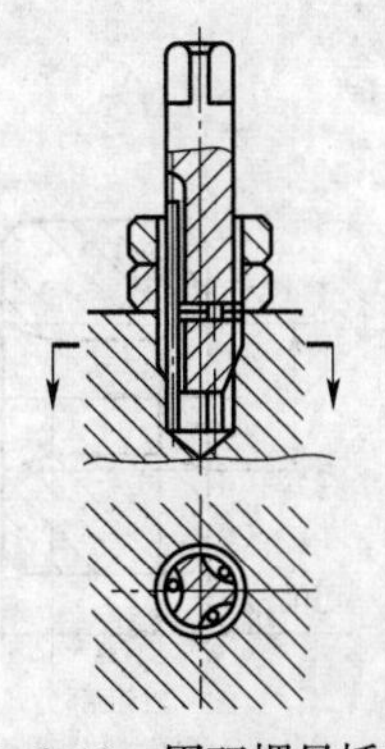

图 2-6-13　用双螺母插钢丝取出断丝锥

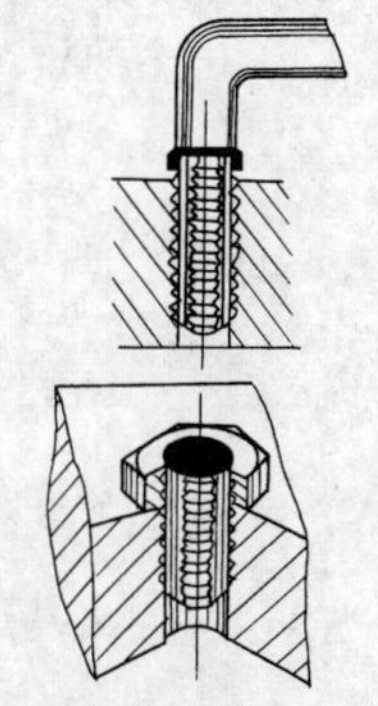

图 2-6-14　堆焊法取出断丝锥

（5）用乙炔火焰将丝锥退火后用钻头钻掉。

（6）断丝锥在不锈钢中可以用硝酸腐蚀。

（7）在形状复杂的工件中取断丝锥时，可用电火花将断丝锥熔蚀掉。

二、套螺纹

用板牙在圆杆或管子上切削出外螺纹的加工方法称为套螺纹，如图 2-6-15 所示。

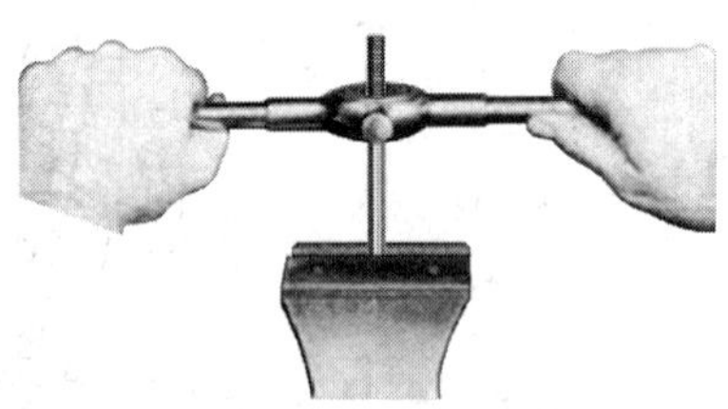
图 2-6-15　套螺纹

1. 套螺纹用的工具

（1）圆板牙。圆板牙是加工外螺纹的工具，它可用 9SiCr 或同等性能的其他牌号合金工具钢制造，其螺纹部分的硬度不低于 60HRC。也可用 W6Mo5Cr4V2 或同等性能的其他牌号高速钢制造。板牙可装在板牙架中用手工加工螺纹，也可在机床上使用。板牙加工出的螺纹精度较低，但由于结构简单、使用方便，在单件、小批生产和修配中仍得到广泛应用。

零件手工加工常用的圆板牙如图 2-6-16 所示，圆板牙由切削锥、校准部分和容屑孔组成，它本身就相当于一个具有很高硬度的螺母，螺孔周围制有几个容屑孔而形成刀刃。圆板牙两端面都有切削锥，待一端磨损后，可换另一端使用。

（2）圆板牙架。圆板牙架是装夹圆板牙的工具，如图 2-6-17 所示。板牙放入后，要用紧固螺钉锁紧。

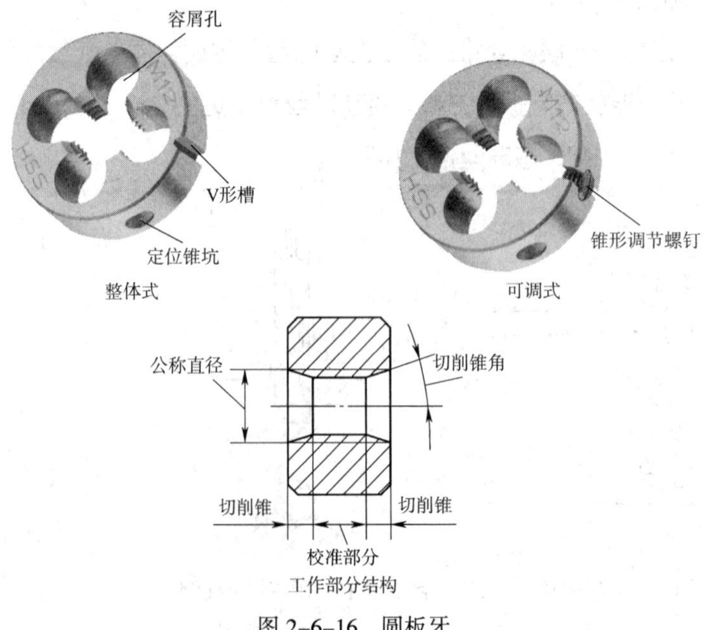

图 2-6-16　圆板牙

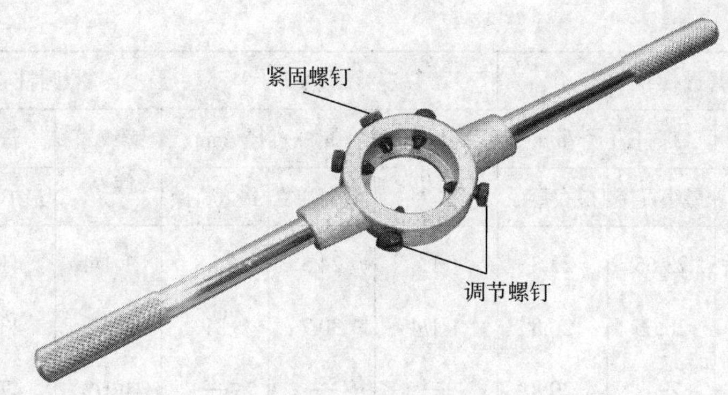

图 2-6-17　圆板牙架

2. 套螺纹前圆杆直径的确定

套螺纹时，金属材料因受板牙的挤压而产生变形，牙顶将被挤的高一些，所以套螺纹前圆杆直径应稍小于螺纹大径。圆杆直径的计算公式为：

$$d_{杆}=d-0.13P$$

式中　$d_{杆}$——套螺纹前圆杆直径，mm；

d——螺纹大径，mm；

P——螺距，mm。

套螺纹的圆杆直径也可从表 2-6-5 中查出。

表 2-6-5　圆板牙套螺纹时圆杆直径

粗牙普通螺纹				英制螺纹			圆柱管螺纹		
螺纹直径 /mm	螺距 / mm	螺杆直径 /mm		螺纹直径 /in	螺杆直径 /mm		螺纹直径 /in	管子外径 /mm	
		最小直径	最大直径		最小直径	最大直径		最小直径	最大直径
M6	1	5.8	5.9	1/4	5.9	6	1/8	9.4	9.5
M8	1.25	7.8	7.9	5/16	7.4	7.6	1/4	12.7	13
M10	1.5	9.75	9.85	3/8	9	9.2	3/8	16.2	16.5
M12	1.75	11.75	11.9	1/2	12	12.2	1/2	20.5	20.8
M14	2	13.7	13.85	—	—	—	5/8	22.5	22.8
M16	2	15.7	15.85	5/8	15.2	15.4	3/4	26	26.3
M18	2.5	17.7	17.85	—	—	—	7/8	29.8	30.1
M20	2.5	19.7	19.85	3/4	18.3	18.5	1	32.8	33.1
M22	2.5	21.7	21.85	7/8	21.4	21.6	1 1/8	37.4	37.7

续表

粗牙普通螺纹				英制螺纹			圆柱管螺纹		
螺纹直径 /mm	螺距 / mm	螺杆直径 /mm		螺纹直径 /in	螺杆直径 /mm		螺纹直径 /in	管子外径 /mm	
		最小直径	最大直径		最小直径	最大直径		最小直径	最大直径
M24	3	23.65	23.8	1	24.5	24.8	1 1/4	41.4	41.7
M27	3	26.65	26.8	1 1/4	30.7	31	1 3/8	43.8	44.1
M30	3.5	29.6	29.8	—	—	—	1 1/2	47.3	47.6
M36	4	35.6	35.8	1 1/2	37	37.3	—	—	—
M42	4.5	41.55	41.75	—	—	—	—	—	—
M48	5	47.5	47.7	—	—	—	—	—	—
M52	5	51.5	51.7	—	—	—	—	—	—
M60	5.5	59.45	59.7	—	—	—	—	—	—
M64	6	63.4	63.7	—	—	—	—	—	—
M68	6	67.4	67.7	—	—	—	—	—	—

3. 套螺纹的操作要点

（1）套螺纹前应将圆杆端部倒成锥半角为 15° ~ 20°的锥体，锥体的最小直径要比螺纹小径小。

（2）为了使圆板牙切入工件，要在转动圆板牙时施加轴向压力，待圆板牙切入工件后不再施压。

（3）切入 1 ~ 2 圈时，要注意检查圆板牙的端面与圆杆轴线的垂直度。

（4）套螺纹过程中，圆板牙要时常倒转一下进行断屑，并合理选用切削液。

三、技能训练

攻 螺 纹

1. 训练内容

完成如图 2-6-18、图 2-6-19、图 2-6-20 所示底板 1、底板 2、止动座的孔加工和攻螺纹。

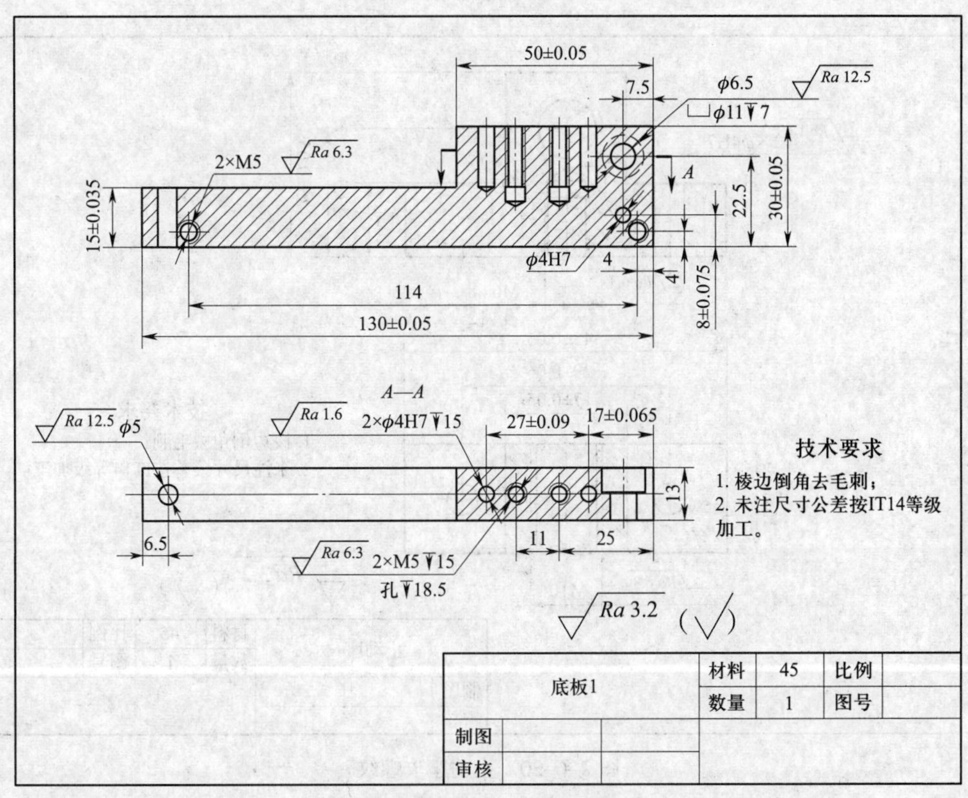

图 2-6-18 底板 1 螺纹加工

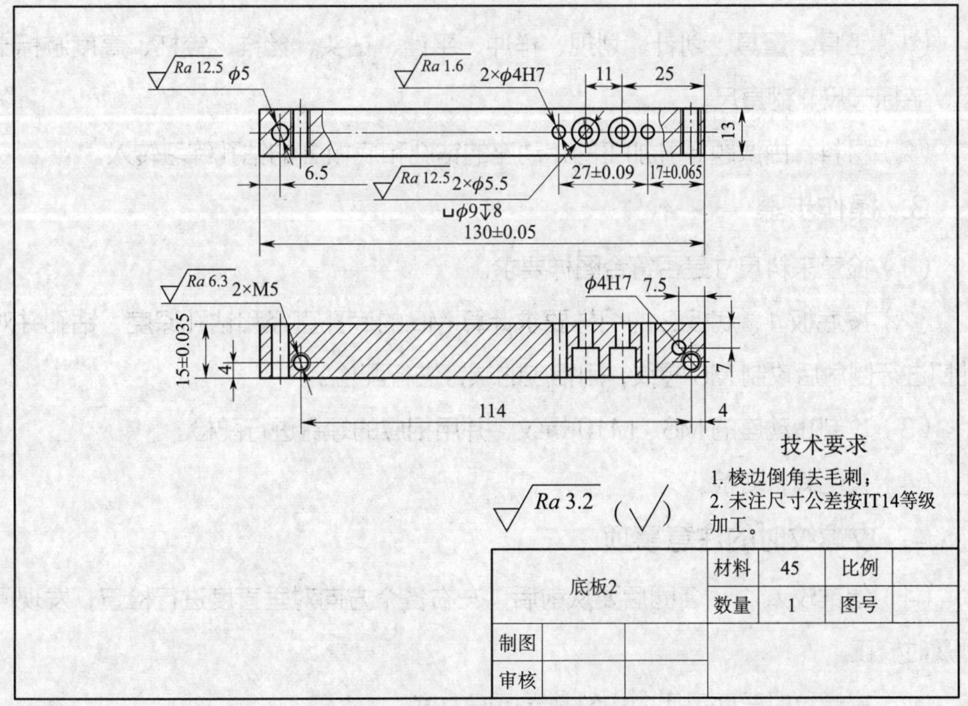

图 2-6-19 底板 2 螺纹加工

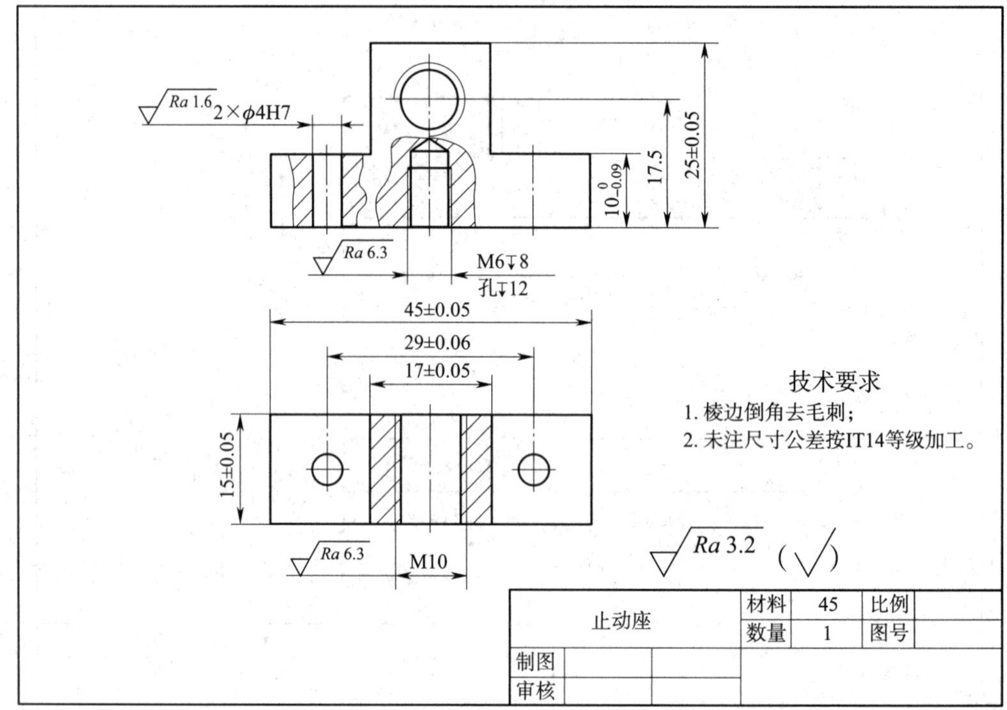

图 2–6–20　止动座攻螺纹

2. 训练准备

（1）工具、量具：划针、划规、样冲、平锉、钻头、丝锥、铰杠、高度游标卡尺、游标卡尺、钢直尺。

（2）材料：由课题 5 孔加工的止动座的钻孔和底板 2 的钻孔练习转入。

3. 操作步骤

（1）检查来料尺寸是否符合图样要求。

（2）按底板 1、底板 2 的图样要求计算 M5 的底孔直径和钻孔深度，钻孔并对孔口进行倒角后攻制 M6 螺纹，用相应的螺钉进行配检。

（3）攻制止动座的 M6、M10 螺纹，并用相应的螺钉进行配检。

（4）去毛刺，复检。

4. 攻螺纹时的注意事项

（1）丝锥攻入 1 ~ 2 圈后要从前后、左右各个方向对垂直度进行检查，发现问题及时校正。

（2）攻螺纹时要两手用力均匀并掌握好力度。

（3）攻螺纹后螺纹口要倒角去毛刺，以免影响测量精度。

（4）攻螺纹时要倒转断屑和清屑，防止丝锥折断。

（5）做到安全文明操作。

5. 评分标准（见表 2-6-6）

表 2-6-6　评分标准

序号	项目与技术要求		配分	评分标准	检测结果		得分
					学生自检	教师检测	
1	底板 1	2 × M5	8	不符合要求不得分			
2		M5↧15 / 孔↧18.5（2 处）	16	不符合要求不得分			
3		4 mm（2 处）	6	超差不得分			
4		114 mm	6	超差不得分			
5		11 mm	6	超差不得分			
6		表面粗糙度值 *Ra*6.3 μm（4 处）	8	升高一级不得分			
7	底板 2	M5（2 处）	8	不符合要求不得分			
8		4 mm（2 处）	6	超差不得分			
9		114 mm	6	超差不得分			
10		表面粗糙度值 *Ra*6.3 μm（2 处）	4	升高一级不得分			
11	止动座	M10	4	不符合要求不得分			
12		M6↧8 / 孔↧12	8	不符合要求不得分			
13		表面粗糙度值 *Ra*6.3 μm（2 处）	4	升高一级不得分			
14	安全文明生产		10	违者不得分			

套　螺　纹

1. 训练内容

完成如图 2-6-21 所示手柄的套螺纹和如图 2-6-22 所示调节螺栓的套螺纹。

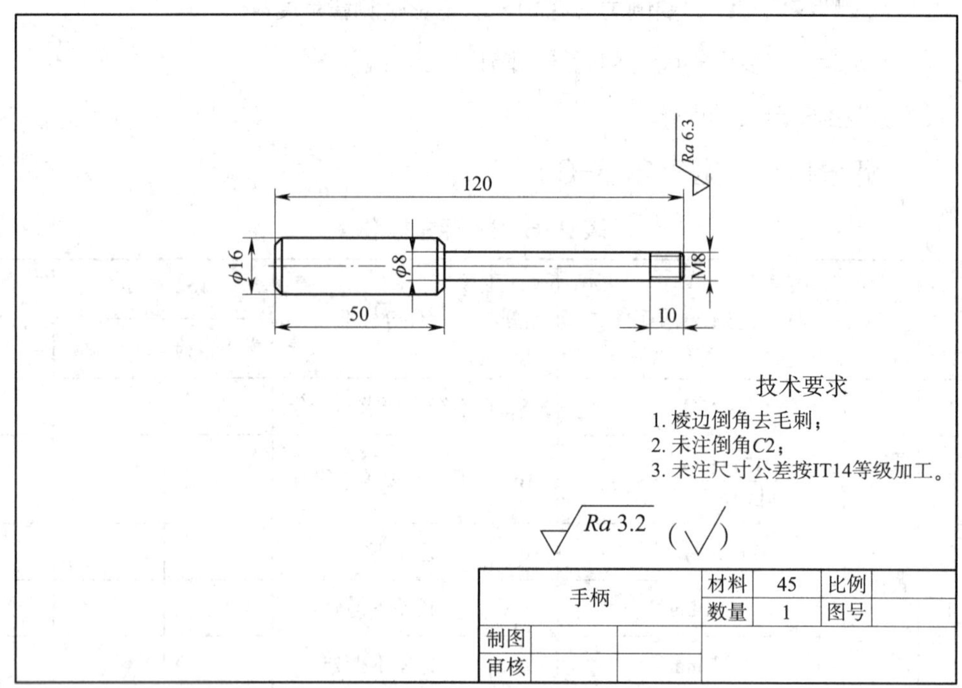

图 2-6-21　手柄的套螺纹

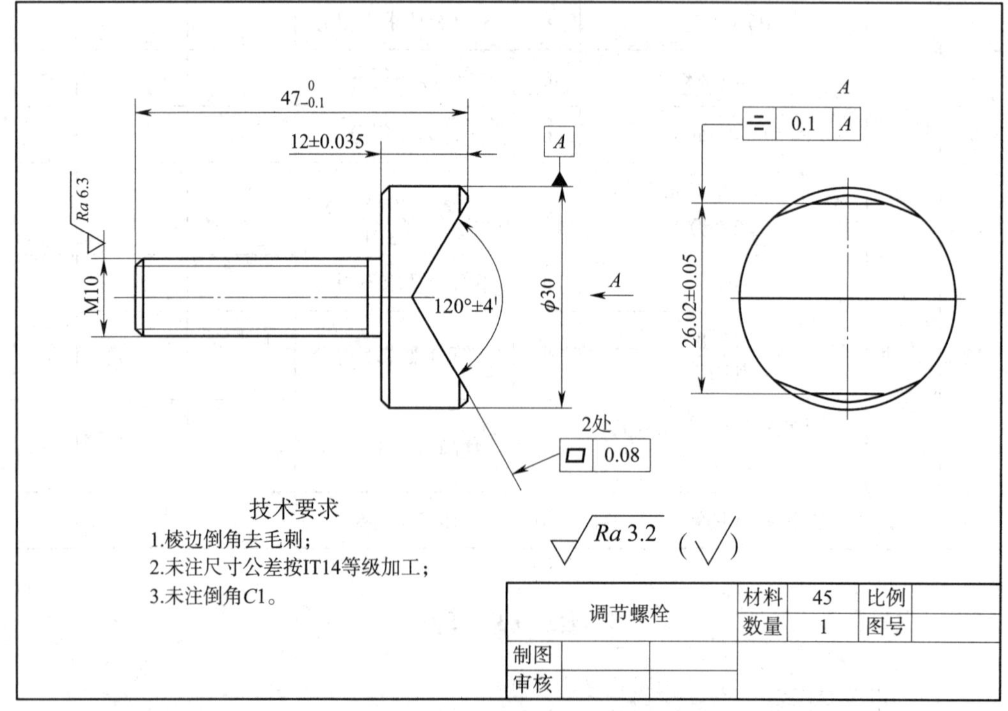

图 2-6-22　调节螺栓的套螺纹

2. 训练准备

（1）工具、量具：划针、划规、样冲、平锉、圆板牙、圆板牙架、直角尺、游标卡尺、钢直尺、润滑油。

（2）材料：45 钢，台阶轴大端为 ϕ16 mm，小端为 ϕ8，长度为 120 mm。调节螺栓材料由课题 4 综合训练（一）调节螺栓的锉削转来。

3. 操作步骤

（1）手柄

1）检查来料尺寸是否符合图样要求。

2）按图样尺寸要求套制 M8 螺纹，并用相应的螺母进行配检。

（2）调节螺栓

1）检查来料尺寸是否符合图样要求。

2）加工 ϕ10 mm 螺栓圆杆直径达到 ϕ9.75 mm，螺栓圆杆端部倒锥角。

3）按图样尺寸要求套制 M10 螺栓的螺纹，并用相应的螺母进行配检。

4. 套螺纹时的注意事项

（1）套螺纹前要检查圆杆直径大小和端部倒角。

（2）起套螺纹时，要从多个方向进行垂直度的校正。

（3）套螺纹时要控制两手用力均匀和掌握用力限度，防止孔口烂牙。

（4）套螺纹时要倒转断屑和清屑，并加注润滑油减小表面粗糙度值，延长圆板牙使用寿命。

（5）做到安全文明操作。

5. 攻螺纹和套螺纹时可能出现的问题和产生原因（见表 2-6-7）

表 2-6-7　攻螺纹和套螺纹时可能出现的问题和产生原因

出现问题	产生原因
螺纹乱牙	1. 攻螺纹时底孔直径太小，起攻困难，左右摆动、孔口乱牙 2. 换用二、三锥时强行校正，或没旋合好就攻下 3. 圆杆直径过大，起套困难，左右摆动，杆端乱牙
螺纹滑牙	1. 攻不通孔的较小螺纹时，丝锥已到底仍继续转 2. 攻强度低或小孔径螺纹、丝锥已切出螺纹仍继续加压，或攻完时连同铰杠作自由的快速转出 3. 未加适当切削液却一直攻、套且不反转，切屑堵塞将螺纹啃坏

续表

出现问题	产生原因
螺纹歪斜	1. 攻、套时位置不正，起攻、套时未做垂直度检查 2. 孔口、杆端倒角不良，两手用力不均，切入时歪斜
螺纹形状不完整	1. 攻螺纹底孔直径太大，或套螺纹圆杆直径太小 2. 圆杆不直 3. 板牙经常摆动
丝锥折断	1. 底孔太小 2. 攻入时丝锥歪斜或歪斜后强行校正 3. 没有经常反转断屑和清屑，或不通孔已攻到底却还继续攻 4. 使用铰杠不当 5. 丝锥牙齿爆裂或磨损过多而强行攻下 6. 工件材料过硬或夹有硬点 7. 两手用力不均或用力过猛

6. 评分标准（见表 2-6-8）

表 2-6-8　评分标准

序号	项目与技术要求		配分	评分标准	检测结果		得分
					学生自检	教师检测	
1	套螺纹	M8	40	不符合要求不得分			
2		M10	40	不符合要求不得分			
3		表面粗糙度值 *Ra*6.3 μm	10	升高一级不得分			
4	安全文明生产		10	违者不得分			

复习思考题

1. 试述丝锥的组成部分及各部分的作用。

2. 分别在钢件和铸铁件上攻制M 12 的内螺纹，若螺纹的有效长度为 35 mm，试求攻螺纹前钻底孔钻头的直径及钻孔深度。若 n=400 r/min，f=0.5 mm/r，求钻孔切削时间（钻头顶角 2φ 为 120°，只计算钢件）。

课题 7
零件的钣金加工

钣金是针对金属薄板（通常在 6 mm 以下）的一种综合冷加工工艺，包括剪、冲、切、复合、折、铆接、拼接、成形（如汽车车身）等。如利用板材制作烟囱、铁桶、油箱油壶、通风管道、弯大小头、天圆地方、漏斗形等，主要工序是剪切、折弯扣边、弯曲成形、焊接、铆接等。

一、放样

1. 放样概述

放样是在产品图样基础上，根据产品的结构特点、制造工艺要求等条件，按一定比例（通常取 1 : 1）准确绘制结构的全部或部分投影图，并进行结构的工艺性处理和必要的计算及展开，最后获得产品制造过程所需要的数据、样杆、样板和草图等的操作过程。

放样是制造金属结构的第一道工序，它对保证产品质量、缩短生产周期、节约原材料等都有着重要的作用。

金属结构的放样一般要经过线型放样、结构放样、展开放样三个过程。但并不是所有的金属结构放样都包含上述的三个过程，有些构件（如桁架类）完全由平板或杆件组成而无须展开，放样时自然就省去了展开放样过程。

2. 放样程序与放样过程分析举例

放样的方法有多种，在长期的生产实践中，形成了以实尺放样为主的放样方法。随着科学技术的发展，又出现了比例放样、电子计算机放样等新工艺，并逐步推广应用。但目前多数企业广泛应用的仍然是实尺放样，即使采用其他新方法放样，一般也要首先熟悉实尺放样过程。

（1）实尺放样程序

实尺放样就是采用 1∶1 的比例放样，根据图样的形状和尺寸，用基本的作图方法，以产品的实际大小画到放样台上的工作。由于实尺放样是手工操作，所以要求工作细致、认真，有高度的责任心。

1）线型放样。线型放样就是根据结构制造需要，绘制构件整体或局部轮廓（或若干组剖面）的投影基本线型。

进行线型放样时要注意：

①根据所要绘制图样的大小和数量多少，安排好各图样在放样台上的位置。为了节省放样台面积和减轻放样劳动量，对于大型结构的放样，允许采用部分视图重叠或单向缩小比例的方法。

②选定放样画线基准。放样画线基准，就是放样画线时用以确定其他点、线、面空间位置的依据，以线作为基准的称为基准线，以面作为基准的称为基准面。在零件图上用来确定其他点、线、面位置的基准，称为设计基准。放样画线基准的选择，通常与设计基准是一致的。

在平面上确定几何要素的位置，需要两个独立坐标，所以放样画线时每个图要选取两个基准。放样画线基准和平面划线的基准选择一致。

较短的基准线可以直接用钢直尺或弹粉线画出，而对于外形尺寸长达几十米甚至超过百米的大型金属结构，则需用拉钢丝配合角尺或悬挂线锤的方法画出基准线。目前，某些工厂已采用激光经纬仪作大型结构的放样基准线，可以获得较高的精确度。做好基准线后，还要经过必要的检验，并标注规定的符号。

③线型放样时首先画基准线，其次才能画其他的线。对于图形对称的零件，一般先画中心线和垂直线，以此作为基准，然后再画圆周或圆弧，最后画出各段直线。对于非对称图形的零件，先要根据图样上所标注的尺寸，找出零件的两个基准，将基准线画出后，再逐步画出其他的圆弧和直线段，最后完成整个放样工作。

④线型放样以画出设计要求必须保证的轮廓线型为主，而那些因工艺需要而可能变动的线型则可暂时不画。

⑤进行线型放样，必须严格遵循正投影规律。放样时，究竟画出构件的整体还是局部，可依工艺需要而定。但无论是整体还是局部，画出的线型所包含的几何投影，必须符合正投影关系，即必须保证投影的一致性。

⑥对于具有复杂曲线的金属结构，如船舶、飞行器、车辆等，则往往采用平行于投影面的剖面剖切，画出一组或几组线型，来表示结构的完整形状和尺寸。

2）结构放样。结构放样就是在线型放样的基础上，依制造工艺要求进行工艺性处理的过程，它一般包含以下内容：

①确定各部分接合位置及连接形式。在实际生产中，由于受到材料规格及加工条件等限制，往往需要将原设计中的产品整体分为几部分加工、组合。这时，就需要放样者根据构件的实际情况，正确、合理地确定接合部位及连接形式。此外，对原设计中的产品各连接部位结构形式，也要进行工艺分析，对其不合理的部分要加以修改。

②根据加工工艺及工厂实际生产加工能力，对结构中的某些部位或构件给予必要的改动，如图 2-7-1 所示。

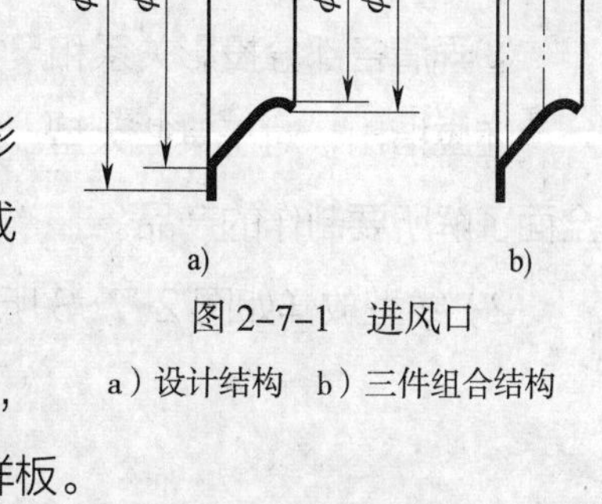

图 2-7-1　进风口

a）设计结构　b）三件组合结构

③计算或量取零部件料长及平面零件的实际形状，绘制号料草图，制作号料样板、样杆、样箱，或按一定格式填写数据，供数控切割使用。

④根据各加工工序的需要，设计胎具或胎架，绘制各类加工、装配草图，制作各类加工、装配用样板。

这里需要强调的是，结构的工艺性处理一定要在不违背原设计要求的前提下进行，对设计上有特殊要求的结构或结构上的某些部位，即便加工有困难，也要尽量满足设计要求。凡是对结构作较大的改动，均须经设计部门或产品使用单位有关技术部门同意，并由本单位技术负责人批准后，方可进行。

3）展开放样。展开放样是在结构放样的基础上，对不反映实形或需要展开的部件进行展开，以求取实形的过程。其具体过程如下：

①板厚处理。根据加工过程中的各种因素，合理考虑板厚对构件形状、尺寸的影响，画出欲展开构件的单线图（即理论线），以便据此展开。

②展开作图。即利用画出的构件单线图，运用正投影理论和钣金展开的基本方法，作出构件的展开图。

③根据作出的展开图，制作号料样板或绘制号料草图。

（2）放样过程分析举例

图 2-7-2 所示为一个冶金炉炉壳主体部件图样，该部件的放样过程如下：

1）识读、分析构件图样。在识读、分析构件图样的过程中，主要解决以下问题：

①弄清构件的用途及一般技术要求。该构件为冶金炉炉壳主体，主要应保证其有足够的强度，尺寸精度要求并不高。因炉壳内还要砌筑耐火砖，所以连接部位允许按工艺要求做必要的变动。

②了解构件的外部尺寸、质量、材质、加工数量等，并结合本厂的加工能力，确定产品制造工艺。通过分析可知该产品外形尺寸及质量较大，需要较大的工作场地和起重能力。加工过程中，尤其在装配、焊接时，不宜多翻转。又知该产品加工数量少，故装配、焊接都不宜制作专门胎具。

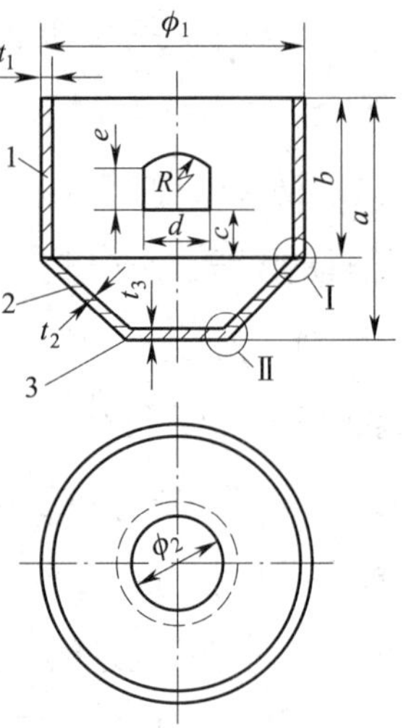

图 2-7-2 炉壳主体部分

③弄清各部分投影关系和尺寸要求，确定可变动与不可变动的部位及尺寸。

还应指出，对于某些大型、复杂的金属结构，在放样前常常需要熟悉大量图样，全面了解所要制作的产品。

2）线型放样如图 2-7-3 所示。

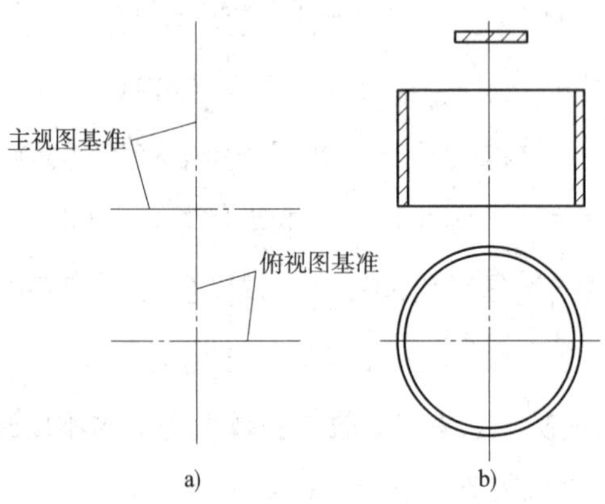

图 2-7-3 炉壳线型放样

a）确定放样画线基准 b）放样

①确定放样画线基准。主视图应以中心线和炉上口轮廓线为放样画线基准，而俯视图应以两中心线为放样画线基准。主、俯视图的放样画线基准确定后，应准确地画出各个视图中的基准线。

②画出构件基本线型。这里件 1 的尺寸必须符合设计要求，可先画出。件 3 位置已由设计给定，不得改动，也应先画出。而件 2 的尺寸要等处理好连接部位后才

能确定，不宜先画出。至于件 1 上的孔，则先画后画均可。

为便于展开放样，这里将构件按其使用位置倒置画出。

3）结构放样

①连接部位 Ⅰ、Ⅱ 的处理。首先看 Ⅰ 部位，它可以有三种连接形式，如图 2-7-4 所示。究竟选取哪种连接形式，工艺上主要从装配和焊接两个方面考虑。

从构件装配方面看，因圆筒体（件 1）大而重，易于放稳，故装配时可将圆筒体置于装配平台上，再将圆锥台（包括件 2、件 3）落于其上。这样，三种连接形式除定位外，一般装配环节基本相同。从定位方面考虑，显然图 2-7-4b 所示的连接形式最不利，而图 2-7-4c 所示的连接形式则较好。

从焊接工艺性方面看，显然图 2-7-4b 所示的连接形式不好，因为内、外两环缝的焊接均处于不利位置，装配后须依装配时位置焊接外环缝，处于横焊和仰焊之间；且翻转后再焊内环缝时，不但需要仰焊，且受构件尺寸限制，操作很不方便。再比较图 2-7-4a 和图 2-7-4c 所示两种连接形式，图 2-7-4c 所示的连接形式更为有利，在外环缝焊接时接近平角焊，翻转后内环缝也处于平角焊位置，均有利于焊接操作。

综合以上两方面因素，Ⅰ 部位采取图 2-7-4c 所示形式连接为好。

至于 Ⅱ 部位，因件 3 体积小，质量轻，易于装配、焊接，可采用图样所给的连接形式。Ⅰ、Ⅱ 两部位连接形式确定后，即可按以下方法画出件 2（见图 2-7-5）：

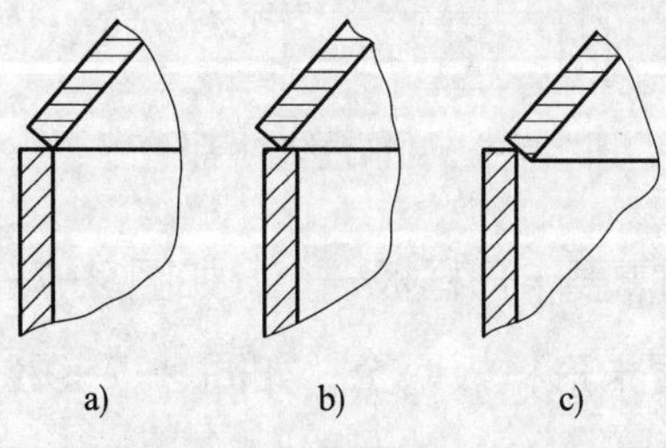

图 2-7-4　部位连接形式比较

a）外环焊接　b）、c）内、外环焊接

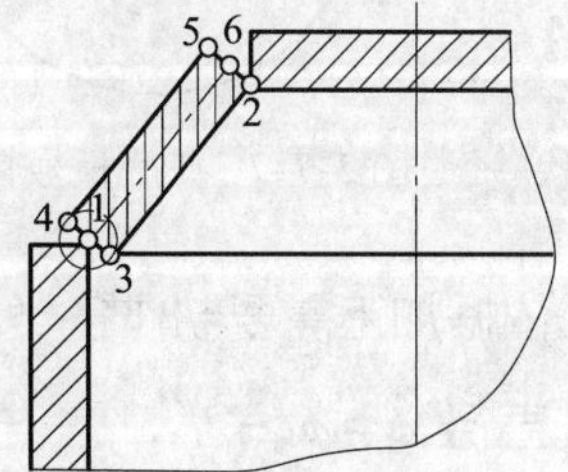

图 2-7-5　圆锥台侧板画法

以圆筒内表面 1 点为圆心，圆锥台侧板 1/2 板厚为半径画一圆。过炉底板下沿 2 点引已画出圆的切线，则此切线即为圆锥台侧板内表面线。分别过 1、2 两点引内表面线的垂线，使之长度等于板厚，得 3、4、5 点。连接 4、5 点，得圆锥台侧板外表面线。同时画出板厚中心线 1—6，供展开放样用。

②因构件尺寸（a、b、ϕ_1、ϕ_2）较大，且件 2 锥度太大，不能采取滚弯成形，需分几块压制成形或手工焊制，然后组对。组对接缝的部位，应按不削弱构件强度

和尽量减小变形的原则确定，焊缝应交错排列，不能选在孔眼位置，如图 2-7-6 所示。

③计算料长、绘制草图和量取必要的数据。因为圆筒展开后为一个矩形，所以计算圆筒的料长时可不必制作号料样板，只需记录长、宽尺寸即可；做出炉底板的号料样板（或绘制出号料草图），这是一个直径为 ϕ_2 的整圆，如图 2-7-7 所示。

由于圆锥台的结构尺寸发生变动，需要根据放样图上改动后的圆锥台尺寸，绘制出圆锥台结构草图，以备展开放样和装配时使用。如图 2-7-8 所示，在结构草图上应标注出必要的尺寸，如大端最外轮廓圆直径 ϕ'、总高度 h_1 等。

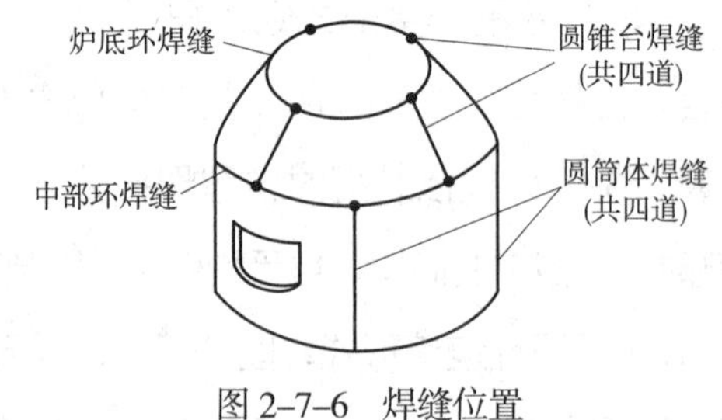

图 2-7-6　焊缝位置

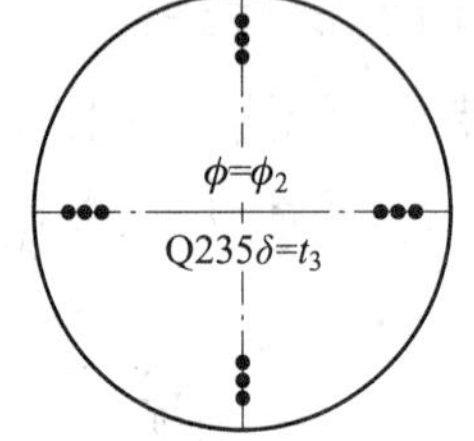

图 2-7-7　炉底板号料样板

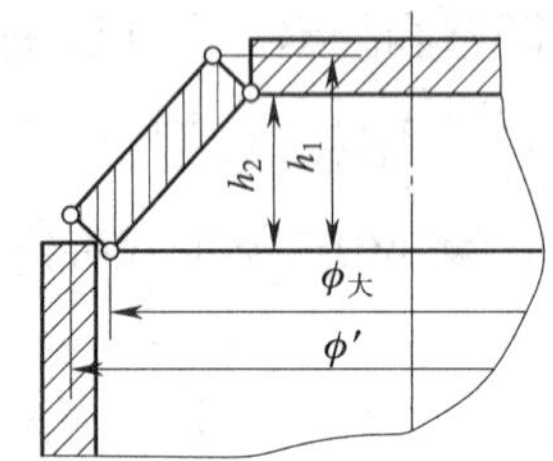

图 2-7-8　圆锥台结构草图

④依据加工需要制作各类样板。圆筒卷制需要卡形样板一个，如图 2-7-9a 所示，其直径 $\phi=\phi_1-2t_1$；圆锥台弯曲加工需要卡形样板两个，如图 2-7-9b、c 所示，其中 ϕ_2 如图 2-7-2 所示。制作圆筒上开孔的定位样板或样杆，也可以采取实测定位或以号料样板代替。

圆锥台若为压制成形，则需要考虑胎模形状和尺寸的设计及胎模制作。

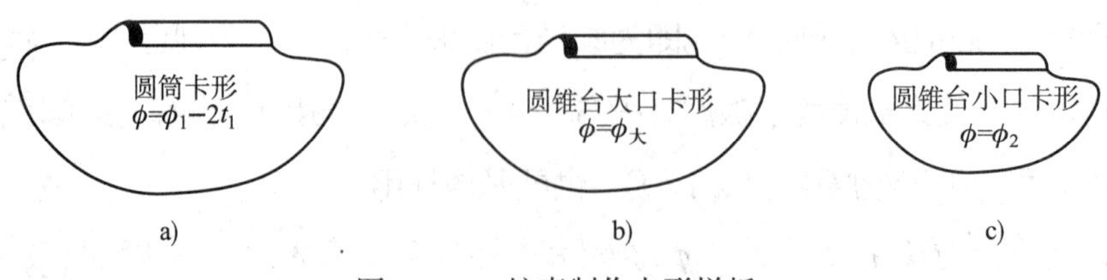

图 2-7-9　炉壳制作卡形样板

4）展开放样

①作出圆锥台表面的展开图，并制作号料样板。

②作出筒体开孔孔型的展开图，并制作号料样板。

3. 放样台

放样台是进行实尺放样的工作场地，有钢质和木质两种。

（1）钢质放样台

钢质放样台是用铸铁或厚度为 12 mm 以上的低碳钢板制成。钢板连接处的焊缝应铲平磨光，板面要平整。必要时，在板面涂上带胶白粉，板下需用枕木或型钢垫高。

（2）木质放样台

木质放样台为木地板，一般设在室内（放样间）。要求地板光滑平整、表面无裂缝，木材纹理要细，疤节少，还要有较好的弹性。为保证地板具有足够的刚度，防止产生较大的挠度而影响放样精度，对放样台地板厚度的要求为 70 ~ 100 mm。各板料之间必须紧密地连接，接缝应该交错地排列。

地板局部的平面度允差为：在 5 m^2 面积内为 ±3 mm。地板表面要涂上二三道底漆，待干后再涂抹一层暗灰色的无光漆，以免地板反光刺眼，同时，该面漆应能将各种色漆鲜明地映衬出。

对放样间要求光线充足，便于看图和画线。

4. 样板、样杆的制作

放样过程中，在结构放样和展开放样之后，即可着手制作各种样板、样杆。使用样板或样杆进行画线号料，可以大大提高画线的效率和质量。对于板状零件一般都制作样板，型钢零件则制作样杆。

（1）样板的分类

样板按其用途通常分为以下几类：

1）号料样板。它是供号料或号料同时号孔的样板。如果需制作胎架，还应包括胎架号料用样板。图 2-7-7 所示为单一号料样板。

2）成形样板。它是用于检验成形加工零件的形状、角度、曲率半径及尺寸的样板。成形样板又可分为卡形样板和验形样板：

①卡形样板。主要用于检查弯形件的角度和曲率，如图 2-7-9 所示。

②验形样板。主要用于成形加工后检查零件整体或某一局部的形状和尺寸，如图 2-7-10 所示。对于具有双重曲度的复杂构件，常常需要制作一组样板或样箱。

验形样板有时也可兼作二次号料用样板。

3）定位样板。它用于确定构件之间的相对位置（如装配线、角度、斜度）和各种孔口的位置和形状。图 2-7-11 所示为装配定位角度样板。

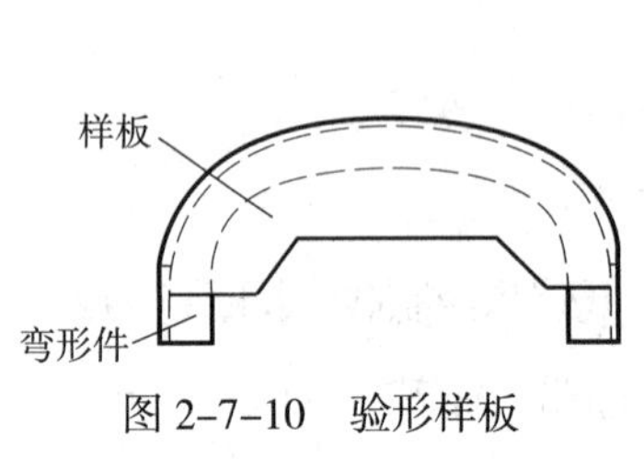

图 2-7-10　验形样板

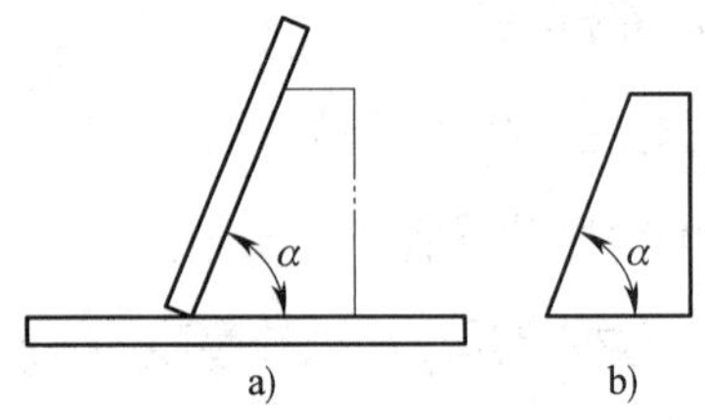

图 2-7-11　装配定位角度样板
a）样板使用　b）样板

4）样杆。样杆主要用于定位，有时也用于简单零件的号料。定位样杆上应标有定位基准线。

（2）制作样板和样杆的材料

制作样板的材料一般采用 0.5 ~ 2 mm 的薄钢板。当样板较大时，可用板条拼成花格骨架，以减轻质量。中、小型零件多用 0.5 ~ 0.75 mm 薄板制作。为节约钢材，对精度要求不高的一次性样板，可用黄板纸或油毡纸制作。

制作样杆的材料一般用 25 mm×0.8 mm、20 mm×0.8 mm 的扁钢条或铅条制作。木质样杆也常有应用，但木条必须干燥，以防止收缩变形。此外，目前某些行业由于进行计算机放样，有条件采用铝质活络样板，根据计算机提供的数据在专门平台上可得到样板曲边的任何形状，节省了大量制作样板的材料和工时。

（3）样板、样杆的制作

样板、样杆经画样后加工而成。其画样方法主要有以下两种：

1）直接画样法。即直接在样板材料上画出所需样板的图样。展开号料样板及一些小型平面材料样板多用此法制作。

2）过渡画样法（又称过样法）。这种方法分为不覆盖过样和覆盖过样，多用于制作简单平面图形零件的号料样板和一般加工样板。

不覆盖过样法是通过作垂线或平行线，将实样图中零件的形状、位置引画到样板料上的方法。图 2-7-12 所示的角钢号孔样板就是通过不覆盖过样法画出的。样杆的制作也多用此法。

覆盖过样法是事先将需要过样的图线延长到能不被样板料遮盖的长度，然后将样板材料覆盖在实样上，再利用露出的各延长线将实样各线画出。图 2-7-13 所示桁架连接板的样板及图 2-7-9 所示的卡形样板，皆由此法制得。

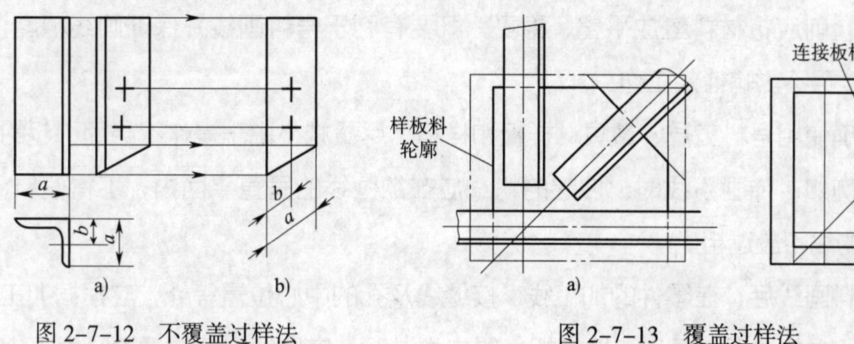

图 2-7-12 不覆盖过样法

a）样板使用 b）样板

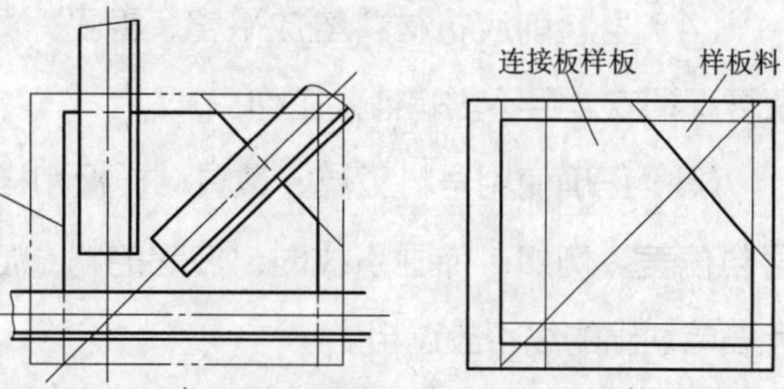

图 2-7-13 覆盖过样法

a）画延长线 b）画实样各线

二、号料

利用样板、样杆、号料草图及放样得出的数据，在板料或型钢上画出零件真实的轮廓和孔口的真实形状，以及与之连接构件的位置线、加工线等，并注出加工符号，这一工作过程称为号料。号料通常由手工操作完成，如图 2-7-14 所示。目前，光学投影号料、数控号料等号料方法也正在被逐步采用，以代替手工号料。

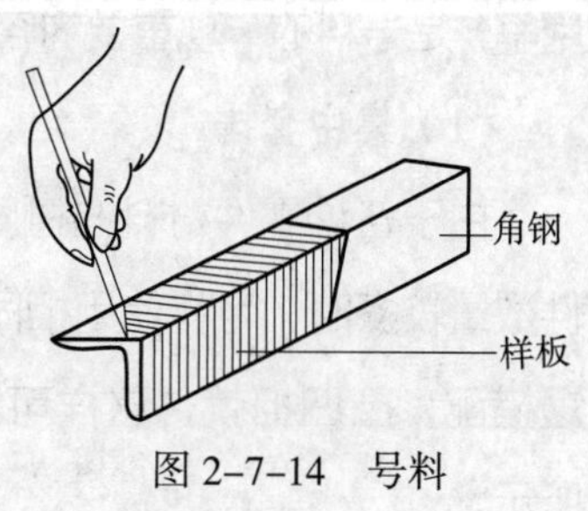

图 2-7-14 号料

号料是一项细致而重要的工作，必须按有关的技术要求进行。同时，还要着眼于产品的整个制造工艺，充分考虑合理用料问题，灵活而又准确地在各种板料、型钢及成形零件上进行号料画线。

1. 号料的一般技术要求

（1）熟悉产品图样和制造工艺，合理安排各零件号料的先后顺序，零件在材料上位置的排布应符合制造工艺的要求。

例如，某些需经弯形加工的零件，要求弯曲线与材料的纤维方向垂直；需要在剪床上剪切的零件，其零件位置的排布应保证剪切加工的可能性。

（2）根据产品图样，验明样板、样杆、草图及号料数据；核对钢材牌号、规格，保证图样、样板、材料三者的一致性。对重要产品所用的材料，还要核对其检验合格证书。

（3）检查材料有无裂纹、夹层、表面疤痕或厚度不均匀等缺陷，并根据产品的技术要求酌情处理。当材料有较大变形，影响号料精度时，应先进行矫正。

（4）号料前应将材料垫放平整、稳妥，既要有利于号料画线并保证画线精度，又要保证安全且不影响他人工作。

（5）正确使用号料工具、量具、样板和样杆，尽量减小由于操作不当而引起的号料偏差。例如，弹画粉线时，拽起的粉线应在欲画线的垂直平面内，不得偏斜；用石笔划出的线不应过粗。

（6）号料画线后，在零件的加工线、接缝线及孔的中心位置等处，应根据加工需要打上錾印或样冲眼。同时，按样板上的技术说明，应用涂料标注清楚，为下道工序提供方便。要求文字、符号、线条端正、清晰。

2. 合理用料

利用各种方法、技巧，合理铺排零件在材料上的位置，最大限度地提高材料的利用率，是号料的一项重要内容。生产中，常采用下述排料方法来达到合理用料的目的。

（1）集中套排

由于各种零件材料的材质、规格是多种多样的，为了做到合理使用原材料，在零件数量较多时，可将使用相同牌号材料且厚度相同的零件集中在一起，统筹安排，长短搭配，凸凹相就，这样可以充分利用原材料，提高材料的利用率，如图 2-7-15 所示。

（2）余料利用

由于每一块钢板或每一根型钢号料后，经常会出现一些形状和长度大小不同的余料。将这些余料按牌号、规格集中在一起，用于小型零件的号料，可最大限度地提高材料的利用率。

（3）分块排料法

生产中，为提高材料的利用率，在工艺许可的条件下，常用“以小拼整”的结构。

例如，在钢板上割制圆环零件时，可将圆环分成 2 个半圆环或 4 个四分之一圆环，再拼焊而成，这比整体结构材料利用率高，如图 2-7-16 所示。以四分之一圆环为单元比以二分之一圆环为单元，材料利用率更高。

目前，在某些工厂中，上述合理用料的工作已由计算机来完成（即计算机排样），并与数控切割等下料方法相匹配。

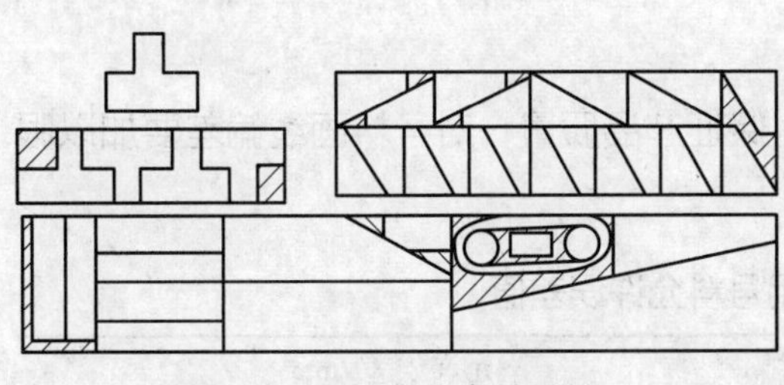

图 2-7-15　集中套排号料

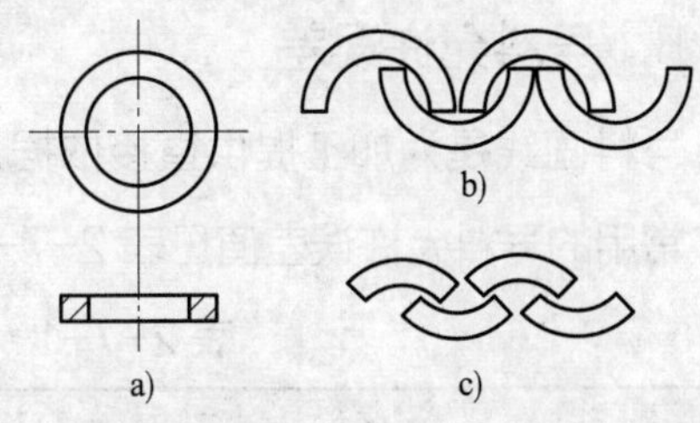

图 2-7-16　分块排料法

a）整体圆环　b）二分之一圆环　c）四分之一圆环

3. 型钢号料

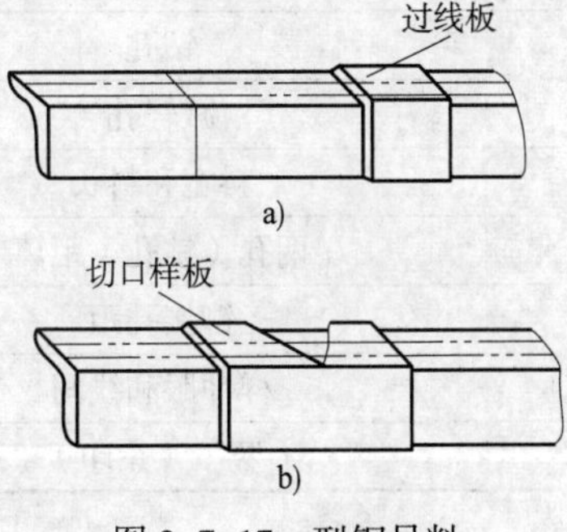

图 2-7-17　型钢号料

因型钢截面形状多种多样，故其号料方法也有特殊之处。

（1）整齐端口长度号料

当型钢零件端口整齐，只需确定其长度时，一般采用样杆或卷尺号出其长度尺寸，再利用过线板画出端线，如图 2-7-17a 所示。

（2）中间切口或异形端口号料

有中间切口或异形端口的型钢号料时，首先利用样杆或卷尺确定切口位置，然后利用切口处形状样板画出切口线，如图 2-7-17b 所示。

（3）在型钢上号孔的位置

在型钢上号孔的位置，一般先用勒子画出边心线，再利用样杆确定长度方向孔的位置，然后利用过线板画线，有时也用号孔样板来号孔的位置。

4. 二次号料

对于某些加工前无法准确下料的零件（如某些热加工零件、需留有余量装配的零件等），往往在一次号料时留有充分的余量，待加工后或装配时再进行二次号料。

在进行二次号料前，结构的形状必须矫正准确，消除结构存在的变形，并进行精确定位。中、小型零件可直接在平台上定位画线，如图 2-7-18 所示；大型结构则在现场用常规画线工具，并配合经纬仪等进行二次号料画线。

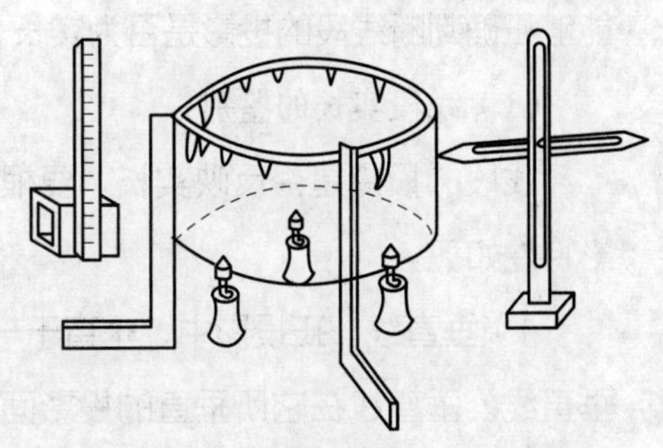

图 2-7-18　小型零件在平台上二次号料

5. 号料允许误差

号料画线是为加工提供直接依据。为保证产品质量，对号料画线偏差要加以限制。常用的号料允许误差值见表 2-7-1。

表 2-7-1 常用号料允许误差值

名称	允许误差 /mm
直线	± 0.5
曲线	± 0.5
结构线	± 1
钻孔	± 0.5
减轻孔	± 2
料宽和料长	± 1
两孔（钻孔）距离	± 0.5
铆接孔距	± 0.5
样冲眼和线间	± 0.5
錾子（主印）	± 0.5

三、展开放样

展开是将金属板壳构件的全部或局部表面，按其形状和大小依次平铺在同一平面上。展开放样是金属结构制造中放样工序的重要环节，其主要内容是完成各种不同类型的金属板壳构件的展开。设计图是展开放样的依据，要系统掌握展开技术，必须首先掌握求线段实长、截交线、相贯线、断面实形等画法几何知识，这些知识是展开技术的理论基础。

1. 求线段实长

在构件的展开图上，所有图线（如轮廓线、棱线、辅助线等）都是构件表面上对应线段的实长线。然而，并非构件上所有线段在图样中都反映实长，因此，必须能够正确判断线段的投影是否为实长，并掌握求线段实长的一些方法。

（1）线段实长的鉴别

线段的投影是否反映实长，要根据线段的投影特性来判断。空间各种线段的投影特性如下：

1）垂直线。正投影中，垂直于一个投影面，而平行于另两个投影面的线段称为垂直线。垂直线在它所垂直的投影面上的投影为一个点，具有积聚性；而在与其平行的另两个投影面上的投影反映实长。图 2-7-19 所示为三种垂直线的投影情况。

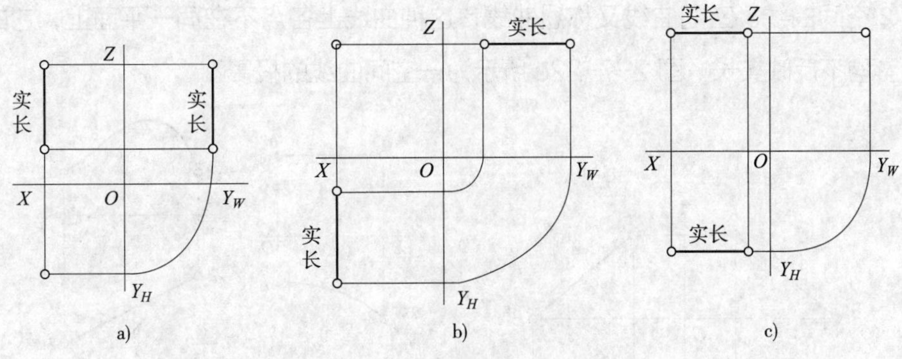

图 2-7-19　垂直线的投影

a）垂直于 *XOY* 面的线　b）垂直于 *XOZ* 面的线　c）垂直于 *ZOY* 面的线

2）平行线。正投影中，平行于一个投影面，而倾斜于另两个投影面的线段称为平行线。平行线在它所平行的投影面上的投影反映实长，而在另两个投影面上的投影为缩短了的直线段。图 2-7-20 所示为三种平行线的投影情况。

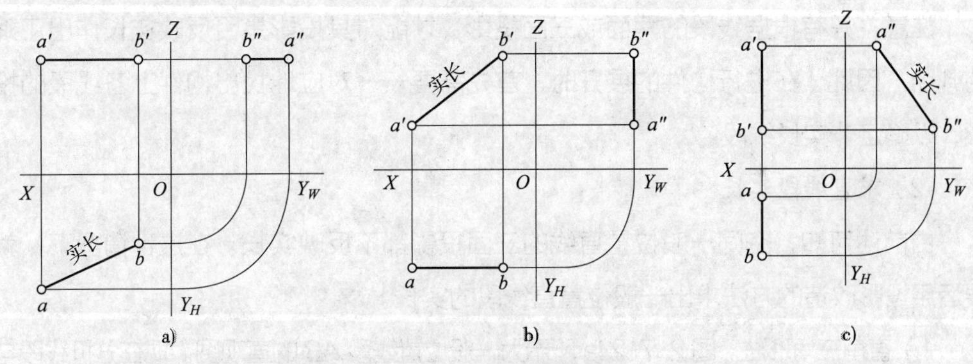

图 2-7-20　平行线的投影

a）平行于 *XOY* 面的线　b）平行于 *XOZ* 面的线　c）平行于 *ZOY* 面的线

3）一般位置直线。正投影中，与三个投影面均倾斜的线段称为一般位置直线。一般位置直线在三个投影面上的投影均不反映实长，如图 2-7-21 所示。

4）曲线。曲线可分为平面曲线和空间曲线。

①平面曲线。平面曲线的投影是否反映实长，由该曲线所在平面的位置来决定。位于平行面上的曲线，在与它平行的投影面上的投影反映实长，而另两个投影面上的投影则为平行于投影轴的直线，如图 2-7-22a 所示；位于垂直面上的曲线，在它所垂直的投影面上的投影积聚成直线，而在另外两投影面上的投影仍为曲线，但不反映实长，如图 2-7-22b 所示。曲线若位于一般位置平面上，则其三面投影均不反映实长。

②空间曲线。空间曲线又称翘曲线，这种曲线上各点不在同一平面上，它的各面投影均不反映实长。图 2-7-22c 所示为一空间曲线的投影。

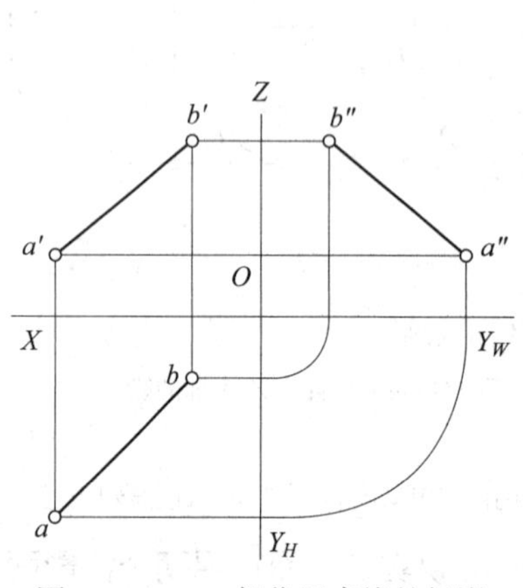

图 2-7-21　一般位置直线的投影

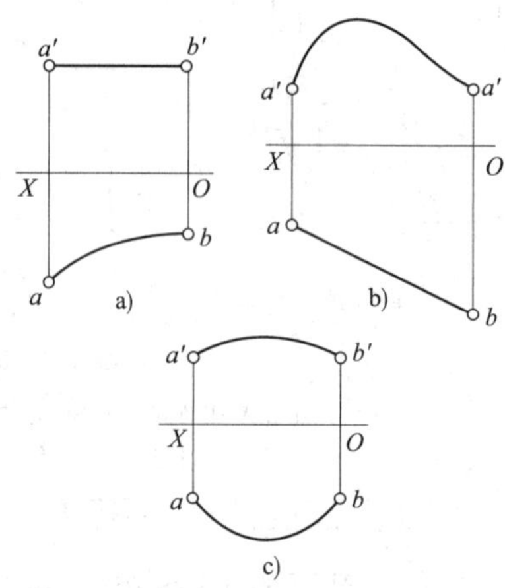

图 2-7-22　曲线的投影

a）、b）平面曲线　c）空间曲线

注意：只有根据线段的两面或三面投影，才能对其投影是否反映实长作出正确的判断。因此，在进行构件的展开时，首先需要一一对应地找出构件上各线段的投影，以确定非实长线段。

（2）求直线段实长

由前述可知，空间一般位置直线的三面投影都不反映实长。在这种情况下，就要运用投影改造的方法求出一般位置直线段的实长。

1）直角三角形法。图 2-7-23a 所示为一般位置线段 *AB* 的直观图。现在分析线段与它的投影之间的关系，以寻找求线段实长的图解方法。过点 *B* 作 *H* 面垂线，过点 *A* 作 *H* 面平行线且与垂线交于点 *C*，构成直角三角形 *ABC*，其斜边 *AB* 是空间线段的实长。两直角边的长度可在投影图上量得：一直角边 *AC* 的长度等于线段的水平投影 *ab*；另一直角边 *BC* 是线段两端点 *A*、*B* 距水平投影面的距离之差，其长度等于正面投影图中的 *b′c′* 。

由上述分析得直角三角形法求实长的投影作图方法，如图 2-7-23b、c 所示。根据实际需要，直角三角形法求实长也可以在投影图外作图，如图 2-7-23d 所示。

直角三角形法求实长的作图要领如下：

①作一个直角。

②令直角的一边等于线段在某一投影面上的投影长，直角的另一边等于线段两端点相对于该投影面的距离差（此距离差可由线段的另一面投影图量取）。

③连接直角两边端点成一直角三角形，则其斜边即为线段的实长。

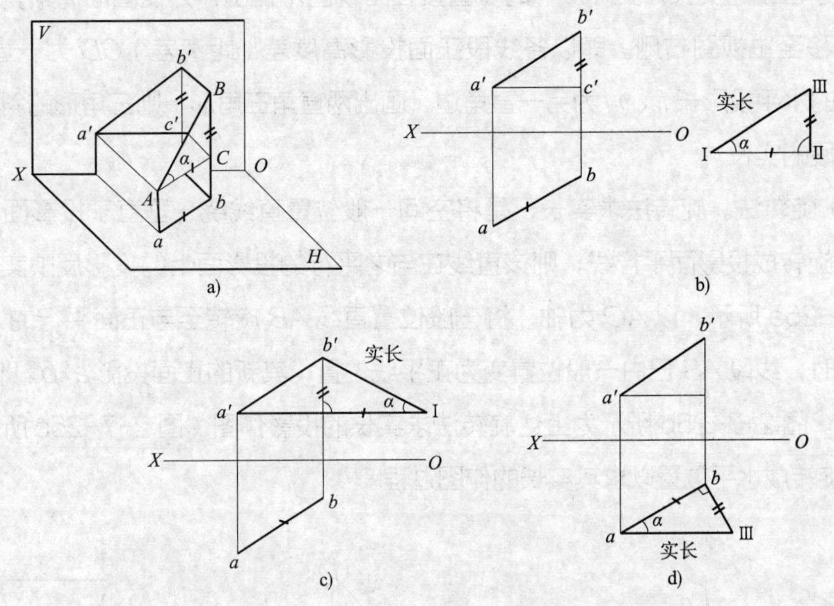

图 2-7-23　直角三角形法求实长

a）一般位置线段 AB 的直观图　b）、c）直角三角形投影作图法　d）投影图外作图求实长

例　图 2-7-24 所示为工厂常见的圆方过渡接头的立体图和主、俯视图。俯视图中四个全等的等腰三角形表示其平面部分，各等腰线为圆方过渡线（平面与曲面的分界线）。这些线均为一般位置直线，在视图中不反映实长。为展开需要，还需在曲面部分作出一些辅助线，如 B—2、B—3（2、3 点为 1/4 圆角的等分点），这些辅助线也是一般位置直线，投影不反映实长。

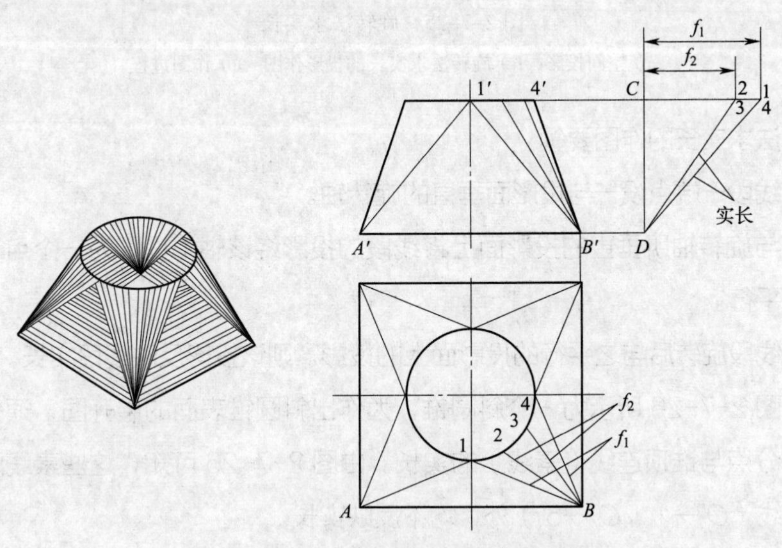

图 2-7-24　直角三角形法求实长举例

上述各线的实长，实际放样时多直接在主视图中作出。为使图面清晰，将求实长作图移至主视图右侧。即以各线段正面投影高度差（距离差）*CD* 为一直角边，以各线的水平投影长 f_1、f_2 为另一直角边，画出两直角三角形，则三角形的斜边即为所求线段的实长。

2）旋转法。旋转法求实长，是将空间一般位置直线绕一垂直于投影面的固定旋转轴旋转成投影面平行线，则该直线在与之平行的投影面上的投影反映实长。如图 2-7-25a 所示，以 *AO* 为轴，将一般位置直线 *AB* 旋转至与正面平行的 AB_1 位置。此时，线段 *AB* 已由一般位置变为正平线位置，其新的正面投影 $a'b'_1$ 即为 *AB* 的实长。图 2-7-25b 所示为上述旋转法求实长的投影作图。图 2-7-25c 所示为将 *AB* 线旋转成水平位置以求其实长的作图过程。

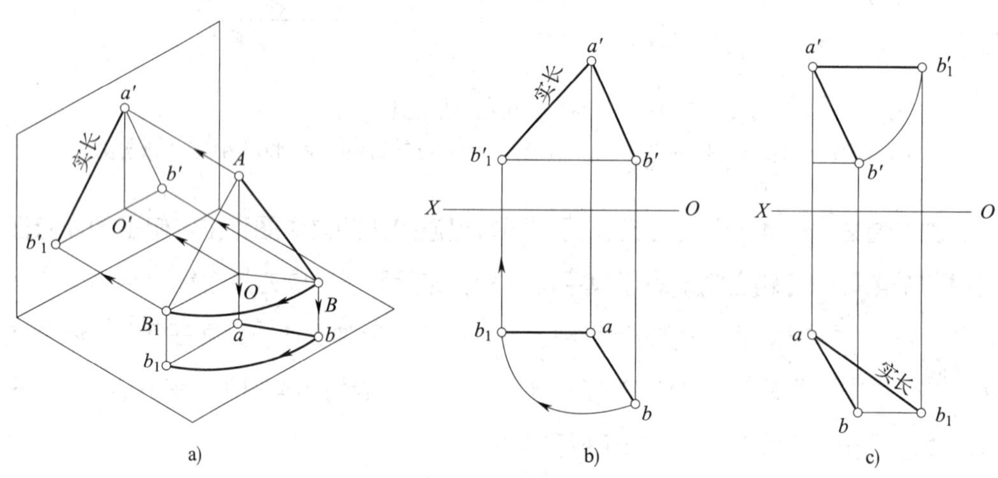

图 2-7-25　旋转法求实长

a）空间投影　b）旋转法求实长的投影作图　c）作图过程

旋转法求实长的作图要领：

①过线段一端点设一与投影面垂直的旋转轴。

②在与旋转轴所垂直的投影面上将线段的投影绕该轴（投影为一个点）旋转至与投影轴平行。

③作线段旋转后与之平行的投影面上的投影。则该投影反映线段实长。

例　图 2-7-26 所示为一个斜圆锥，为作出斜圆锥表面的展开图，须先求出其圆周各等分点与锥顶连线（素线）的实长。由图 2-7-26 可知，这些素线除主视图两边轮廓线（*O*′—1′、*O*′—5′）外，均不反映实长。

以 O 为圆心，O 至 2、3、4 各点的距离为半径画同心圆弧，得到与水平中心线 O—5 的各交点。由各交点引上垂线交 1′—5′于 2′、3′、4′点，将 2′、3′、4′分别与 O' 连接，则 O'—2′、O'—3′、O'—4′即为所求三条素线的实长。

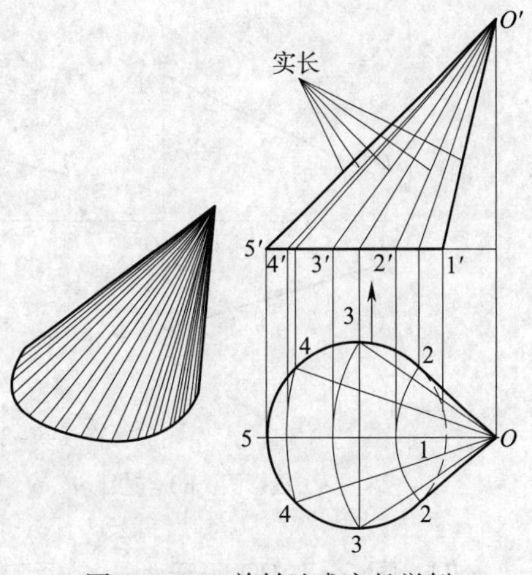

图 2-7-26　旋转法求实长举例

3）换面法。如前所述，当线段与某一投影面平行时，它在该投影面上的投影反映实长。换面法求实长就是根据线段投影的这一规律，当空间线段与投影面不平行时，设法用一新的与空间线段平行的投影面替换原来的投影面，则线段在新投影面上的投影就能反映实长，如图 2-7-27 所示。

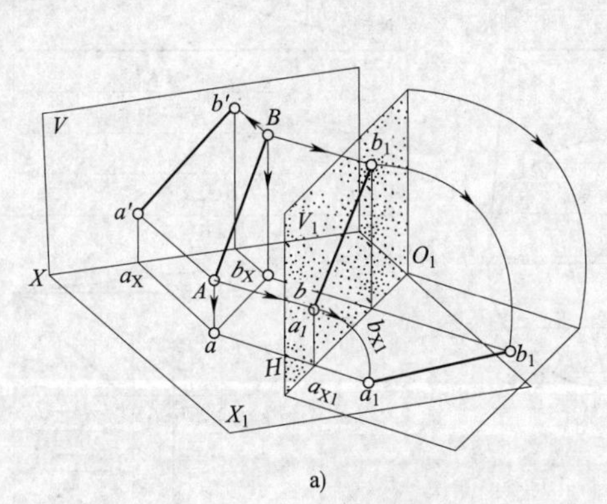

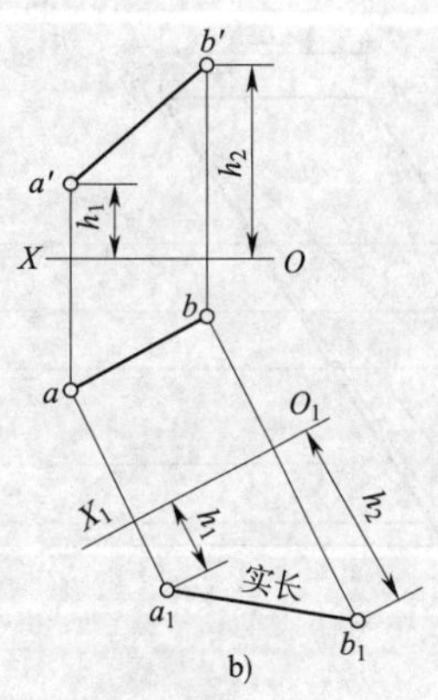

图 2-7-27　换面法求实长

a）空间投影　b）换面法投影作图

换面法求实长的作图要领：

①新设的投影轴应与线段的一投影平行。

②新引出的投影连线要与新设的投影轴垂直。

③新投影面上点的投影至投影轴的距离，应与新投影面所替代的原投影面上点的投影至投影轴的距离相等。

在实际放样时，当构件上求实长的线段较多时，直接应用换面法求实长，会使样图上图线过多，显得零乱。这时，往往将求实长作图从投影图中移出，如图 2-7-28 所示。换面法的移出作图形式，也常称为直角梯形法。

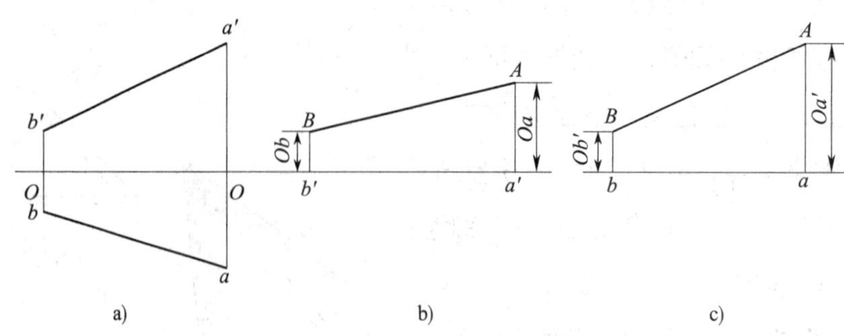

图 2-7-28　换面法移出作图

a）投影图　b）与投影 $a'b'$ 平行的换面法　c）与投影 ab 平行的换面法

例　图 2-7-29 所示为一个顶口与底口垂直的圆方过渡接头，利用换面法移出作图求出其表面各线的实长。

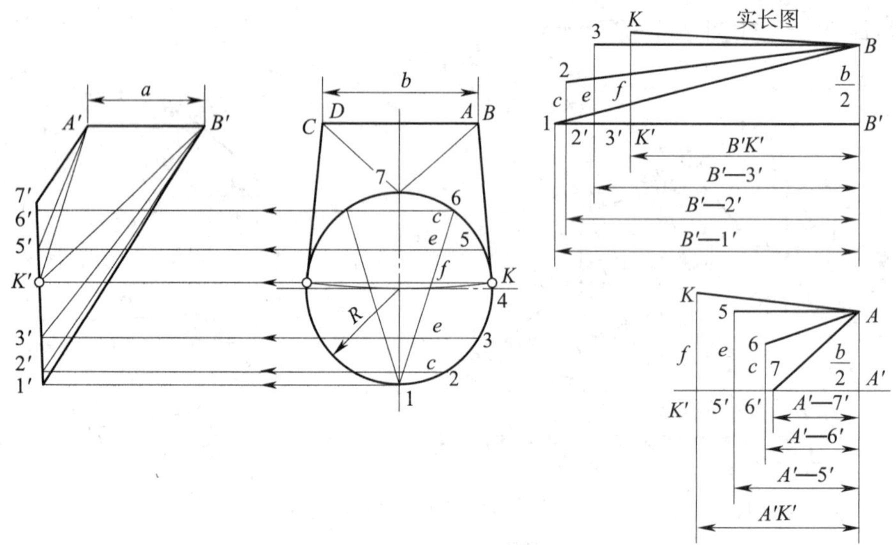

图 2-7-29　换面法求实长举例

（3）求曲线实长

求曲线实长，通常是将曲线划分为若干段，当分段足够多时，即可把每一段都近似视为直线，然后再用上述求线段实长的方法，逐段求出其实长。图 2-7-30 所示为一个斜截圆柱，求它的斜口曲线实长就采用了换面作图法，按分段顺序求出每段实长，再连成光滑曲线。

当曲线为平面曲线，又垂直于投影面时，可直接应用换面法求出其实长，而不必分段，如图 2-7-31 所示。

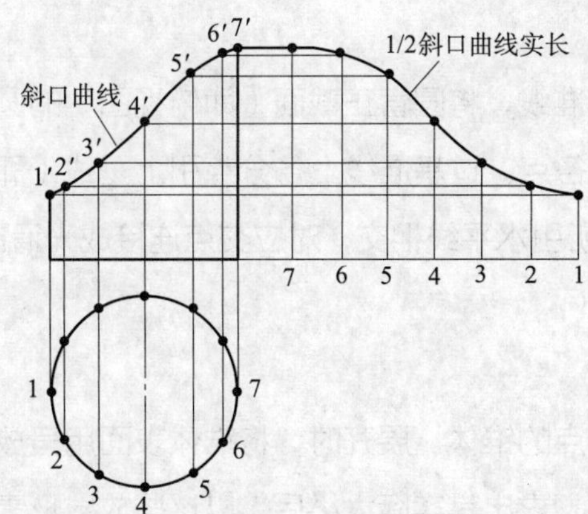

图 2-7-30　求柱体斜口曲线实长

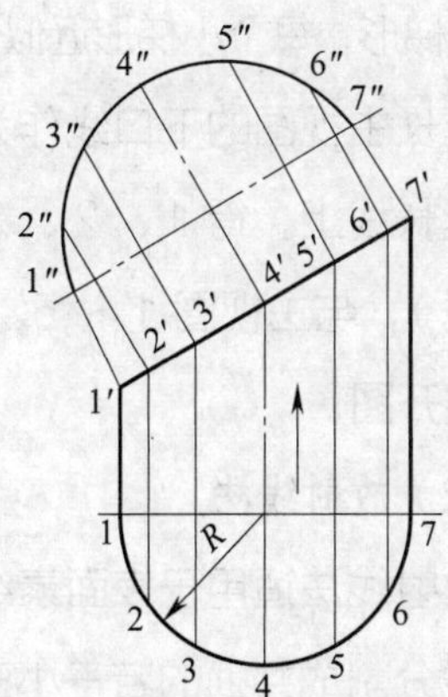

图 2-7-31　换面法求平面曲线实长

2. 展开放样的方法

展开放样的基本方法有平行线法、放射线法和三角形法三种。这三种方法的共同特点是：先按立体表面的性质，用直素线把待展表面分割成许多小平面，用这些小平面去逼近立体表面；然后求出这些小平面的实形，并依次画在平面上，从而构成立体表面的展开图。这一过程可以形象地比喻为“化整为零”和“积零为整”两个阶段。

（1）平行线法

平行线法主要用于表面素线相互平行的立体。首先将立体表面用其相互平行的素线分割为若干平面，展开时就以这些相互平行的素线为骨架，依次作出每个平面的实形，以构成展开图。下面以圆管件为例，说明作图的方法。

例　作斜切圆管的展开图，如图 2-7-32 所示。

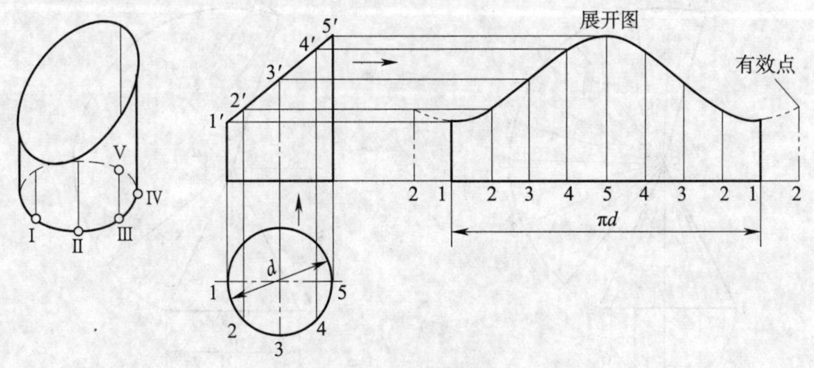

图 2-7-32　作斜切圆管的展开图

画出斜切圆管的主视图和俯视图。八等分俯视图圆周，等分点为 1、2、3 等，由各等分点向主视图引素线，得与上口交点为 1′、2′、3′ 等，则相邻两素线组成一个小梯形，每个小梯形近似一个小平面。

延长主视图的下口线作为展开的基准线，将圆管正截面（即俯视图）的圆周展开在延长线上，得 1、2、3、4、5 各点。过基准线上各分点引上垂线（即为圆管素线），与主视图 1′～5′ 各点向右所引水平线相交，对应交点连接成光滑曲线，即为展开图。

（2）放射线法

放射线法适用于表面素线相交于一点的锥体。展开时，将锥体表面用呈放射形的素线分割成共顶的若干小三角形平面，求出其实际大小后，以这些放射形素线为骨架，依次将它们画在同一平面上，即得所求锥体表面的展开图。现以正圆锥为例，说明作图的方法。

例　作正圆锥的展开图，如图 2-7-33 所示。

正圆锥的特点是表面所有素线长度相等，圆锥母线为它们的实长线，展开图为一个扇形。

展开时，先画出圆锥的主视图和锥底断面图，并将锥底断面半圆周分为若干等份。过等分点向圆锥底口引垂线即得交点，由底口线上各交点向锥顶 S 连素线，即将圆锥面划分为 12 个三角形小平面，如图 2-7-33a 所示。再以 S 为圆心、S—7 长为半径画圆弧 $\overset{\frown}{11}$（弧长等于底断面圆周长，连接 1、S 两点，即得所求展开图，如图 2-7-33b 所示。若将展开图圆弧上各等分点与 S 连接，便是圆锥表面素线在展开图上的位置。

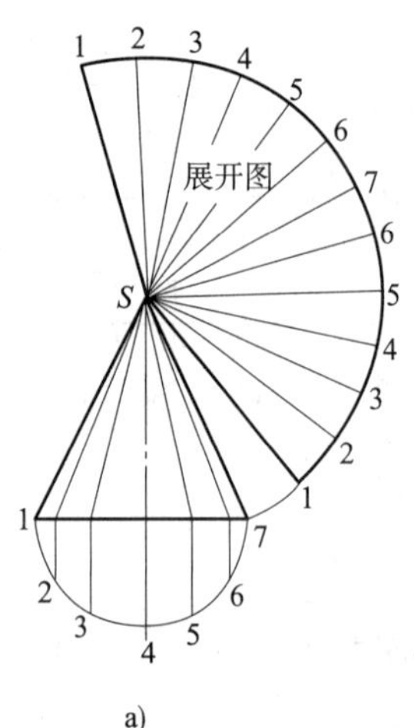

a）

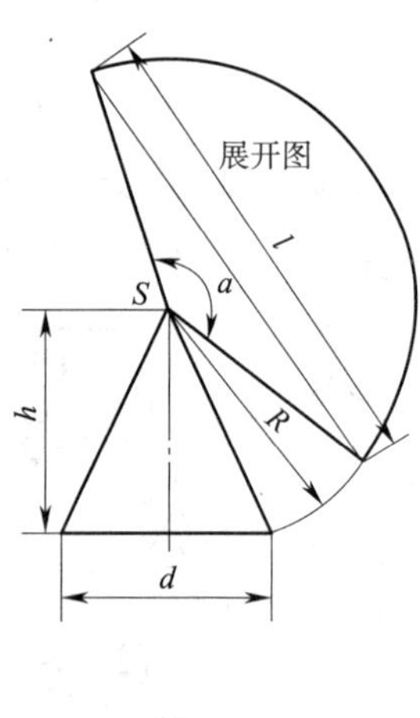

b）

图 2-7-33　作正圆锥的展开图

a）等分作图　b）展开图

（3）三角形法

三角形法是以立体表面素线（棱线）为主，并画出必要的辅助线，将立体表面分割成一定数量的三角形平面，然后求出每个三角形的实形，并依次画在平面上，从而得到整个立体表面的展开图。

三角形法适用于各类形体，只是精确程度有所不同。

例　作正四棱锥筒的展开图，如图 2-7-34 所示。

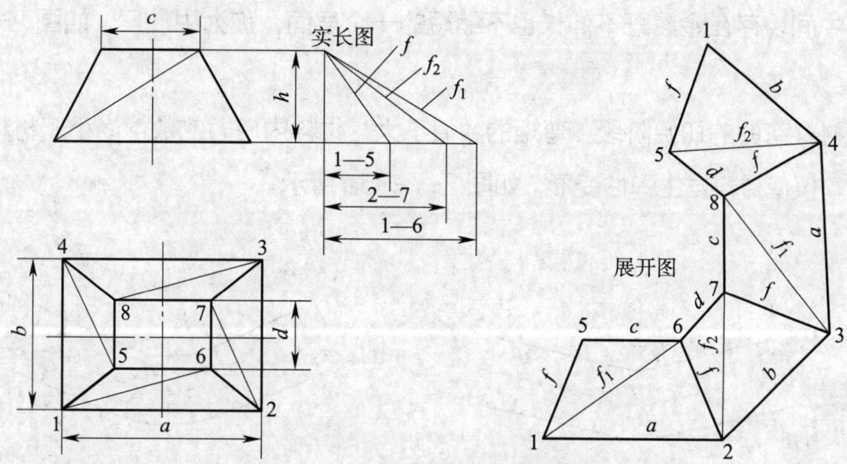

图 2-7-34　作正四棱锥筒的展开图

画出四棱锥筒的主视图和俯视图。

在俯视图中依次连出各面的对角线 1—6、2—7、3—8、4—5，并求出它们在主视图的对应位置，则锥筒侧面被划分为 8 个三角形。

由主、俯两视图可知，锥筒的上口、下口各线在视图中反映实长，而 4 条棱线及对角线不反映实长，可用直角三角形法求其实长。

利用各线实长，以视图上已划定的排列顺序，依次作出各三角形的实形，即为四棱锥筒的展开图。

四、弯形

1．弯形概述

把平板毛坯、型材、管材等弯成一定的曲率、角度，从而形成一定形状的零件，这样的加工方法称为弯形。弯形在金属结构制造中应用很多，它可以在常温下进行，也可以在材料加热后进行，但大多数弯形是在常温下进行的。

2. 钢材的弯曲变形过程及特点

弯形加工所用的材料，通常为钢材等塑性材料，这些材料的变形过程及特点如下：

当材料上作用有弯矩 M 时，材料就会发生弯曲变形。材料变形区内靠近曲率中心的一侧（以下称内层）金属，在弯矩引起的压应力作用下被压缩缩短；远离曲率中心的一侧（以下称外层）金属，在弯矩引起的拉应力作用下被拉伸伸长。在内层和外层中间，存在金属既不伸长也不缩短的一个层面，称为中性层，如图 2-7-35 所示。

在材料弯曲的初始阶段，弯矩的数值不大，材料内应力的数值尚小于材料的屈服强度，仅使材料发生弹性变形，如图 2-7-35a 所示。

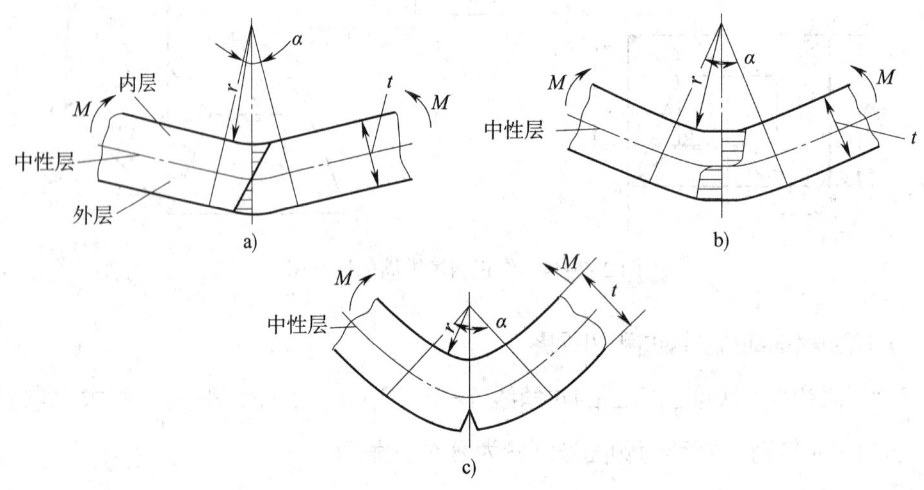

图 2-7-35　材料的弯曲变形过程

当继续增大弯矩时，材料的曲率半径随之缩小，材料内应力的数值开始超过其屈服强度，材料变形区的内、外表面由弹性变形过渡到塑性变形状态，以后塑性变形由内、外表面逐步地向中心扩展，如图 2-7-35b 所示。

材料发生塑性变形后，若继续增大弯矩，当材料的弯曲半径小到一定程度，将因变形超过材料自身变形能力的限度，在材料受拉伸的外层表面首先出现裂纹，如图 2-7-35c 所示，并向内伸展，致使材料发生断裂破坏。这在成形加工中是不应该发生的。

弯曲过程中，材料的横截面形状也要发生变化。例如板料弯曲时，将出现如图 2-7-36 所示的两种变化情况。

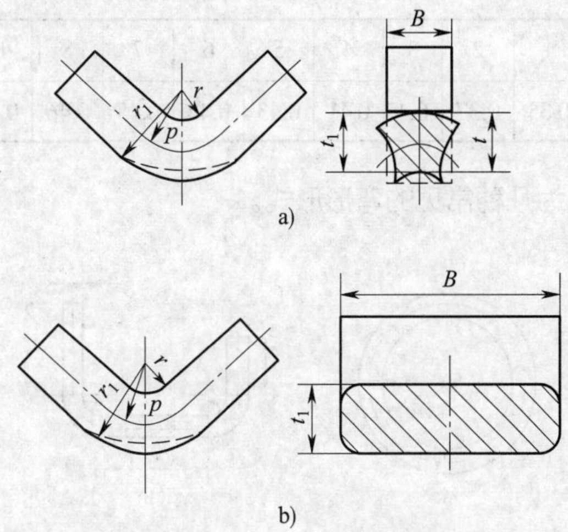

图 2-7-36　板料弯曲时横截面的变化

a）窄板　b）宽板

在弯曲窄板材料（$B \leqslant 2t$）时，内层金属受到切向压缩后，便向宽度方向流动，使内层宽度增加；而外层金属受到切向拉伸后，其长度方向的不足便由宽度、厚度方向来补充，致使宽度变窄，因而整个横截面便产生扇形畸变，如图 2-7-36a 所示。

在宽板（$B>2t$）弯曲时，由于宽度方向尺寸大，刚度大，金属在宽度方向流动困难，因而宽度方向无显著变形，横截面仍接近为一矩形，如图 2-7-36b 所示。

此外，无论宽板、窄板，在变形区内材料的厚度均有变薄现象。这种材料变薄的现象，在材料的弯形加工中应该予以考虑。

3. 弯形坯料长度计算

坯料弯形后，只有中性层的长度不变，因此，弯形前坯料长度可按中性层的长度进行计算。但材料弯形后，中性层一般并不在材料的正中，而是偏向内层材料一边。实验证明，中性层的实际位置与材料的弯形半径 r 和材料的厚度 t 有关。图 2-7-37 所示为弯形时中性层的位置。

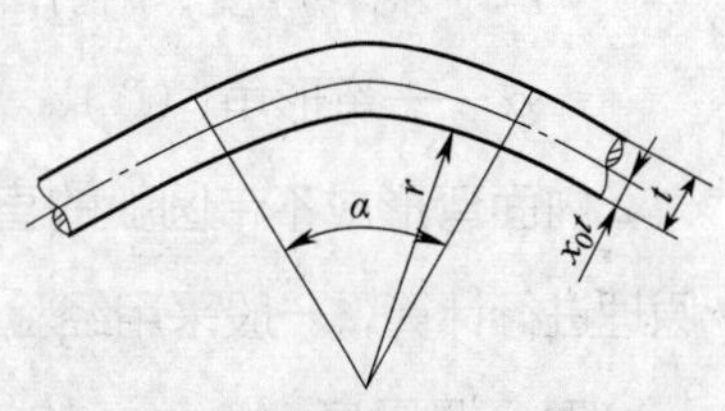

图 2-7-37　弯形时中性层的位置

表 2-7-2 为中性层系数 x_0 的值。从表中 r/t 的比值中可以看出，当弯形半径 $r \geqslant 16t$ 时，中性层在材料的中间（即中性层与几何中心重合）。在一般情况下，为简化计算，当 $r/t \geqslant 8$ 时，可取 $x_0=0.5$ 进行计算。

表 2-7-2　弯形时中性层位置系数 x_0

r/t	0.25	0.5	0.8	1	2	3	4	5	6	7	8	10	12	14	≥ 16
x_0	0.2	0.25	0.3	0.35	0.37	0.4	0.41	0.43	0.44	0.45	0.46	0.47	0.48	0.49	0.5

图 2-7-38 所示为几种常见的弯形形式。

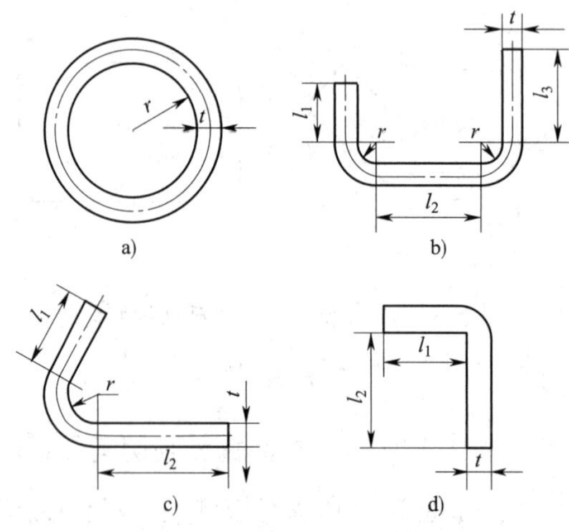

图 2-7-38　常见的弯形形式

a）、b）、c）内面带圆弧的制件　d）内面带直角的制件

圆弧部分中性层长度的计算式为：

$$A=\pi（r+x_0t）\alpha/180°$$

式中　A——圆弧部分中性层长度，mm；

r——内弯形半径，mm；

x_0——中性层位置系数；

t——材料厚度，mm；

α——弯形角，（°）。

内面弯形成不带圆弧的直角制件时，其弯形部分可按弯形前后毛坯体积不变的原理进行计算，一般采用经验公式 A=0.5t 计算。

例　把厚度 t=4 mm 的钢板坯料，弯成图 2-7-38c 所示的制件，若弯形角 α=120°，内弯形半径 r=16 mm，边长 l_1=60 mm、l_2=120 mm，求坯料长度 L 是多少?

解：r/t=16/4=4　查表 2-7-2 得 x_0=0.41

$$L=l_1+l_2+A$$

$$A=\pi\ (r+x_0t)\ \alpha/180°$$
$$=3.14\times(16+0.41\times4)\times120°/180°$$
$$=36.93\ (\mathrm{mm})$$
$$L=60+120+36.93=216.93\ (\mathrm{mm})$$

例　把厚度 t=3 mm 的钢板坯料，弯成图 2-7-38d 所示的制件，若 l_1=60 mm，l_2=100 mm，求坯料长度 L 。

解：因弯形制件内面带直角，所以

$$L=l_1+l_2+A=l_1+l_2+0.5t$$
$$=60+100+0.5\times3=161.5\ (\mathrm{mm})$$

4. 弯形方法

弯形方法有冷弯和热弯两种。在常温下进行的弯形叫冷弯；当弯形材料厚度大于 5 mm 或直径较大的棒料和管料工件弯形时，常需要将工件加热后再弯形，这种方法称为热弯。弯形虽然是塑性变形，但也有弹性变形存在，为抵消材料的弹性变形，弯形过程中应多弯些。

（1）板料弯形

尺寸不大、形状不太复杂的板料、条料等单件或少量制件的弯形，可在台虎钳上进行操作，如图 2-7-39 所示。弯形时应注意装夹方法和锤击部位。当弯折工件在钳口以上较长或板料较薄时，应用手压住工件上部，用木锤在靠近弯曲的部位轻轻敲打，否则，易使板料其他部位弯曲变形。

（2）管子弯形

管子直径在 12 mm 以下可以用冷弯的方法，直径大于 12 mm 的可采用热弯的方法。管子弯形的临界半径必须是管子直径的 4 倍以上。当管子直径在 10 mm 以上时，为防止管子弯瘪，必须在管内灌满、灌实干沙，两端用木塞塞紧，并将焊缝置于中性层的位置上进行弯形。否则，易使焊缝开裂，如图 2-7-40 所示。

冷弯管子一般在弯管工具（如弯管器）上进行，如图 2-7-41 所示。弯管器是一种用来弯制管径在 20 mm 以下金属管的专用工具。适用于铝塑管、铜管等管道弯形，使管道弯曲工整、圆滑、快捷，管道不会产生变形、不裂变。

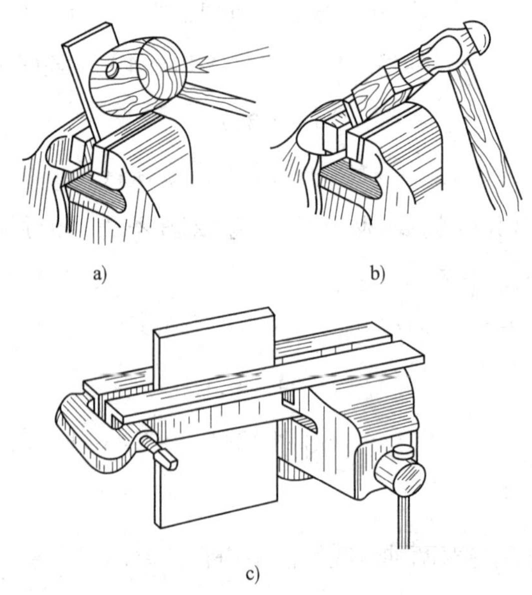

图 2-7-39　板料在台虎钳上的弯形方法

a）用木锤弯形　b）用钢锤弯形　c）较长板料弯形时的装夹

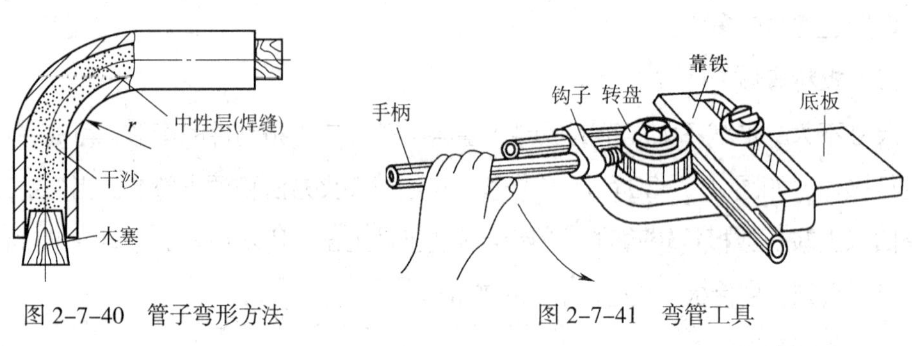

图 2-7-40　管子弯形方法　　图 2-7-41　弯管工具

五、薄板构件的对接形式

1. 平对接

平对接即板料的两边采用平行对接。为了对接美观平整，要求板料的边要平直，两边对接不得闪缝和错位，如图 2-7-42 所示。

2. 扣接

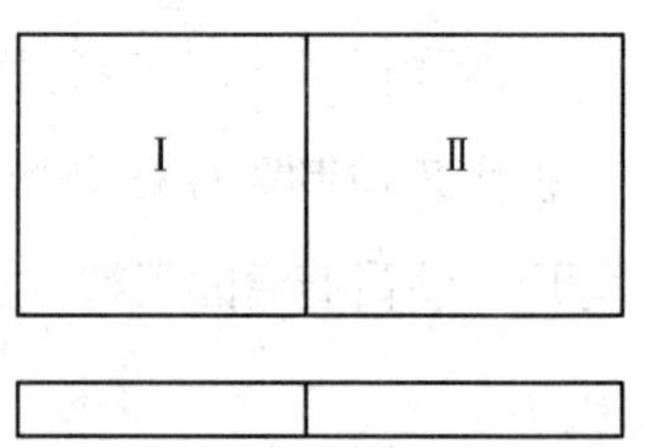

图 2-7-42　板料平对接

扣接又称咬缝，将薄板料的边缘相互折转扣合压紧的连接方法称为扣缝。扣缝一般用于 0.2 ~ 1.5 mm 板料的连接，其扣缝宽度随板料厚度而定。当板料厚度在 0.2 ~ 0.5 mm 时，扣缝宽度取 3 ~ 5 mm；当板料厚度在 0.75 ~ 1.5 mm 时，扣缝宽度取 5 ~ 8 mm。扣缝的扣接通常是手工操作，如图 2-7-43 所示。

3. 搭接

搭接是指板料的一边搭在板料的另一边上，其制作较为简单，便于焊接，对边口的直线度要求不高，对搭边量没有严格要求，但板料的两边相搭必须严实，如图 2-7-44 所示。

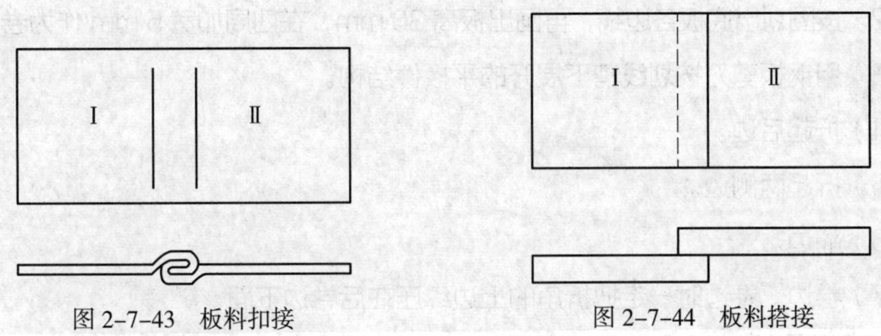

图 2-7-43　板料扣接　　图 2-7-44　板料搭接

六、钣金加工训练

制 作 簸 箕

1. 训练内容

完成如图 2-7-45 所示簸箕的制作。

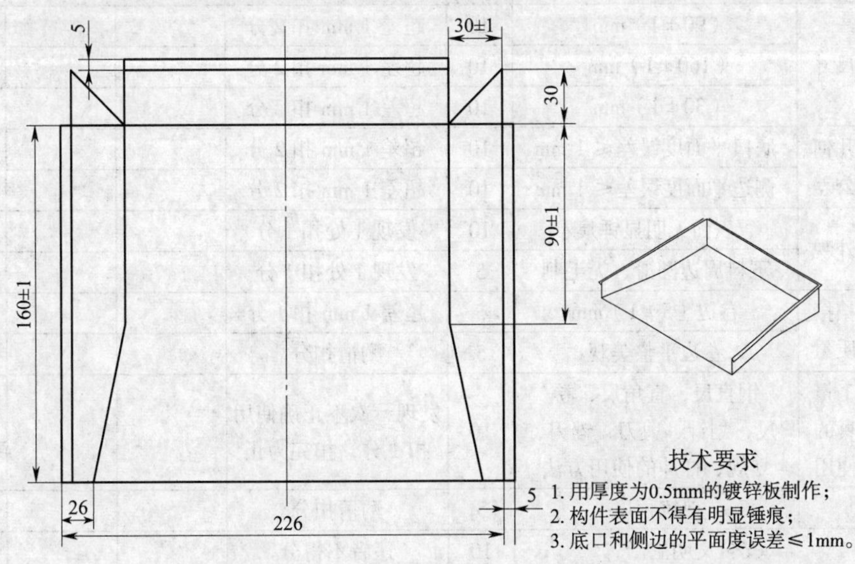

图 2-7-45　簸箕

2. 训练准备

（1）工具、量具：划针、钢板尺、直角尺、划线盘、高度尺、划规、角度规、样冲、钢板剪刀、橡胶锤、起皱钳、槽钢（长 300 mm）、圆钢（长 300 mm）。

（2）材料：镀锌板 0.5 mm × 240 mm × 200 mm。

3. 操作步骤

（1）在镀锌板上绘制工件展开图，根据镀锌板板厚在板上折弯处划线。

（2）按图划出底板各边线，再画出板高 30 mm，在四周加宽 5 mm 作为卷边量。

（3）用钢板剪刀按划线剪下展开的平板件结构。

（4）折起后边。

（5）折起两侧边。

（6）翻边。

（7）卷边。卷边时一定把折角的上边缘压在后卷边下面。

（8）扩口。

（9）修整。

（10）检验。

4. 评分标准（见表 2-7-3）

表 2-7-3　评分标准

序号	项目与技术要求		配分	评分标准	检测结果		得分
					学生自检	教师检测	
1	尺寸	（90 ± 1）mm	10	超差 1 mm 扣 2 分			
2		（160 ± 1）mm	10	超差 1 mm 扣 2 分			
3		（30 ± 1）mm	10	超差 1 mm 扣 2 分			
4	几何公差	底口平面度误差 ≤ 1 mm	10	超差 1 mm 扣 2 分			
5		侧边平面度误差 ≤ 1 mm	10	超差 1 mm 扣 2 分			
6	外观	表面无明显锤痕	10	发现 1 处扣 1 分			
7		下料周边圆滑、无毛刺	5	发现 1 处扣 1 分			
8	扣接质量	卷边（5 ± 1）mm	5	超差 1 mm 扣 1 分			
9		卷边平整美观	5	酌情扣分			
10	工量具的使用	钢直尺、直角尺、卷尺、划针、剪刀、锉刀、划规、样冲的使用方法	10	发现一次不正确使用扣 1 分，扣完为止			
11		熟练程度	5	酌情扣分			
12	安全文明生产		10	违者不得分			

复习思考题

1. 什么叫弯形？什么样的材料才能进行弯形？弯形后内、外层材料如何变化？

2. 求图 2-7-46 所示弯形工件毛坯长度。已知：a=100 mm，b=120 mm，c=200 mm，r=5 mm，t=5mm。

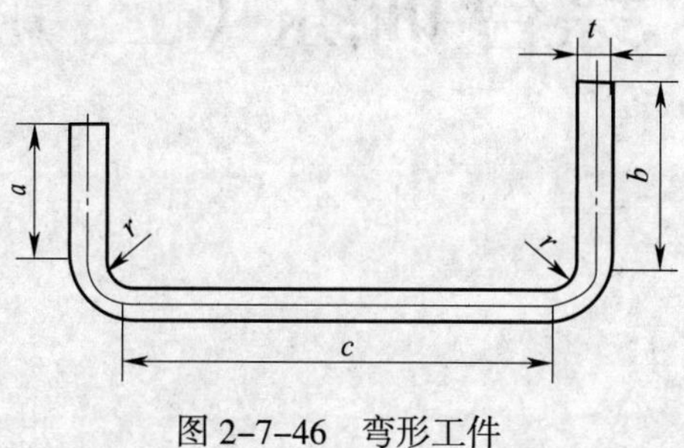

图 2-7-46　弯形工件

课题 8
综合训练（二）

一、滑板的加工

1. 训练内容

完成如图 2-8-1 所示滑板的加工工作。

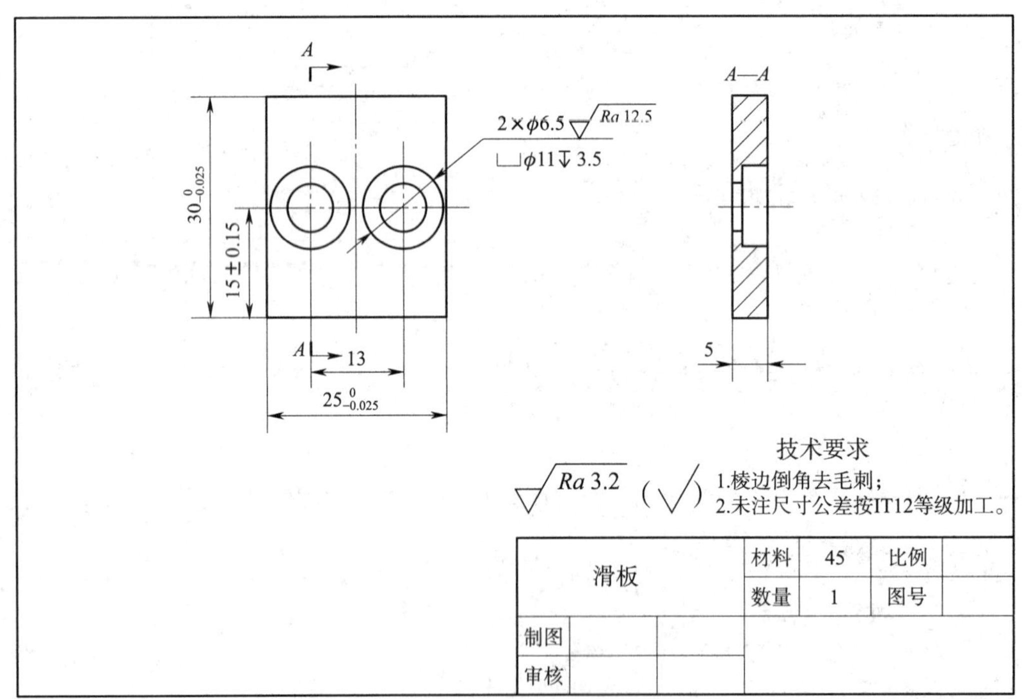

图 2-8-1　滑板

2. 训练准备

（1）工具、量具：划规、样冲、锯弓、锯条、麻花钻、锪钻、手锤、软钳口、平锉、钢直尺、高度游标卡尺、游标卡尺、千分尺、直角尺、刀口形直尺。

（2）材料：31 mm×26 mm×5 mm，45 钢。

3. 操作步骤

（1）加工外形尺寸（$30^{\ 0}_{-0.025}$）mm×（$25^{\ 0}_{-0.025}$）mm×5 mm。

（2）按划线钻孔 2×ϕ6.5 mm，再用 ϕ11 mm 锪钻锪圆柱形埋头孔，并达到 13 mm 的孔距要求。

（3）全部锐边倒棱，复检。

4. 评分标准（见表 2-8-1）

表 2-8-1 评分标准

<table>
<tr><th rowspan="2">序号</th><th rowspan="2" colspan="2">项目与技术要求</th><th rowspan="2">配分</th><th rowspan="2">评分标准</th><th colspan="2">检测结果</th><th rowspan="2">得分</th></tr>
<tr><th>学生自检</th><th>教师检测</th></tr>
<tr><td>1</td><td rowspan="3">锉削</td><td>$30^{\ 0}_{-0.025}$ mm</td><td>1.5</td><td>超差不得分</td><td></td><td></td><td></td></tr>
<tr><td>2</td><td>$25^{\ 0}_{-0.025}$ mm</td><td>1.5</td><td>超差不得分</td><td></td><td></td><td></td></tr>
<tr><td>3</td><td>表面粗糙度值 Ra3.2 μm（4 处）</td><td>1</td><td>升高一级不得分</td><td></td><td></td><td></td></tr>
<tr><td>4</td><td rowspan="3">钻孔</td><td>$\frac{\phi 6.5}{\sqcup\ \phi 11 \downarrow 3.5}$（2 处）</td><td>1</td><td>超差不得分</td><td></td><td></td><td></td></tr>
<tr><td rowspan="2">5</td><td>13 mm</td><td>0.5</td><td>超差不得分</td><td></td><td></td><td></td></tr>
<tr><td>（15 ± 0.15）mm（2 处）</td><td>1</td><td>超差不得分</td><td></td><td></td><td></td></tr>
<tr><td>6</td><td colspan="2">安全文明生产</td><td>—</td><td>违者扣 1 ~ 3 分</td><td></td><td></td><td></td></tr>
</table>

二、杠杆的加工

1. 训练内容

完成如图 2-8-2 所示杠杆的加工工作。

2. 训练准备

（1）工具、量具：划规、样冲、锯弓、锯条、麻花钻、丝锥、铰杠、软钳口、平锉、钢直尺、高度游标卡尺、游标卡尺、千分尺、直角尺、刀口形直尺、半径样板。

（2）材料及规格：56 mm×16 mm×13 mm，45 钢。

3. 操作步骤

（1）粗、精锉削厚度尺寸 $12^{\ 0}_{-0.027}$ mm、$15^{\ 0}_{-0.027}$ mm 的两平面，达到图样要求。

（2）按图样尺寸划出 R6 mm 的圆弧面加工线。

（3）锯去 R6 mm 圆弧多余的材料，粗、精锉 R6 mm 的圆弧，并达到 55 mm 尺寸及圆弧度 0.1 mm 的要求，且与两侧面连接圆滑。

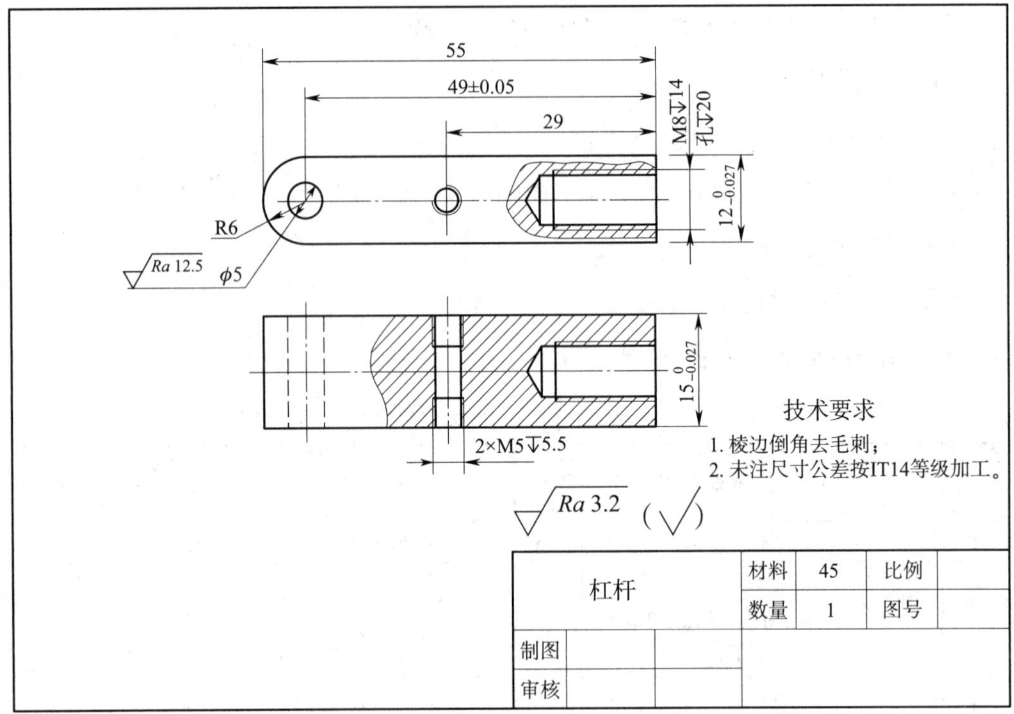

图 2–8–2　杠杆

（4）按图样要求划线钻 ϕ5 mm 孔，并保证孔距尺寸（49 ± 0.05）mm。

（5）按图样要求划线，选择 ϕ6.7 mm、ϕ4.2 mm 钻头钻底孔后，攻制 M8 和 M5 螺纹，达到图样精度要求。

（6）全部锐边倒棱，复检。

4. 评分标准（见表 2–8–2）

表 2–8–2　评分标准

序号	项目与技术要求		配分	评分标准	检测结果		得分
					学生自检	教师检测	
1	锉削	$15_{-0.027}^{0}$ mm	2	超差不得分			
2		$12_{-0.027}^{0}$ mm	2	超差不得分			
3		*R*6	0.5	超差不得分			
4		表面粗糙度值 *Ra*3.2 μm（2 处）	1	升高一级不得分			
5	钻孔攻螺纹	（49 ± 0.05）mm	0.5	超差不得分			
6		M8↧14 / 孔↧20	0.5	不符合要求不得分			
7		2×M5↧5.5（2 处）	0.5	不符合要求不得分			
8	安全文明生产		—	违者从总分酌情扣除 1 ~ 3 分			

三、连杆的加工

1. 训练内容

完成如图 2-8-3 所示连杆的加工。

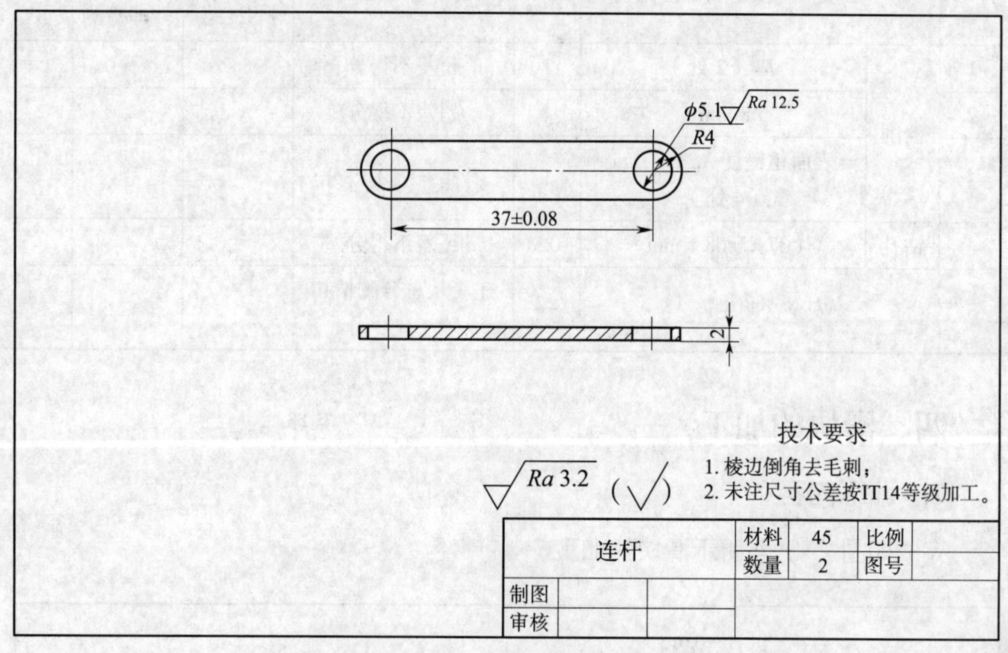

图 2-8-3　连杆

2. 训练准备

（1）工具、量具：划规、样冲、锯弓、锯条、麻花钻、软钳口、平锉、钢直尺、高度游标卡尺、游标卡尺、直角尺、刀口形直尺、半径样板。

（2）材料及规格：47 mm × 9 mm × 2 mm，45 钢。

3. 操作步骤

（1）粗、精加工基准面，达到 8 mm 的尺寸要求，保证平面度、垂直度与表面粗糙度的精度要求。

（2）按图样尺寸划两孔中心线及两端 R4 mm 圆弧面加工线。

（3）按划线钻 2 × ϕ 5.1 mm 的孔，保证孔距尺寸 37 ± 0.08 mm 达到表面粗糙度要求。

（4）锉削四角余料，粗、细锉削两端 R4 mm 圆弧，达到图样要求，且与两侧面光滑连接。

（5）全部锐边倒棱，复检。

4. 评分标准（见表 2-8-3）

表 2-8-3　评分标准

序号	项目与技术要求		配分	评分标准	检测结果		得分
					学生自检	教师检测	
1	锉削	*R*4（2 处）	1	超差不得分			
2		8 mm	1	超差不得分			
3		表面粗糙度 *Ra*3.2 μm（4 处）	1	升高一级不得分			
4	钻孔	（37 ± 0.08）mm	0.5	超差不得分			
5	安全文明生产		—	违者从总分酌情扣除 1 ~ 3 分			

四、滑块的加工

1. 训练内容

完成如图 2-8-4 所示滑块的加工。

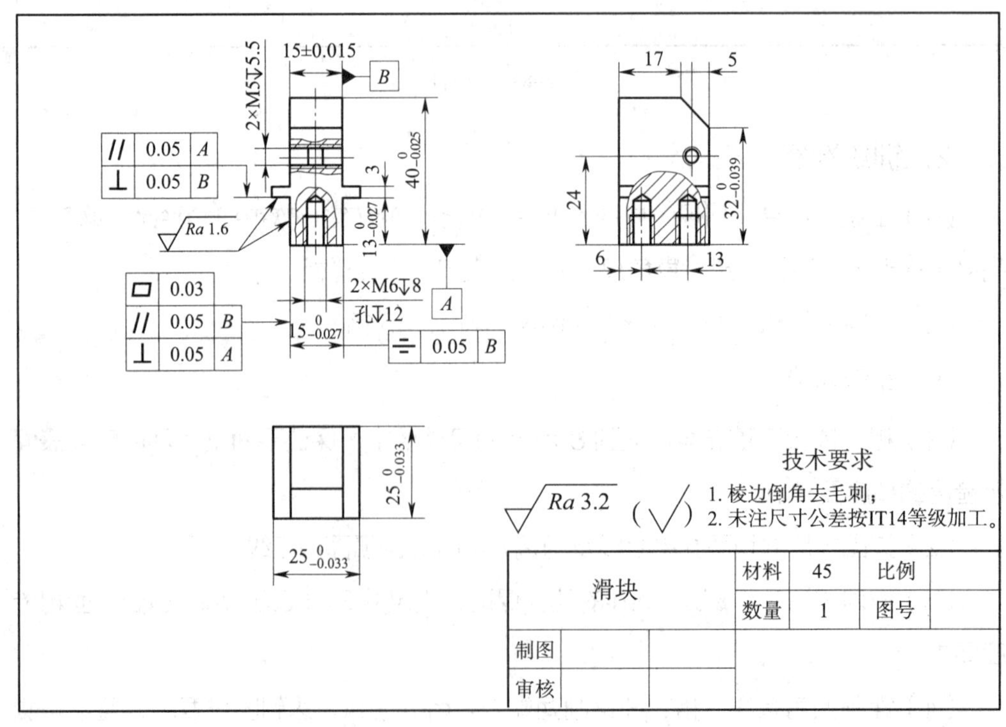

图 2-8-4　滑块

2. 训练准备

（1）工具、量具：划针、样冲、划规、锤子、锯弓、锯条、平锉、方锉、麻花钻、丝锥、铰杠、钢直尺、高度游标卡尺、游标卡尺、直角尺、刀口形直尺、0 ~ 25 mm 千分尺、25 ~ 50 mm 千分尺、百分表、磁性表座、正弦规、量块。

（2）材料：26 mm × 41 mm × 26 mm，45 钢。

3. 操作步骤

（1）检查来料尺寸是否符合图样要求。

（2）按图样要求加工外轮廓尺寸达到 $40_{-0.025}^{\ 0}$ mm × $25_{-0.033}^{\ 0}$ mm × $25_{-0.033}^{\ 0}$ mm。

（3）按照图样要求划出 2 × M6 螺纹的加工位置线，并用样冲打中心孔，钻螺纹底孔，并对孔口进行倒角，攻制 2 × M6 螺纹，并用相应的螺钉进行配检。

（4）按照图样要求划出滑块 1、2 面加工线并进行锯削，留加工余量 0.8 ~ 1.2 mm（见图 2-8-5）。

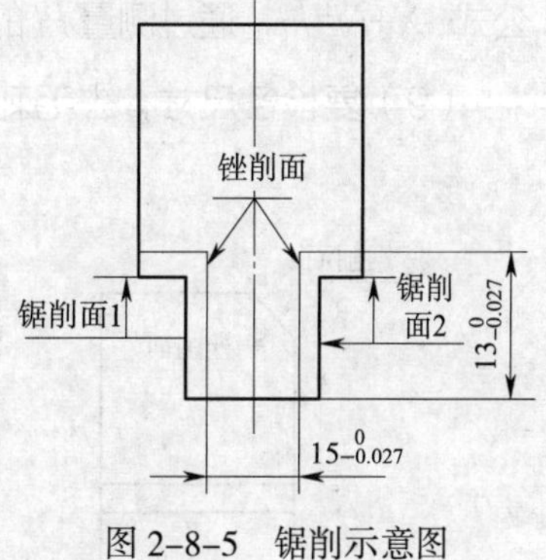

图 2-8-5　锯削示意图

（5）粗、精锉削加工 1、2 两直角加工面，保证 $15_{-0.027}^{\ 0}$ mm、$13_{-0.027}^{\ 0}$ mm 的尺寸精度，达到表面粗糙度值 *Ra*1.6 μm的要求。用百分表测量对称度达到 0.05 mm，如图 2-8-6 所示。

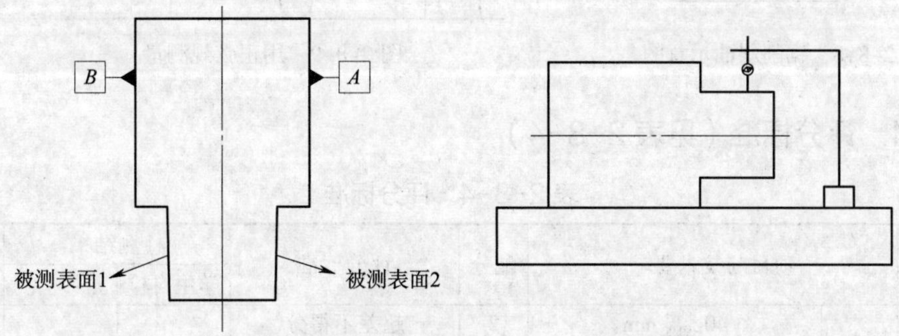

图 2-8-6　用百分表测量面 1、2 对称度

（6）按图样要求划线锯削直角面 3，留有加工余量 0.8 ~ 1.2 mm。锉削加工直角面 3，保证与 *A* 基准的平行度，用百分表测量对称度及 3 mm 的尺寸精度，达到表面粗糙度值 *Ra*3.2 μm的要求，如图 2-8-7 所示。

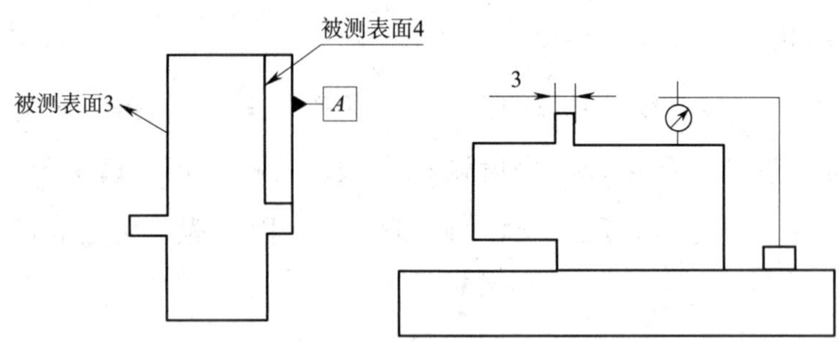

图 2-8-7　用百分表测量面 3 平行度

（7）按图样要求划线、锯削直角面4，并粗、精加工直角面4，保证15 ± 0.015 mm、3 mm 的尺寸精度，达到表面粗糙度值 *Ra*3.2 μm的要求。

（8）根据图样要求划出斜面线，锯削，留加工余量 0.8 ~ 1.2 mm，如图 2-8-8 所示。锉削加工斜面，并利用正弦规测量斜面平面度、平行度及尺寸精度，利用计算公式: $X+N=H$，通过测量 H 的尺寸从而保证 $32^{\ 0}_{-0.039}$ 尺寸精度，如图 2-8-9 所示。

（9）复检各尺寸，去毛刺，倒棱。

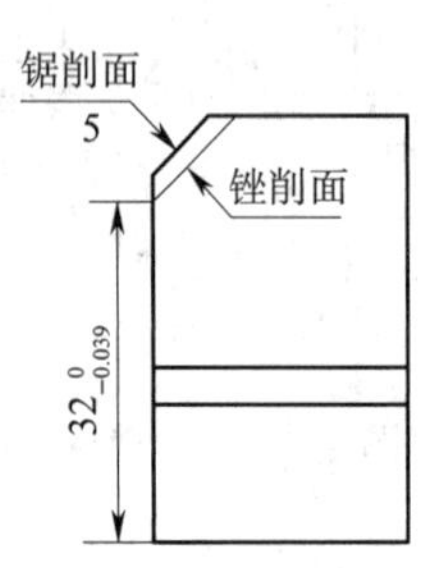

图 2-8-8　锯削斜面示意图

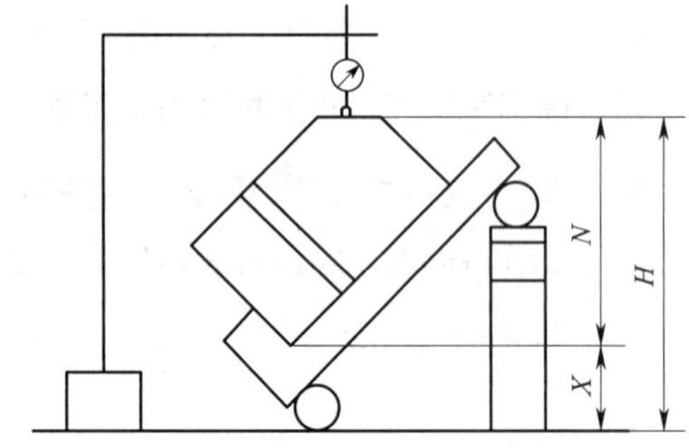

图 2-8-9　用正弦规测量

4. 评分标准（见表 2-8-4）

表 2-8-4　评分标准

序号	项目与技术要求		配分	评分标准	检测结果		得分
					学生自检	教师检测	
1	锉削	$40^{\ 0}_{-0.025}$ mm	2	超差不得分			
2		$25^{\ 0}_{-0.033}$ mm（2 处）	4	超差不得分			
3		（15 ± 0.015）mm	2	超差不得分			
4		$15^{\ 0}_{-0.027}$ mm	2	超差不得分			
5		$32^{\ 0}_{-0.039}$ mm	2	超差不得分			
6		$13^{\ 0}_{-0.027}$ mm	2	超差不得分			
7		▱ 0.03（4 处）	4	超差不得分			
8		// 0.05 B	1	超差不得分			

续表

序号	项目与技术要求		配分	评分标准	检测结果		得分
					学生自检	教师检测	
9	锉削	⊥ 0.05 *A*	1	超差不得分			
10		⊥ 0.05 *B*	1	超差不得分			
11		// 0.05 *A*	1	超差不得分			
12		⌯ 0.05 *B*	1	超差不得分			
13		表面粗糙度值 *Ra*1.6 μm（4处）	1	升高一级不得分			
14	攻螺纹	M5↧5.5（2处）	0.5	超差不得分			
15		M6↧8 / 孔↧12（2处）	0.5	超差不得分			
16	安全文明生产		—	违者从总分酌情扣除 1 ~ 3分			

五、底板 1 的加工

1. 训练内容

完成如图 2-8-10 所示底板 1 的加工。

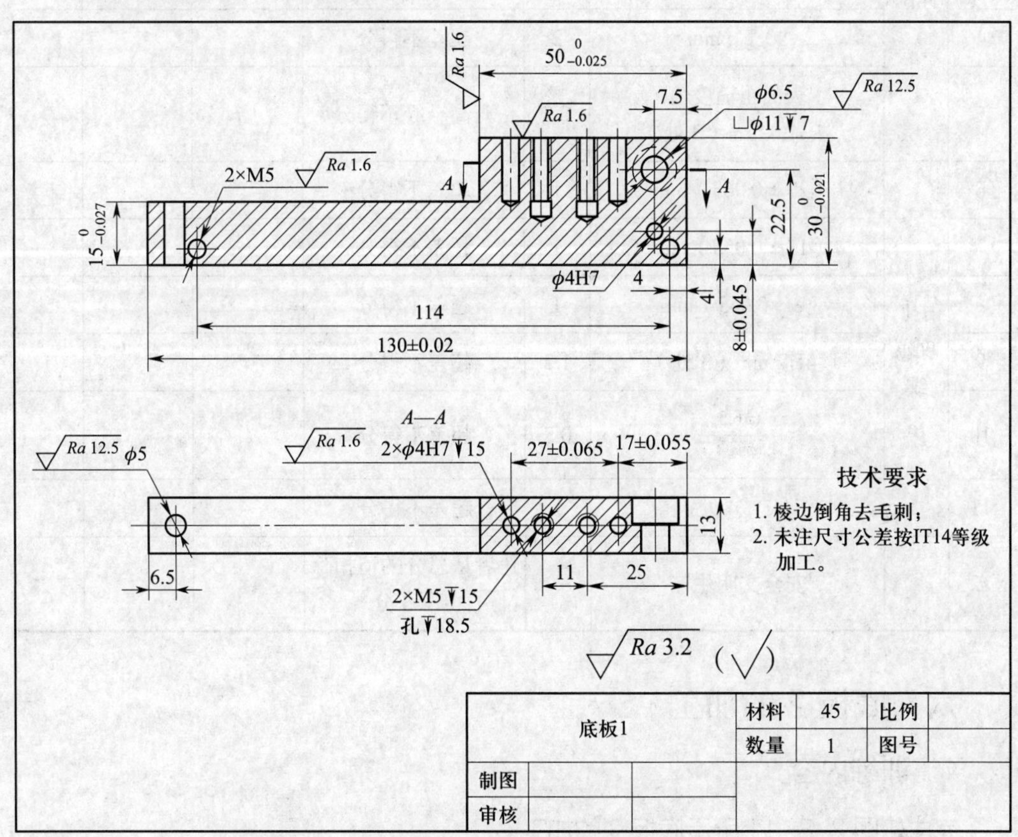

图 2-8-10　底板 1

2. 训练准备

（1）工具、量具：划针、样冲、划规、锤子、锯弓、锯条、平锉、方锉、麻花钻、丝锥、铰杠、钢直尺、高度游标卡尺、游标卡尺、直角尺、刀口形直尺、0 ~ 25 mm 千分尺、25 ~ 50 mm 千分尺、75 ~ 100 mm 千分尺、125 ~ 150 mm 千分尺、百分表、磁性表座。

（2）材料及规格：45 钢，131 mm × 31 mm × 13 mm。

3. 评分标准（见表 2-8-5）

表 2-8-5　评分标准

序号	项目与技术要求		配分	评分标准	检测结果		得分
					学生自检	教师检测	
1	锉削	（130 ± 0.02）mm	2	超差不得分			
2		$50_{-0.025}^{0}$ mm	2	超差不得分			
3		$15_{-0.027}^{0}$ mm	2	超差不得分			
4		$30_{-0.021}^{0}$ mm	2	超差不得分			
5		表面粗糙度值 $Ra1.6$ μm（3 处）	0.5	升高一级不得分			
6	钻孔、攻螺纹	（27 ± 0.065）mm	1	超差不得分			
7		（17 ± 0.055）mm	1	超差不得分			
8		（8 ± 0.045）mm	1	超差不得分			
9		4H7 mm（3 处）	1.2	超差不得分			
10		$\frac{\phi 6.5}{\sqcup \phi 11 \downarrow 7}$	0.5	超差不得分			
11		M5（4 处）	1	超差不得分			
12		安全文明生产	—	违者从总分酌情扣除 1 ~ 3 分			

六、底板 2 的加工

1. 训练内容

完成如图 2-8-11 所示底板 2 的加工。

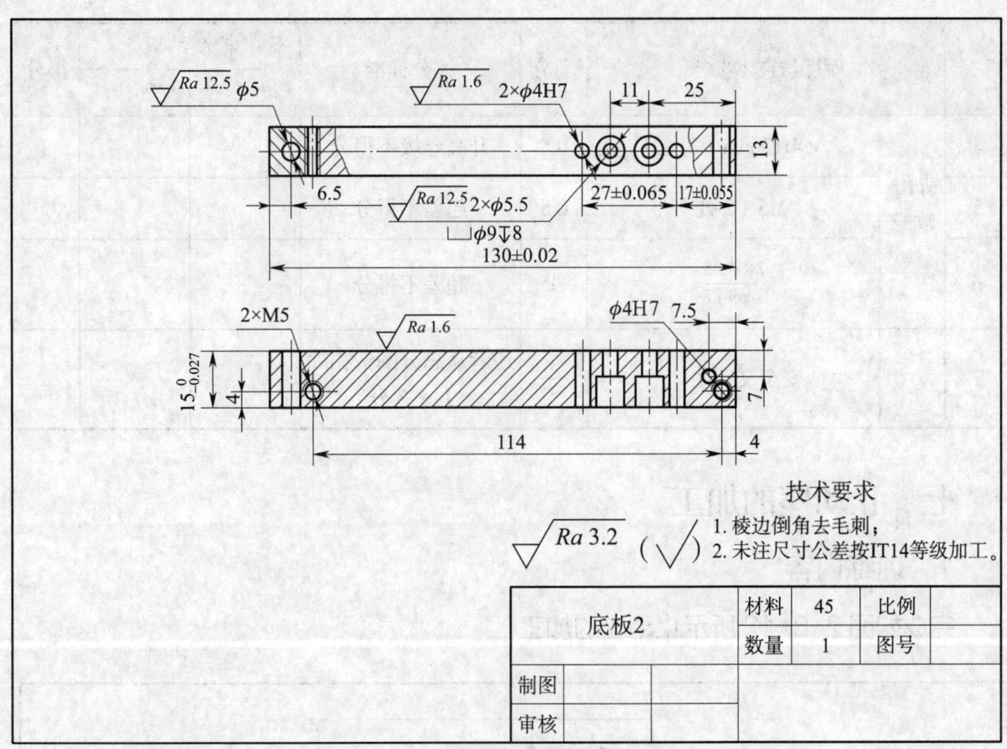

图 2-8-11　底板 2

2. 训练准备

（1）工具、量具：划针、样冲、划规、锤子、锯弓、锯条、平锉、方锉、麻花钻、丝锥、铰杠、钢直尺、高度游标卡尺、游标卡尺、直角尺、刀口形直尺、0 ~ 25 mm 千分尺、25 ~ 50 mm 千分尺、75 ~ 100 mm 千分尺、百分表、磁性表座。

（2）材料及规格：45 钢，131 mm × 16 mm × 13 mm。

3. 评分标准（见表 2-8-6）

表 2-8-6　评分标准

序号	项目与技术要求		配分	评分标准	检测结果		得分
					学生自检	教师检测	
1	锉削	$15_{-0.027}^{0}$ mm	2	超差不得分			
2		（130 ± 0.02）mm	2	超差不得分			
3		表面粗糙度值 *Ra*1.6 μm	0.5	升高一级不得分			

续表

序号	项目与技术要求		配分	评分标准	检测结果		得分
					学生自检	教师检测	
4	钻孔、攻螺纹	φ4H7 mm（3 处）	0.8	升高一级不得分			
5		M5（2 处）	0.5	超差不得分			
6		2×φ5.5 ⌴φ9↧8	1	超差不得分			
7		安全文明生产	—	违者从总分酌情扣除 1 ~ 3 分			

七、止动座的加工

1. 训练内容

完成如图 2-8-12 所示止动座的加工。

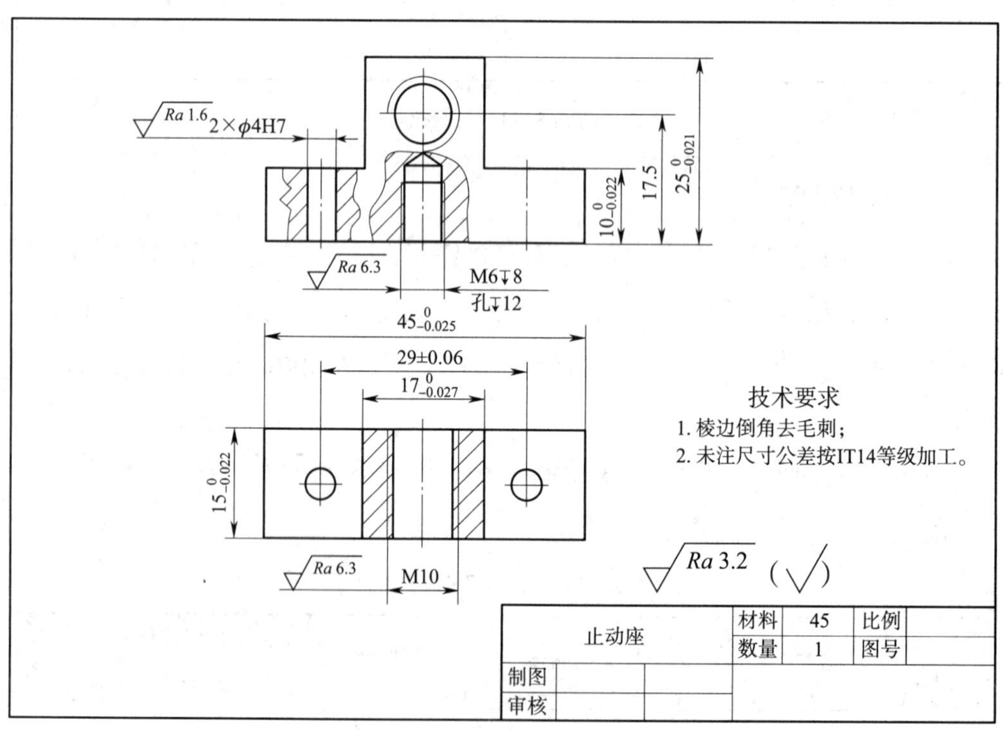

图 2-8-12　止动座

2. 训练准备

（1）工具、量具：划针、样冲、划规、锤子、锯弓、锯条、平锉、方锉、麻花钻、丝锥、铰杠、钢直尺、高度游标卡尺、游标卡尺、直角尺、刀口形直尺、0 ~ 25 mm 千分尺、25 ~ 50 mm 千分尺、百分表、磁性表座。

（2）材料及规格：45 钢，46 mm × 26 mm × 15 mm。

3. 评分标准（见表 2-8-7）

表 2-8-7　评分标准

序号	项目与技术要求		配分	评分标准	检测结果		得分
					学生自检	教师检测	
1	锉削	$45_{-0.025}^{0}$ mm	2	超差不得分			
2		$17_{-0.027}^{0}$ mm	2	超差不得分			
3		$10_{-0.022}^{0}$ mm	2	超差不得分			
4		$25_{-0.021}^{0}$ mm	2	超差不得分			
5	钻孔、攻螺纹	（29 ± 0.06）mm	1	超差不得分			
6		ϕ4H7 mm（2 处）	0.5	超差不得分			
7		M6▼8 / 孔▼12	0.25	超差不得分			
8		M10	0.25	超差不得分			
9	安全文明生产		—	违者从总分酌情扣除 1 ~ 3 分			

八、调节螺栓的加工

1. 训练内容

完成如图 2-8-13 所示调节螺栓的加工。

2. 训练准备

（1）工具、量具：划针、样冲、划规、锤子、锯弓、锯条、平锉、方锉、麻花钻、丝锥、铰杠、钢直尺、高度游标卡尺、游标卡尺、直角尺、刀口形直尺、0 ~ 25 mm 千分尺、25 ~ 50 mm 千分尺、50 ~ 75 mm 千分尺、百分表、磁性表座。

（2）材料及规格：45 钢，台阶轴大端为 ϕ 33 mm，小端为 ϕ 10 mm，长度为 30 mm。

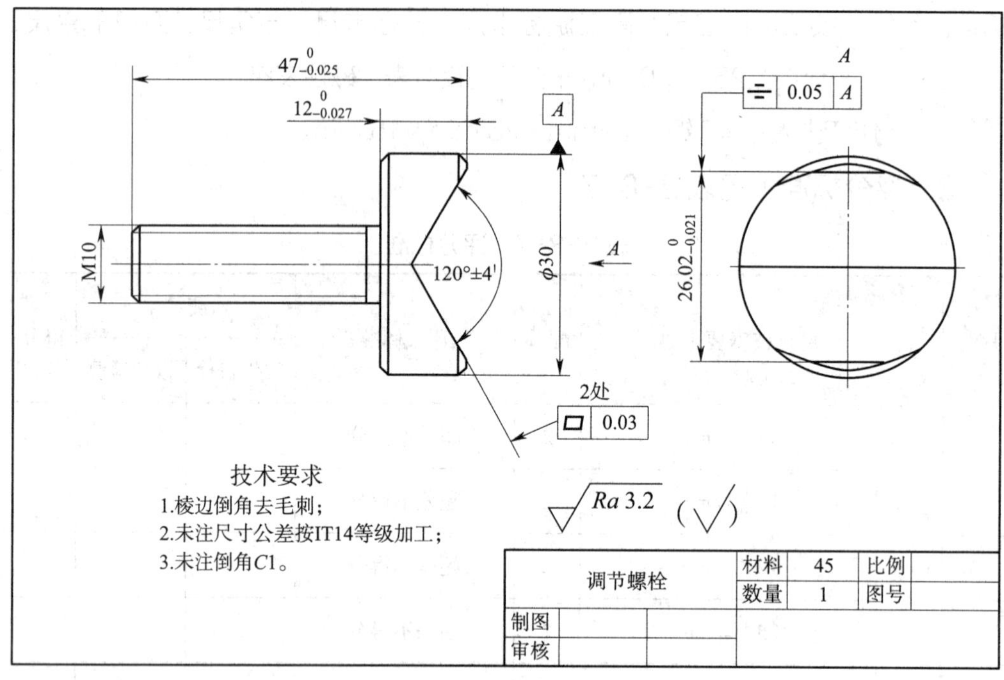

图 2-8-13 调节螺栓

3. 评分标准（见表 2-8-8）

表 2-8-8 评分标准

序号	项目与技术要求		配分	评分标准	检测结果		得分
					学生自检	教师检测	
1	锉削	$47^{0}_{-0.025}$ mm	1	超差不得分			
2		$12^{0}_{-0.027}$ mm	1	超差不得分			
3		$26.02^{0}_{-0.021}$ mm	2	超差不得分			
4		120° ± 4′	1	超差不得分			
5		⏥ 0.03（2 处）	2	超差不得分			
6		⌯ 0.05 A	2	超差不得分			
7	攻螺纹	M10	0.5	超差不得分			
8		安全文明生产	—	违者从总分酌情扣除 1 ~ 3 分			

九、手柄的加工

1. 训练内容

完成如图 2-8-14 所手柄的加工工作。

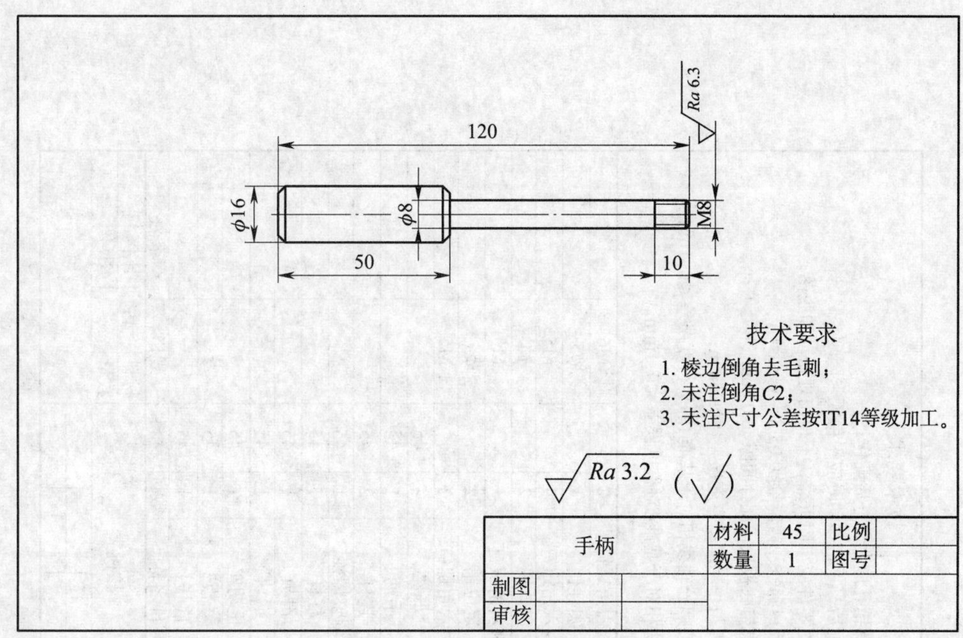

图 2-8-14　手柄

2. 训练准备

（1）工具、量具：板牙、板牙架、锉刀。

（2）材料及规格：45 钢，台阶轴大端 ϕ16 mm，小端 ϕ8，长度为 120 mm。

3. 操作步骤

（1）检查来料尺寸是否符合图样要求。

（2）按图样尺寸要求套制 M8 的螺纹，并用相应的螺母进行配检。

4. 评分标准（见表 2-8-9）

表 2-8-9　评分标准

序号	项目与技术要求		配分	评分标准	检测结果		得分
					学生自检	教师检测	
1	套螺纹	M8	0.5	超差不得分			
2	安全文明生产		—	违者此项目不得分			

十、核桃夹的装配

1. 训练内容

完成如图 2-8-15 所示核桃夹的装配。

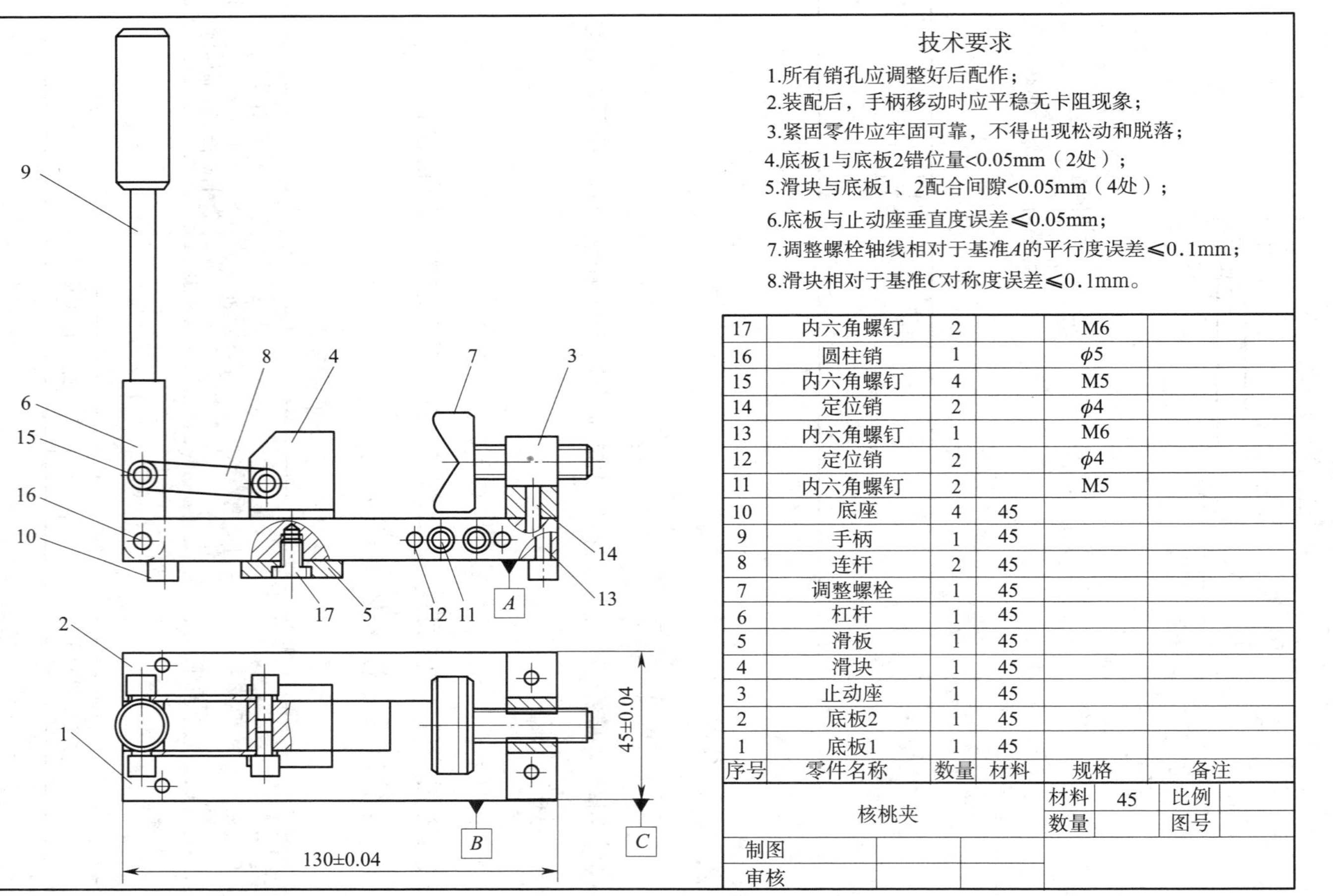

技术要求

1.所有销孔应调整好后配作；
2.装配后，手柄移动时应平稳无卡阻现象；
3.紧固零件应牢固可靠，不得出现松动和脱落；
4.底板1与底板2错位量<0.05mm（2处）；
5.滑块与底板1、2配合间隙<0.05mm（4处）；
6.底板与止动座垂直度误差≤0.05mm；
7.调整螺栓轴线相对于基准*A*的平行度误差≤0.1mm；
8.滑块相对于基准*C*对称度误差≤0.1mm。

17	内六角螺钉	2		M6	
16	圆柱销	1		$\phi5$	
15	内六角螺钉	4		M5	
14	定位销	2		$\phi4$	
13	内六角螺钉	1		M6	
12	定位销	2		$\phi4$	
11	内六角螺钉	2		M5	
10	底座	4	45		
9	手柄	1	45		
8	连杆	2	45		
7	调整螺栓	1	45		
6	杠杆	1	45		
5	滑板	1	45		
4	滑块	1	45		
3	止动座	1	45		
2	底板2	1	45		
1	底板1	1	45		
序号	零件名称	数量	材料	规格	备注

核桃夹			材料	45	比例	
			数量		图号	
制图						
审核						

图 2-8-15　核桃夹装配图

2. 训练准备

（1）工具、量具：平锉、麻花钻、丝锥、铰杠、钢直尺、高度游标卡尺、游标卡尺、直角尺、刀口形直尺、0 ~ 25 mm 千分尺、25 ~ 50 mm、125 ~ 150 mm 千分尺、百分表、磁性表座、塞尺、橡胶锤、内六角扳手、十字旋具等。

（2）材料：综合加工（二）的零件。

3. 操作步骤

（1）装配前的准备工作：对零件进行清理和清洗，对某些零件进行修配、试配。

（2）底板 1 与底板 2 通过定位销 12 定位、内六角螺栓 11 连接固定在一起，达到技术要求 4。将 4 个底座 10 装配在底板下面，并保证底板水平。

（3）将止动座 3 与装配好的底板通过定位销 14 定位、内六角螺栓 13 连接固定装配在一起，达到技术要求 6。

（4）在调节螺栓 7 的外螺纹和止动座 3 内螺纹处涂抹润滑油，将调节螺栓旋进止动座，保证运动灵活，对调节螺栓进行调整，达到技术要求 7。

（5）将滑块 4 与滑板 5 装配在底板上，装配的松紧程度要保证滑块可以在底板上滑动无卡阻现象，达到技术要求 5。

（6）将杠杆 6、手柄 9 装配在一起，装配要紧固牢靠，与底板通过圆柱销 16 连接在一起，保证滑动灵活，无卡阻。

（7）将连杆 8 与杠杆 6 总成和滑块装配在一起，装配时内六角螺栓 15 连接的松紧程度要适当，达到技术要求 2。

（8）装配完成，调试、精度检查。

4. 评分标准（见表 2-8-10）

表 2-8-10　评分标准

序号	项目与技术要求		配分	评分标准	检测结果		得分
					学生自检	教师检测	
1	总装	（130 ± 0.04）mm	2.5	超差不得分			
2		（45 ± 0.04）mm	2.5	超差不得分			
3		技术要求 1	—	不符合技术要求总装不得分			

续表

序号	项目与技术要求		配分	评分标准	检测结果		得分
					学生自检	教师检测	
4	总装	技术要求 2	—	不符合技术要求总装不得分			
5		技术要求 3	—	不符合技术要求总装不得分			
6		技术要求 4	2	超差不得分			
7		技术要求 5	4	超差不得分			
8		技术要求 6	2	超差不得分			
9		技术要求 7	2	超差不得分			
10		技术要求 8	2	超差不得分			
11	安全文明生产		—	违反酌情从总分扣除 1 ~ 10 分